JN212296

After Effects

初心者のための

モーション グラフィックス入門

ムラカミヨシユキ

BNN
Bug News Network

はじめに

本書は、After Effectsの初心者であり基本的なアニメーション技術を身につけたいという人に向け、映像制作の楽しさが実感できるように作った一冊です。

After Effects は、シンプルなアニメーションから複雑なビジュアルエフェクトまで、多彩な表現が可能なツールです。初心者からプロまで幅広いユーザーに愛用されています。

本書のコンセプトは、「実践的に学ぶこと」。理論だけでなく具体的なプロジェクトを通じて、スキルが身につくよう段階的に構成しています。各章では、モーショングラフィックスの基本となる動きに沿って、画面構成からレイヤーの概要、キーフレームモーション、アニメーター、エクスプレッションの使い方までを解説しています。

モーショングラフィックスとは、静止したデザインに動きを加えることで視覚的なインパクトを生み出す、広告や映画、ゲーム、ウェブデザインなど多彩なメディアで活用されている映像表現技術です。観る人の興味を引きつけ、効果的にメッセージを伝えることができるようになります。

本書は、モーショングラフィックスに興味を持つすべての方を対象としています。ここで紹介する技術は、プロの現場でも活用される基本的なスキルです。これから映像制作に挑戦したい方や、自分の作品をもっと魅力的に表現したい方にとって、きっと役立つ内容になっています。ぜひ本書を通じて、あなたの創造力を引き出す第一歩を踏み出してください。

この本が、あなたのクリエイティブな旅の一助となることを願っています。

ムラカミヨシユキ

目次 contents

Chapter 1 After Effectsの基本的な使い方

Chapter 2 レイヤーを理解し、使い分ける

Chapter 3 基本的なモーションを作ろう

Chapter 4 アニメーターの活用

Chapter 5 エフェクトを使いこなそう

Chapter 6 様々なモーションを作ろう

Chapter 7 エクスプレッションで効率化しよう

本書で紹介するモーション一覧

素材 モーション表36.mp4

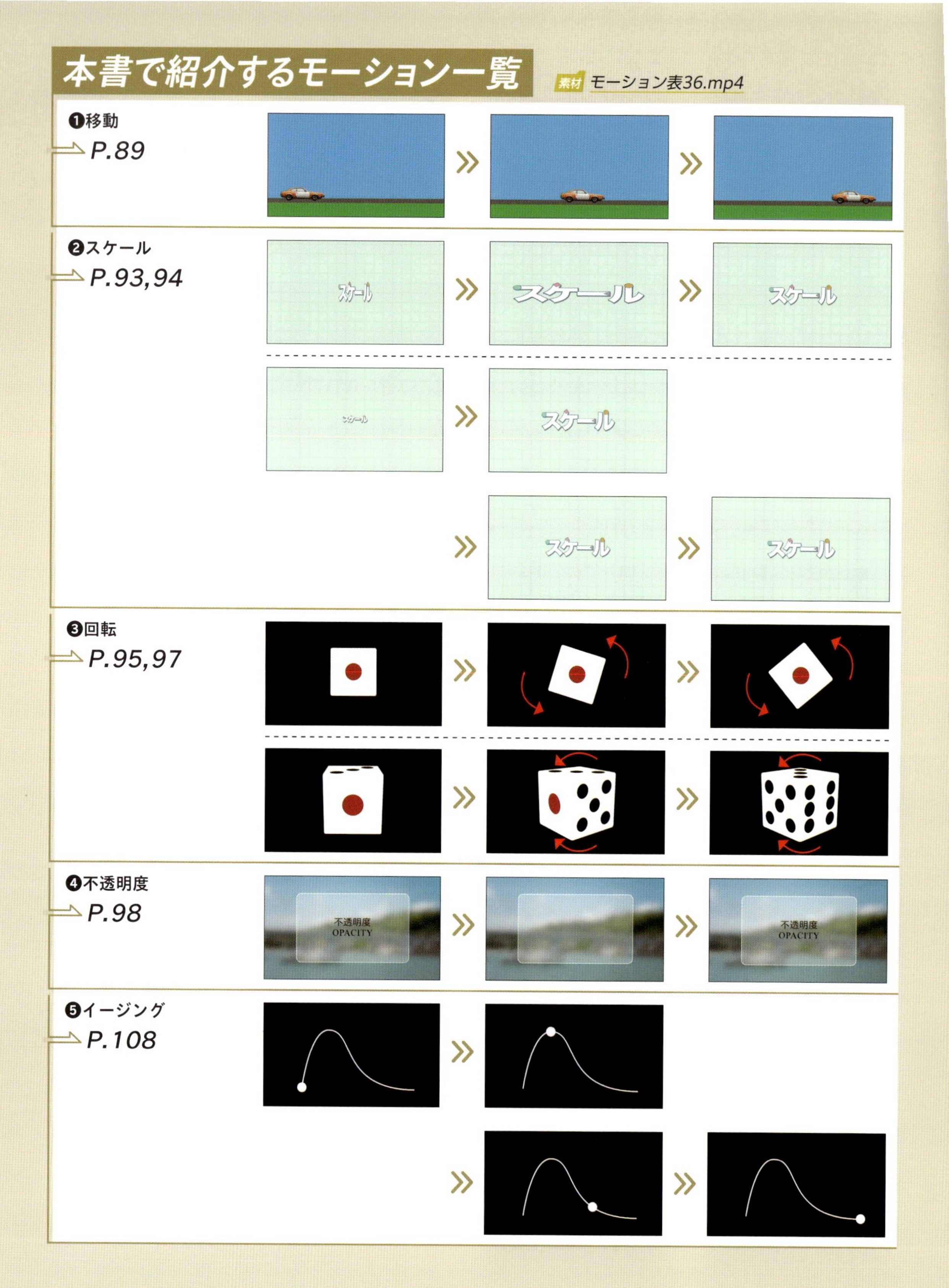

❻パスのトリミング
P.118
❼モーフィング
P.120
❽色
P.122
❾テキスト
P.124
あA
ずY
のS
文字がランダムに表示される
❿広がり
P.126
⓫リピーター
P.128

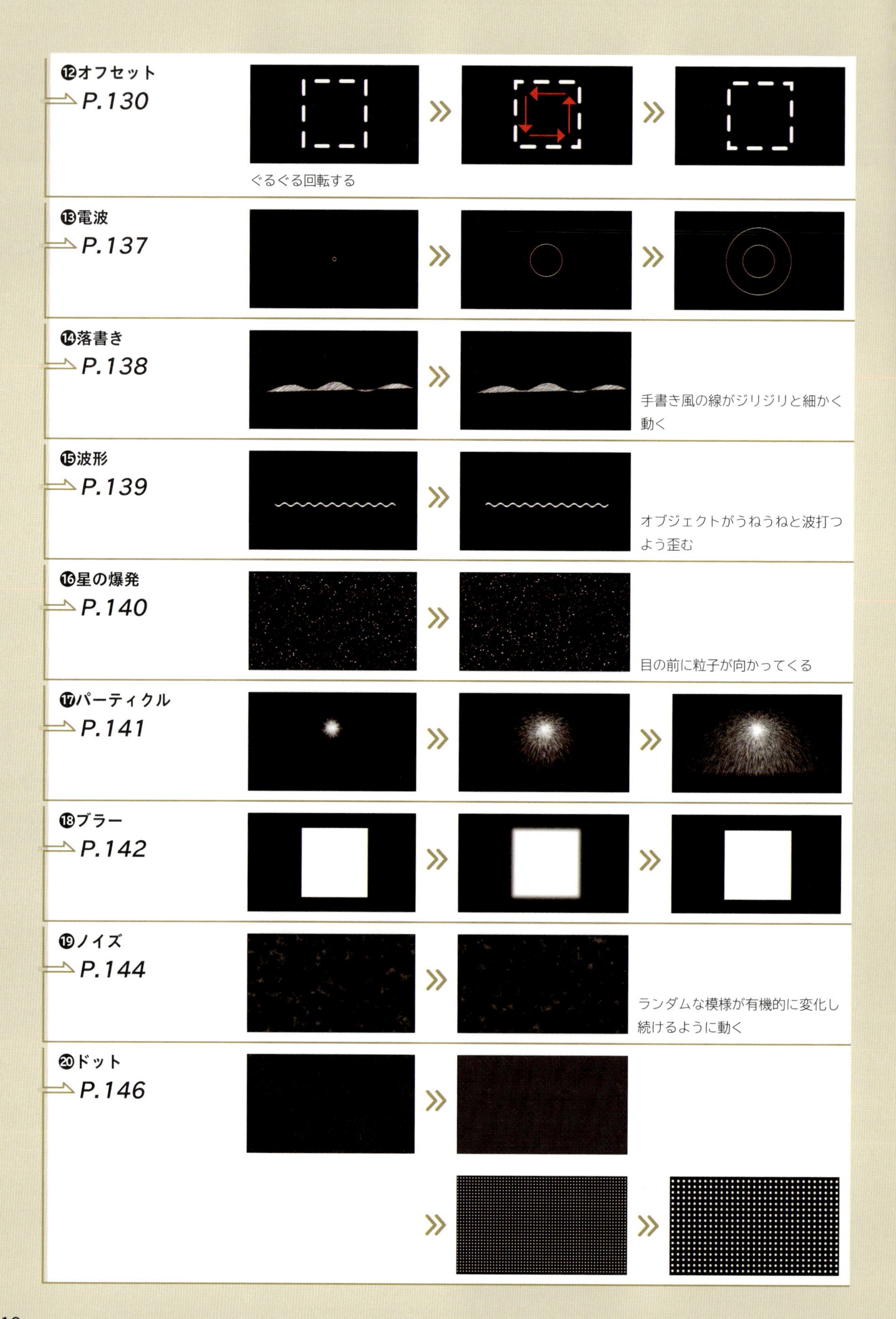
⑫オフセット
P.130
ぐるぐる回転する
⑬電波
P.137
⑭落書き
P.138
手書き風の線がジリジリと細かく動く
⑮波形
P.139
オブジェクトがうねうねと波打つよう歪む
⑯星の爆発
P.140
目の前に粒子が向かってくる
⑰パーティクル
P.141
⑱ブラー
P.142
⑲ノイズ
P.144
ランダムな模様が有機的に変化し続けるように動く
⑳ドット
P.146

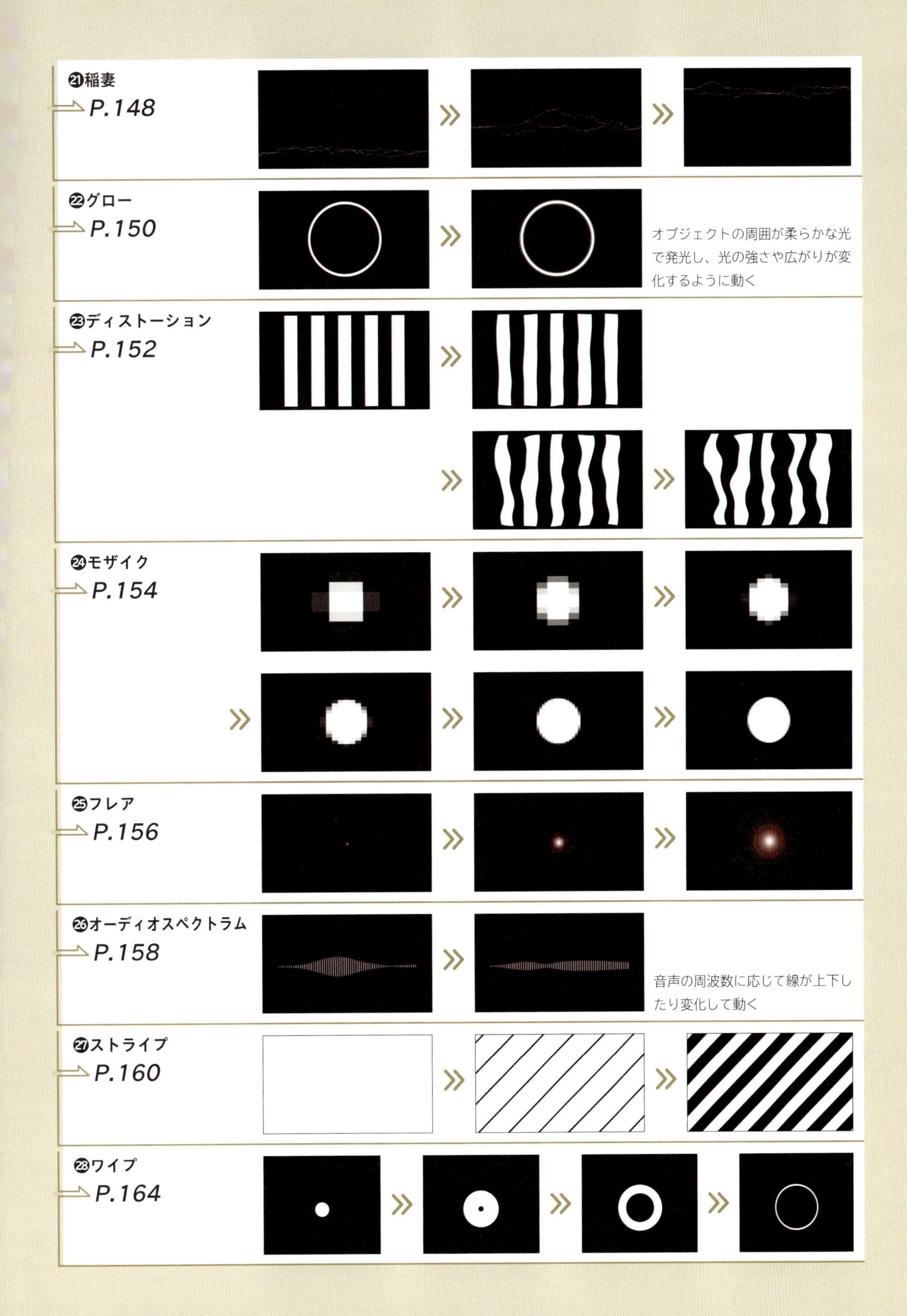

㉑稲妻
P.148
㉒グロー
P.150
オブジェクトの周囲が柔らかな光で発光し、光の強さや広がりが変化するように動く
㉓ディストーション
P.152
㉔モザイク
P.154
㉕フレア
P.156
㉖オーディオスペクトラム
P.158
音声の周波数に応じて線が上下したり変化して動く
㉗ストライプ
P.160
㉘ワイプ
P.164

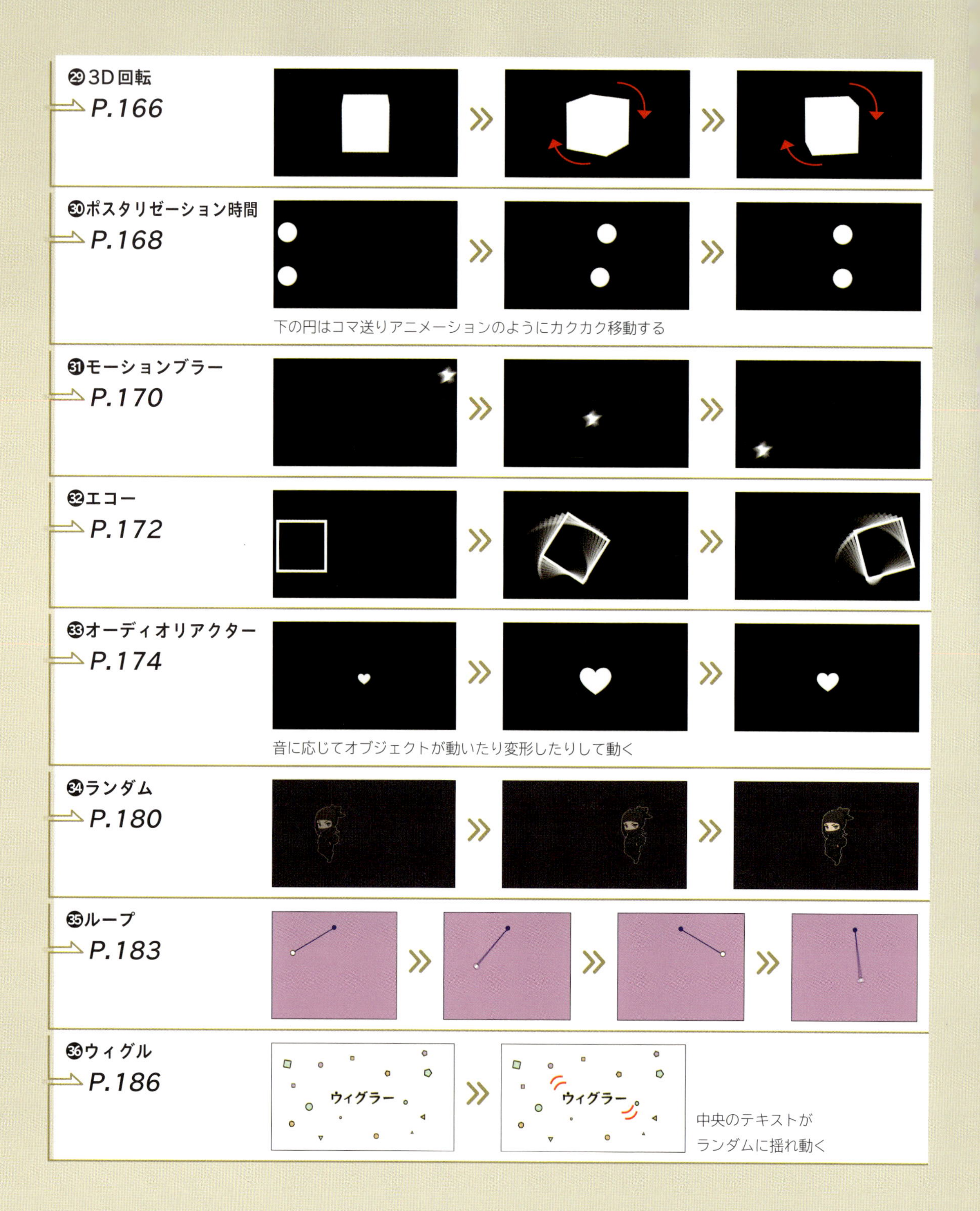

㉙3D回転
P.166
㉚ポスタリゼーション時間
P.168
下の円はコマ送りアニメーションのようにカクカク移動する
㉛モーションブラー
P.170
㉜エコー
P.172
㉝オーディオリアクター
P.174
音に応じてオブジェクトが動いたり変形したりして動く
㉞ランダム
P.180
㉟ループ
P.183
㊱ウィグル
P.186
ウィグラー
中央のテキストが
ランダムに揺れ動く

◆本書特典のサンプルファイルのダウンロードについて

本書の解説に使用しているオリジナルの素材ファイルやプロジェクトファイル、作例動画ファイルなどは、下記のページよりダウンロードできます。ダウンロード時は圧縮ファイルの状態なので、展開してから使用してください。下記URLをブラウザのアドレスバーに入力して下さい。

https://bnn.co.jp/blogs/dl/aemg/

●サンプルファイルデータのフォルダ構造について

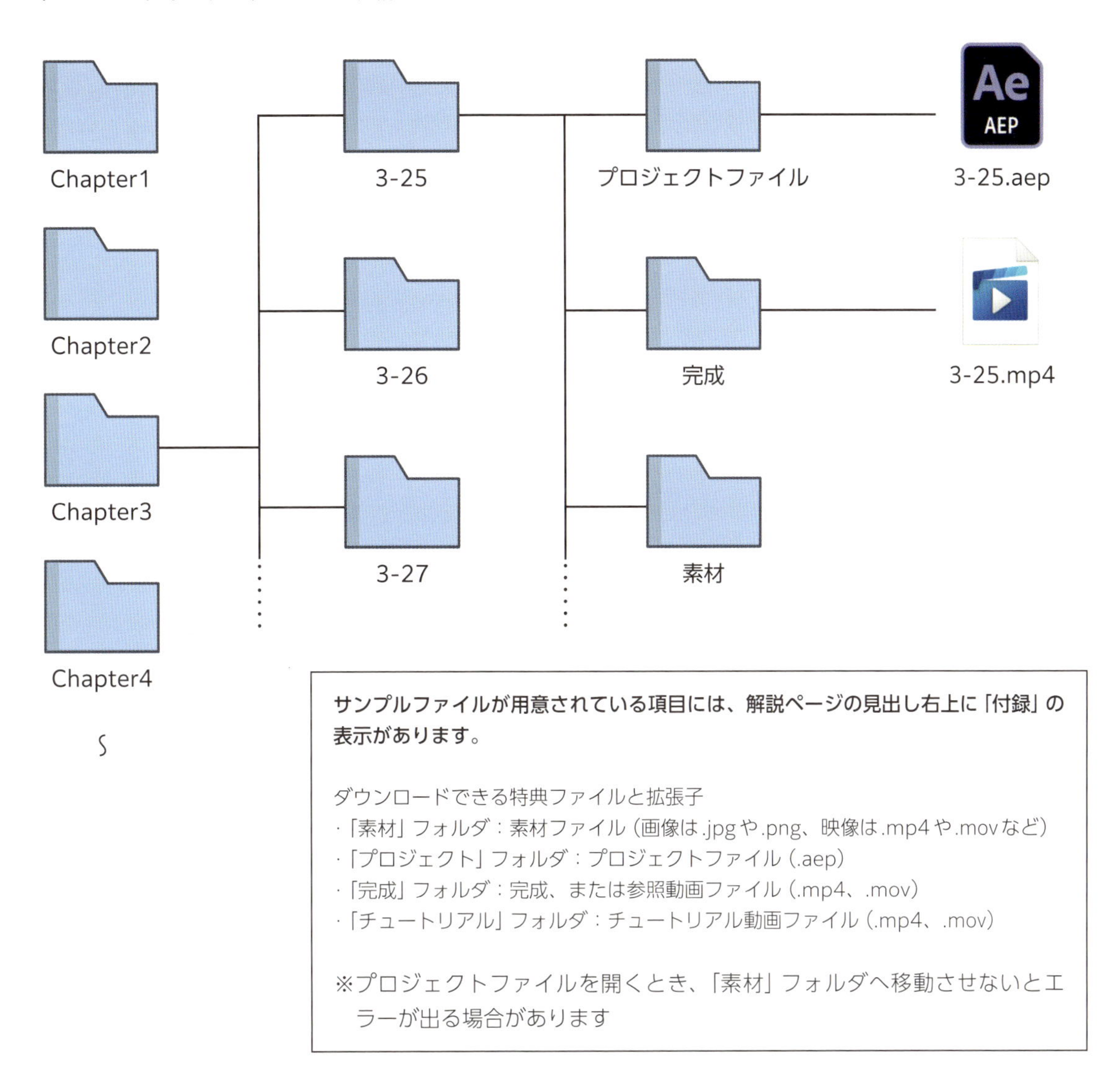

サンプルファイルが用意されている項目には、解説ページの見出し右上に「付録」の表示があります。

ダウンロードできる特典ファイルと拡張子
- 「素材」フォルダ：素材ファイル（画像は.jpgや.png、映像は.mp4や.movなど）
- 「プロジェクト」フォルダ：プロジェクトファイル（.aep）
- 「完成」フォルダ：完成、または参照動画ファイル（.mp4、.mov）
- 「チュートリアル」フォルダ：チュートリアル動画ファイル（.mp4、.mov）

※プロジェクトファイルを開くとき、「素材」フォルダへ移動させないとエラーが出る場合があります

【使用上の注意】

※本データは、本書購入者のみご利用になれます。
※データの著作権は作者に帰属します。
※データの複製販売、転載、添付など営利目的で使用すること、また非営利で配布すること、インターネットへのアップなどを固く禁じます。
※本ダウンロードページURLに直接リンクをすることを禁じます。
※データに修正等があった場合には予告なく内容を変更する可能性がございます。
※本データを実行した結果については、著者や出版社、ソフトウェア販売元のいずれも一切の責任を負いかねます。ご自身の責任においてご利用ください。

◆Adobe Fontsについて

本書で使用するフォントは、After Effectsユーザーが無料で利用できる「Adobe Creative Cloud」の「Adobe Fonts」サービスを利用しています。利用の手順は以下になります。

1 ブラウザでAdobe Fontsの公式サイト(https://fonts.adobe.com/)にアクセスし、Adobe IDでログインします。次に、検索バーやカテゴリ別のフィルタを使って、必要なフォントを見つけましょう。利用したいフォントがあったら、[ファミリーを表示]をクリックします。

2 フォントの詳細ページに移動したら、そのフォントをアクティベートするためのボタン[フォントを追加]が表示されるので、クリックします。

3 「アドビアプリに追加されたフォント」画面が表示されるので、[OK]をクリックします。フォントがアクティベートされ、PCに自動的に同期されます。フォントのアクティベートが完了すると、After Effectsやほかのアドビアプリケーションでそのフォントを利用できるようになります。

After Effectsの基本的な使い方

はじめに、After Effectsの基本的な画面構成、パネル、操作などについて解説します。一度に全部を覚えるのは難しいと思いますので、操作しながらわからなくなったときに、参考にして下さい。

After Effectsの特徴

After Effectsは、Adobe社が提供する、動画の加工を得意とする編集ソフトです。映画やテレビ、広告など、映像制作の現場で利用されています。

After Effectsとは何か

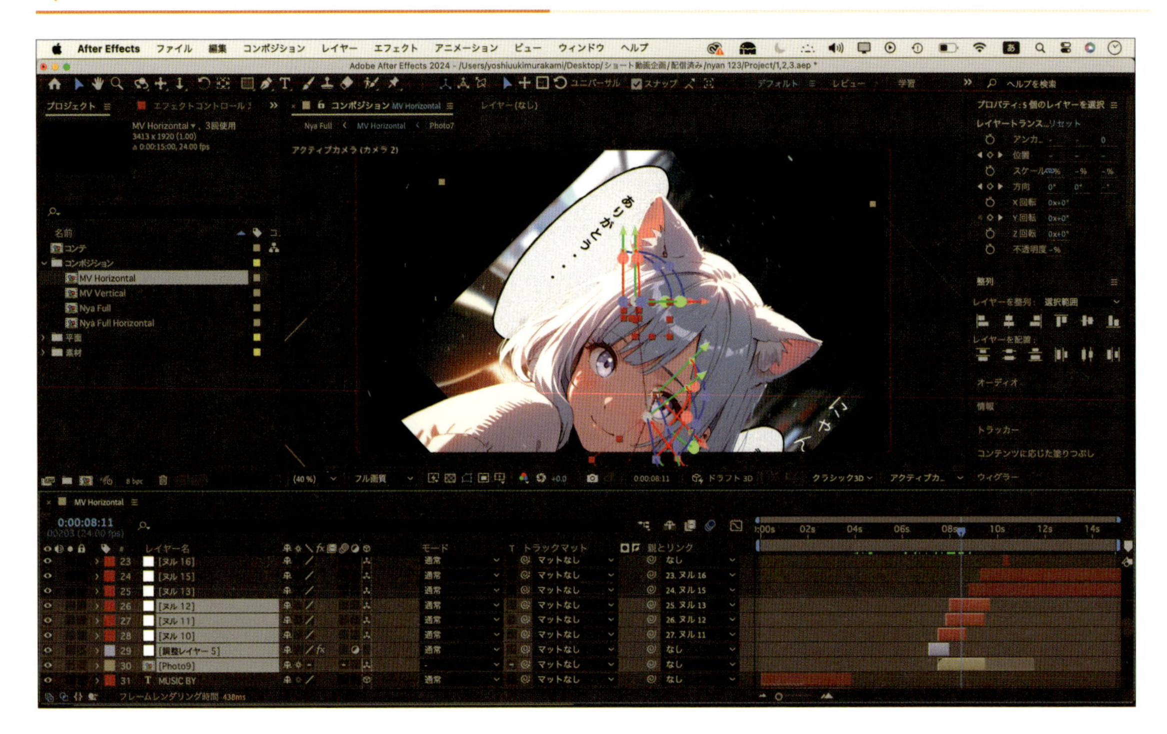

After Effectsは、映画、テレビ、ビデオゲーム、広告などの商業的な用途から、結婚式やイベント動画、SNS投稿などの個人用途まで、様々なメディアの制作において信頼されるツールとして広く利用されています。サードパーティ（関連する製品を販売するメーカー）による豊富なプラグインやエフェクトも多く、無限のクリエイティブな可能性を提供します。また、PhotoshopやIllustratorなど、ほかのAdobeのソフトと連携しながら編集を行えることもメリットの1つです。

●モーショングラフィックス
テキストアニメーションやシェイプアニメーションなど、「動き」のあるグラフィック要素を作成できます。本書では、この機能を中心に解説します。

●ビジュアルエフェクト（VFX）
映像に特殊効果を追加するためのツールです。たとえば、火、爆発、霧などのエフェクトがあります。

●コンポジット
複数の映像や画像を組み合わせる作業です。グリーンスクリーン（緑色の背景）で撮影した映像に背景を合成する場合などに使用します。

●タイポグラフィ
テキストやタイトルを作成できます。動的なタイトルシーケンス（オープニング）やエンドクレジットなどで活用できます。

●インフォグラフィックス
数値などの情報を、グラフや図を用いて視覚的に伝えることができます。

● **3Dモーション**
3D空間でのアニメーションや、カメラの動きを作成できます。

● **キャラクターアニメーション**
テレビや劇場で放映されるアニメの多くが、編集段階でAfter Effectsを使用しています。

After Effectsは縦の編集、Premiere Proは横の編集

同じAdobeの映像編集ソフト「Premiere Pro」と比較してAfter Effectsとの違いを説明すると、「After Effectsは縦の編集に特化したもの、Premiere Proは横の編集に特化したもの」となります。
After Effectsは、ビジュアルエフェクトやモーショングラフィックスなど、「静止画や動画に特殊効果やダイナミックな動きを加える」のに最適なツールです。エフェクトやアニメーションの作成に強みを持つため、多くのレイヤーを積み上げていく縦方向の編集に焦点を当てています。
一方のPremiere Proは、「ストーリーボードやシーンの流れを直感的に編集する」ことを得意とします。つまり、時間に沿った横方向の編集に特化しています。
After Effectsは「コンポジション」という概念を活用しており、複数の要素を組み合わせて1つのシーンや効果を作成することができます。Premiere Proのタイムラインと比べると、After Effectsのコンポジションパネルはより柔軟で、レイヤーを縦方向に重ねることで、複雑な構造を簡単に管理できます。
編集のプロセスとしては、Premiere Proで基本的なシーンの流れを決めて（仮編集／粗編集）、使用する動画が決まったところでAfter Effectsで特殊効果や細かい要素を追加する（本編集）ことが多いです。
Premiere ProとAfter Effectsは相補的なツールで、プロジェクトのニーズに応じて使い分けることが重要です。

● **After Effects**

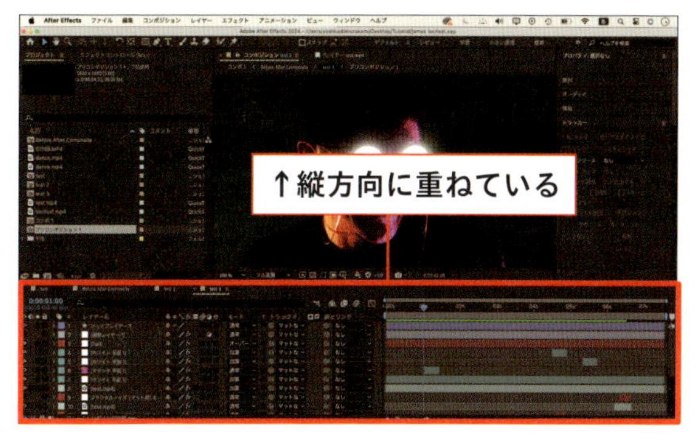

● **Premiere Pro**

Check!
まずはダウンロードしてみよう

After Effectsは、Adobe社のホームページから無料体験版をダウンロードできます。また、学割やデジタルハリウッドのオンラインスクールなど、安価でAdobeのソフトを利用できるサービスもあるので、対象者はそちらを検討してみるとよいでしょう。
なお、有償の「Adobe Creative Cloud」に登録すると、After Effectsを含めたAdobeのソフトをサブスクリプションとしてダウンロードすることができます。個人・法人・教育機関向けなど様々なプランがあるので、それぞれの価格はウェブサイトで確認してみましょう。

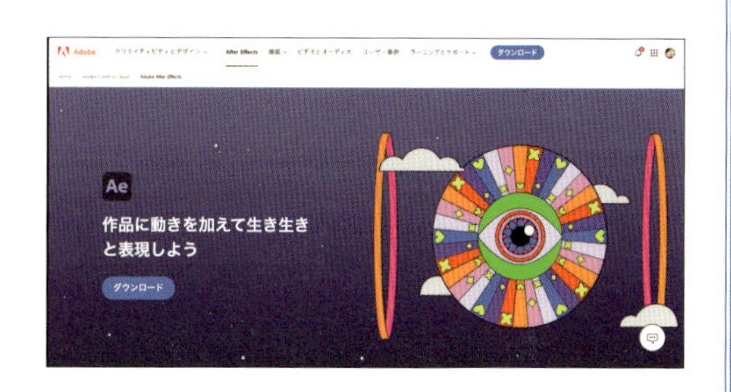

【URL】https://www.adobe.com/jp/products/aftereffects.html

基本
レイヤー
モーション基本
アニメーター
エフェクト
モーション応用
エクスプレッション

02 画面構成

After Effects起動後の開始画面です。ホーム画面や編集画面の構成について解説します。各部の名称や役割を確認しましょう。

ホーム画面の構成

After Effectsを起動すると、以下の開始画面が表示されます。

❶新規プロジェクト
クリックすると、After Effectsのプロジェクトが作成され、編集画面（右ページ参照）が表示されます。とにかく始めたい人はこのボタンからクリックしましょう。

❷プロジェクトを開く
クリックすると、保存したプロジェクトファイルを開くことができます。

❸ホーム
［学ぶ］を選択中にクリックすると、この画面（ホーム画面）に戻ります。

❹学ぶ／最初のチュートリアルを開始
クリックすると、After Effectsの各機能や基本操作などをチュートリアルで学ぶことができます。

❺新規チームプロジェクト／チームプロジェクトを開く
クリックすると、複数のユーザーと作業をする場合の設定やファイルを開くことができます。

❻ファイルを選択
画像などの素材を開いた状態でプロジェクトを作成する場合は、このボタンをクリックします。

◆編集画面の構成

プロジェクトを作成したり開いたりすると、「パネル」と呼ばれる機能に応じた項目が表示された画面になります。

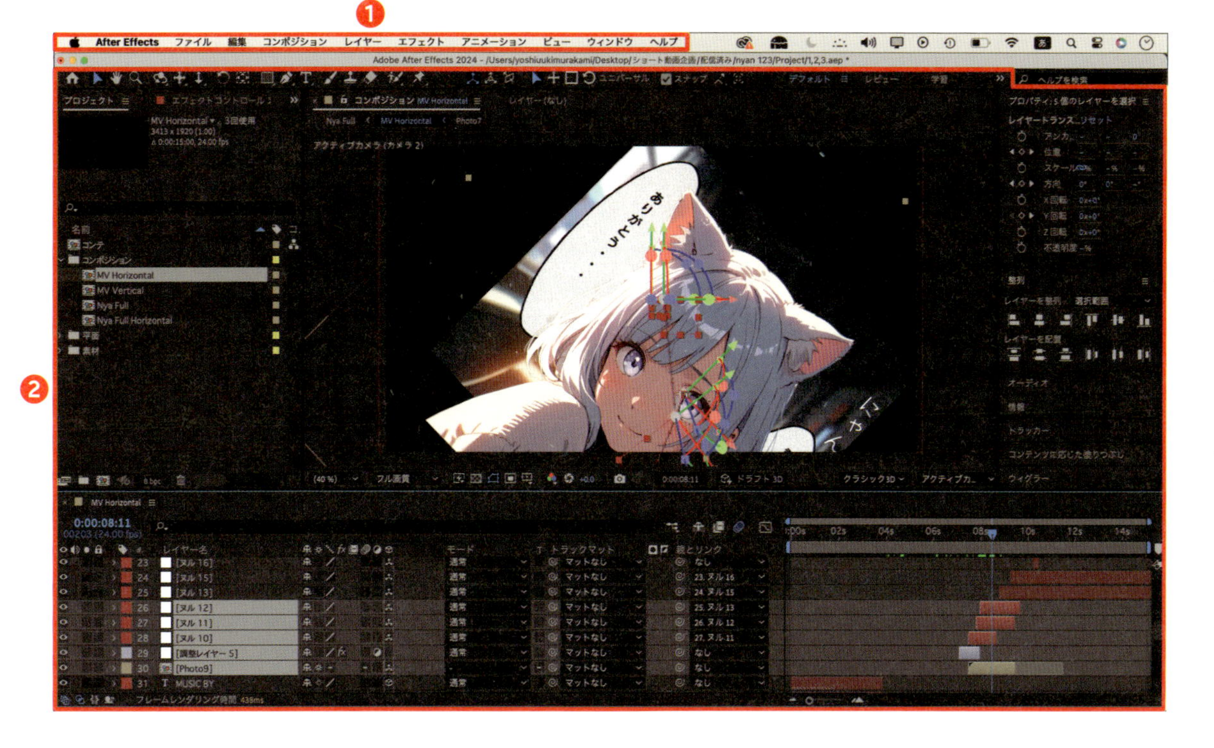

❶メニューバー

メニューごとに機能がまとめられています（P.20参照）。たとえば［ファイル］をクリックすると、プロジェクトファイルを新たに開いたり、保存したりすることができます。

❷ワークスペース

「ツール」パネル、「コンポジション」パネル、「プロジェクト」パネル、「プレビュー」パネル、機能ごとにまとめられた複数のパネル、「タイムライン」パネルなどで構成されている作業領域です（P.25参照）。パネルの構成は自分が利用しやすいよう追加や非表示にしたり、ドラッグ＆ドロップで移動したりすることでカスタマイズができます。

Check!
ホーム画面を非表示にする

起動するたびに表示されるホーム画面は、設定から非表示にすることができます。Macの場合は、メニューバーの［After Effects］→［設定］→［起動と修復］の順にクリックし、［ホーム画面を有効化］のチェックを外して［OK］をクリックします。Windowsの場合は、［編集］→［環境設定］です。

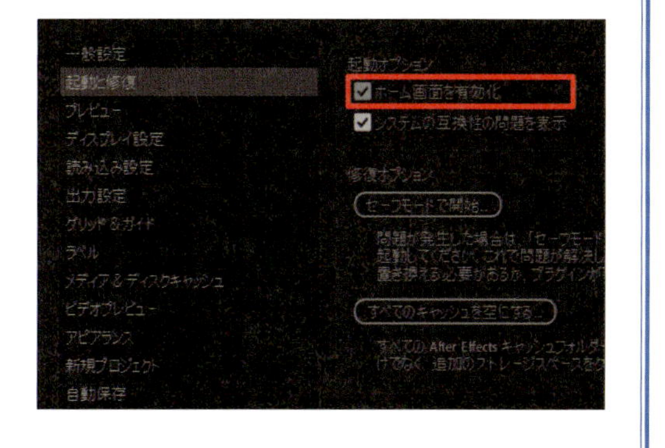

基本
レイヤー
モーション基本
アニメーター
エフェクト
モーション応用
エクスプレッション

03 メニュー

メニューバーは、画面上部にあります。ここからAfter Effectsの環境設定やファイル、編集、コンポジションなどのオプションを選択します。

各メニューの機能を確認する

メニューバーには、[After Effects] [ファイル] [編集] [コンポジション] [レイヤー] [エフェクト] [アニメーション] [ビュー] [ウィンドウ] [ヘルプ] の10項目があります。各項目からできることを、左に表示されているものから順番に確認しましょう。なお、本書ではMac版の画面を紹介していますが、Windows版でも項目名やできることはほぼ同じです。

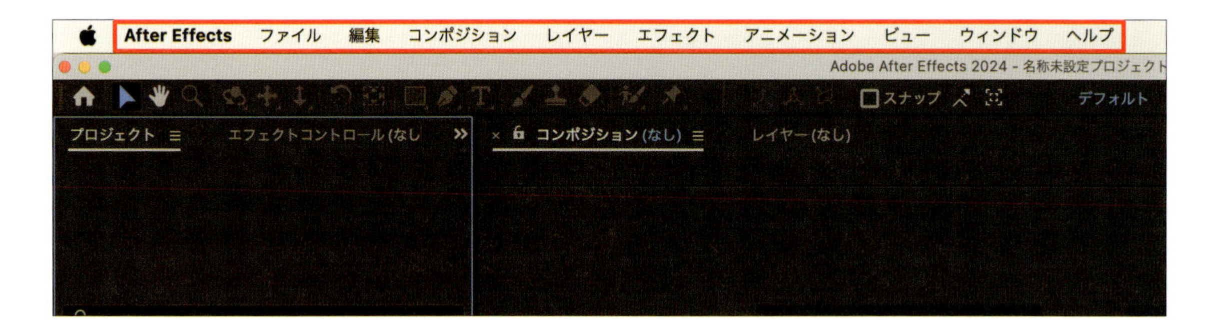

1 After Effects

基本的な表示や環境設定に関する項目を確認できる、Mac版のみにあるメニューです。よく使う機能の [一般設定] では、全体の作業に応じた設定が行えます（Windowsの場合は [編集] → [環境設定]）。

作業を続けて行うとディスクキャッシュが溜まって操作の反応が遅くなることもあるため、プロジェクトが完了したあとは [メディア＆ディスクキャッシュ] からキャッシュを空にしておくとよいでしょう。

[メモリとパフォーマンス] からは、どのソフトにメモリを割り振るかを決めることができます。ほかのソフトと連携をする際などにはここから設定を変更することもあります。

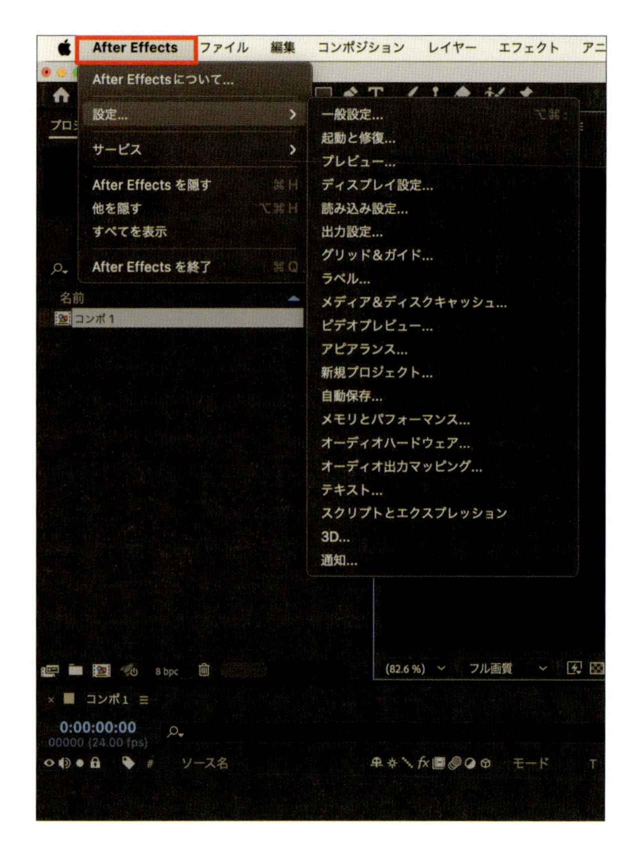

Check!
環境設定

「環境設定」ダイアログで各項目の設定をすることで、作業工程・効率を向上させられます。

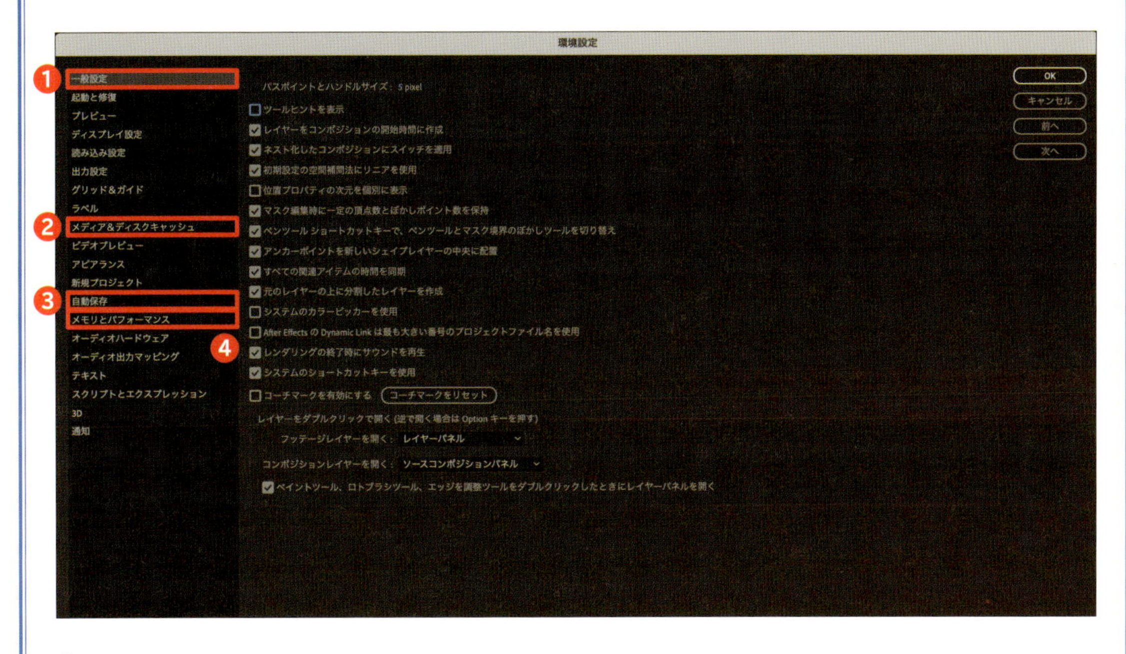

❶一般設定

・**ツールヒントを表示**：ツールヒントが不要な場合は、チェックを外しておくと非表示にできます。

・**初期設定の空間補間法にリニアを使用**：ここのチェックが外れている場合、テキストの移動が自動的に滑らかになり、チェックを入れると直線（リニア）で動くようになります。通常はリニアで動かすことが多いので、ここにチェックを入れておくのがお勧めです。

❷メディア&ディスクキャッシュ

・**最大ディスクキャッシュサイズ**：使用するコンピュータのストレージが確認できます。

・**フォルダを選択**：ここから事前に準備したディスクキャッシュ用のSSDなどに保存するとよいでしょう。

・**ディスクキャッシュを空にする**：編集作業を行うと、メディアキャッシュと呼ばれるファイルデータが生成され、ストレージを圧迫して作業効率が落ちます。ここをクリックすると現在溜まっているファイル量が確認できるので、新しい編集を行う際などはここから定期的に削除するとよいでしょう。

❸自動保存

・**保存の間隔**：レイヤーを重ねたりエフェクトを重ねるほど処理が重くなり、場合によっては突然ソフトが閉じる現象が起きます。その際に定期的に保存をしておくことをお勧めしますが、ここから［保存の間隔］を短くするほど、定期的に自動保存されるようになります。

❹メモリとパフォーマンス

・**メモリ**：使用するメモリの調整ができます。［他のアプリケーション用に確保するRAM］の数値を下げるほど、割り当てるメモリの量が増えることになります。HDの場合は16GB、4K以上を編集する場合は32GBが目安となります。

・**パフォーマンス**：［マルチフレームレンダリングを有効にする］にチェックを入れると、コンピュータの機能をAfter Effectsになるべく多く割り当て、プレビューやレンダリングなどの処理速度を向上させることができます。

2 ファイル

ファイルの読み込みや保存、書き出しなど、プロジェクト全体に関する操作が行えます。プロジェクトとは、素材や要素、編集データなどを管理するファイルのことです。

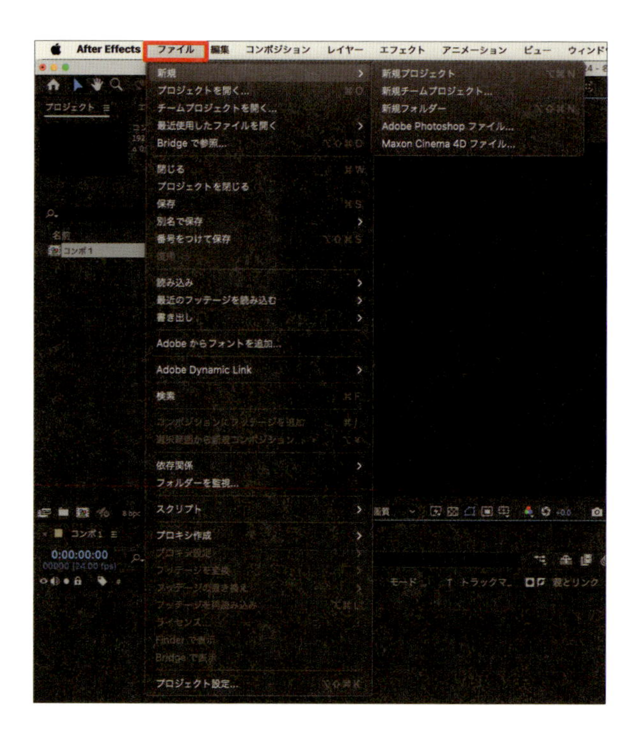

POINT

メニュー項目の右にはキーが表示されています（例：⌘S）。このキーを押すことで、メニューを開かなくても項目が選択できます（ショートカットキー／P.28参照）。

3 編集

カットやコピー、ペーストなど、編集に関する項目を選択できます。

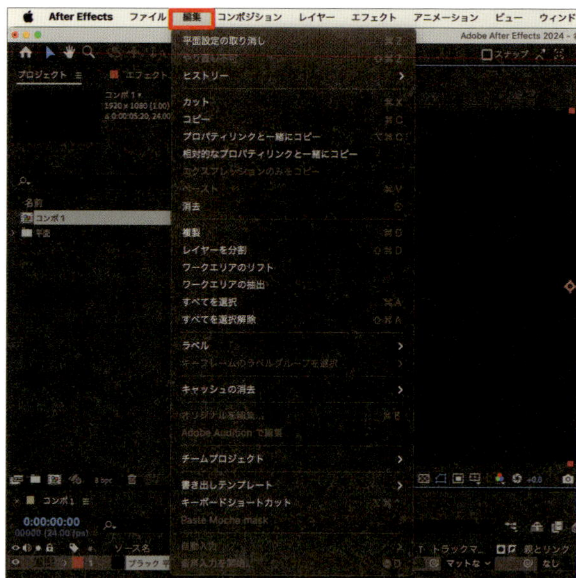

4 コンポジション

動画や画像を並べる作業空間であるコンポジションの作成、設定が行えます。

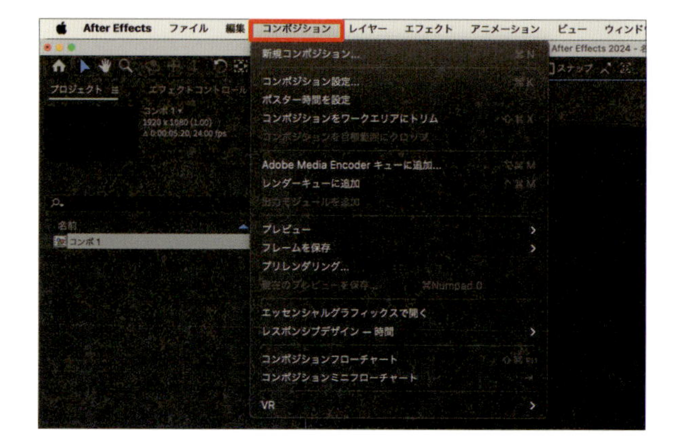

5 レイヤー

レイヤーに関する項目が表示されます。[新規]では、テキストや平面などのレイヤーを新しく作成できます。また、[オートトレース]ではイラストなどを自動でトレースでき、[ガイドレイヤー]では編集のときにだけ表示できるガイド用のレイヤーに変更できます。レイヤーについては、Chapter 2で詳しく解説します。

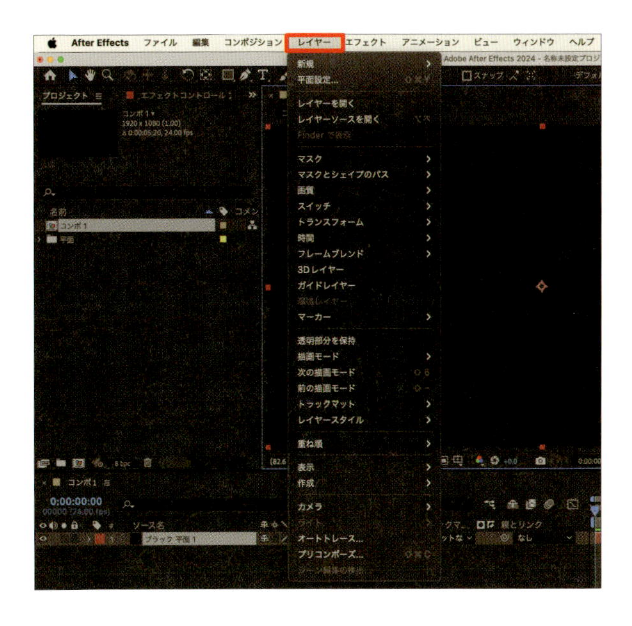

6 エフェクト

レイヤーに対して適用できるエフェクトを選択できます。

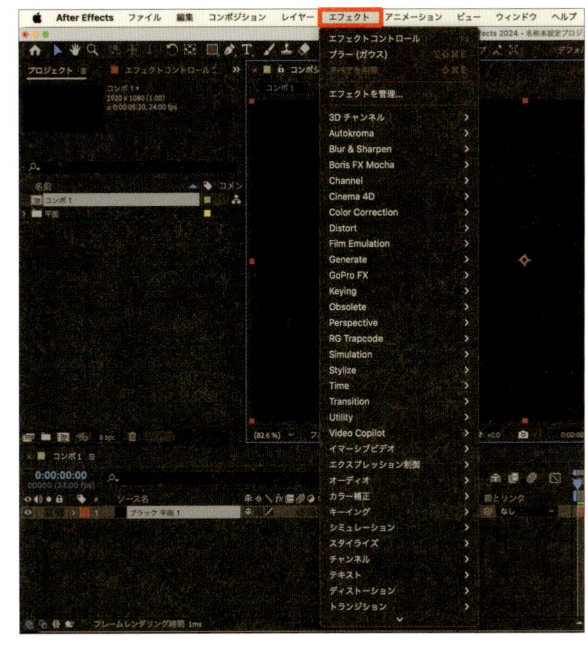

7 アニメーション

キーフレーム（P.102参照）などのアニメーションに関する項目を選択できます。[Track in Boris FX Mocha]では、トラッキングやマスクを作成する際に便利なMocha Aeを使用することができます。

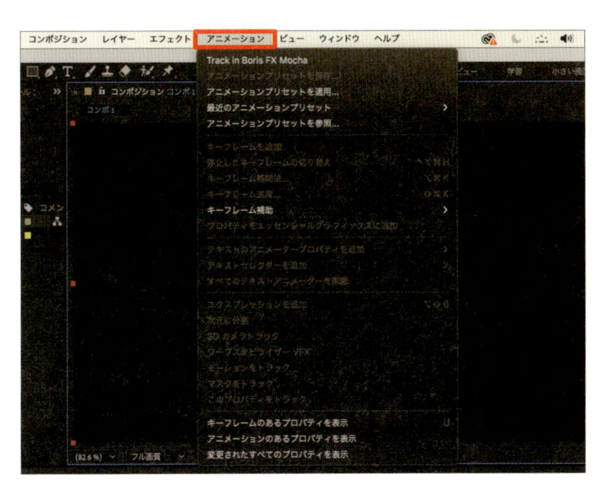

8 ビュー

「コンポジション」パネルなどに表示されているビューアに対してグリッドを表示するなどの設定が行えます。

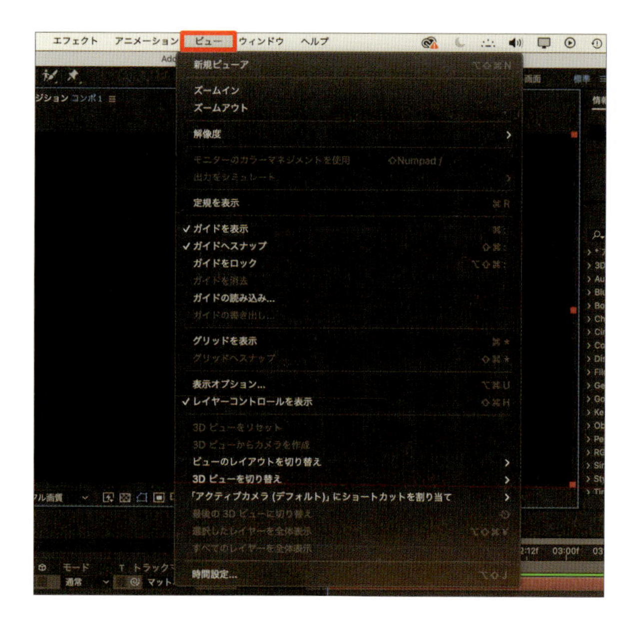

9 ウィンドウ

パネルなどのワークスペース（右ページ参照）を表示する際に使います。

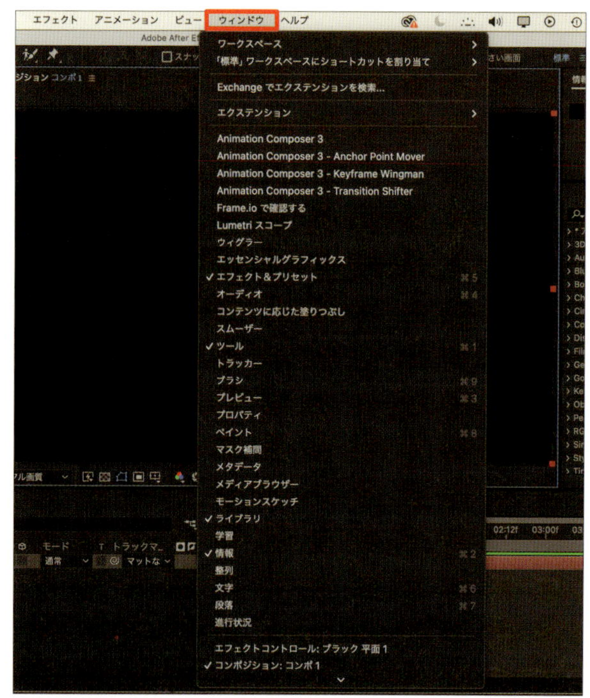

10 ヘルプ

ヘルプが必要な事柄を入力すると、関連情報をウェブサイトで表示します。

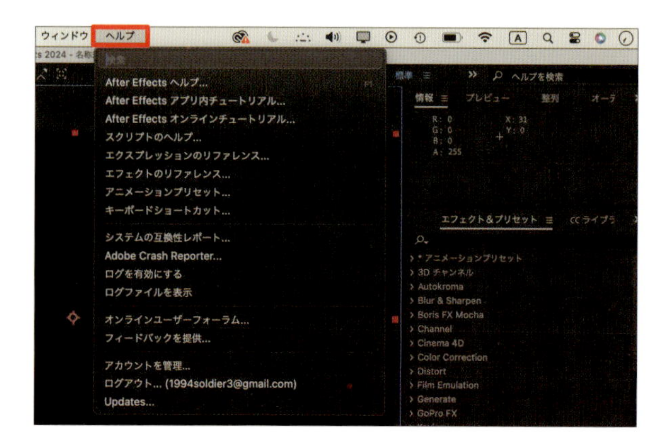

パネル

ワークスペースは、「プロジェクト」パネル、「コンポジション」パネル、「タイムライン」パネルなど、機能別に複数のパネルで構成されます。

◆ 各パネルの機能を確認する

ワークスペースには、「プロジェクト」パネル、「コンポジション」パネル、「タイムライン」パネルなどが配置されています。使いやすいようにパネルを移動、追加し、非表示にするカスタマイズも可能です。

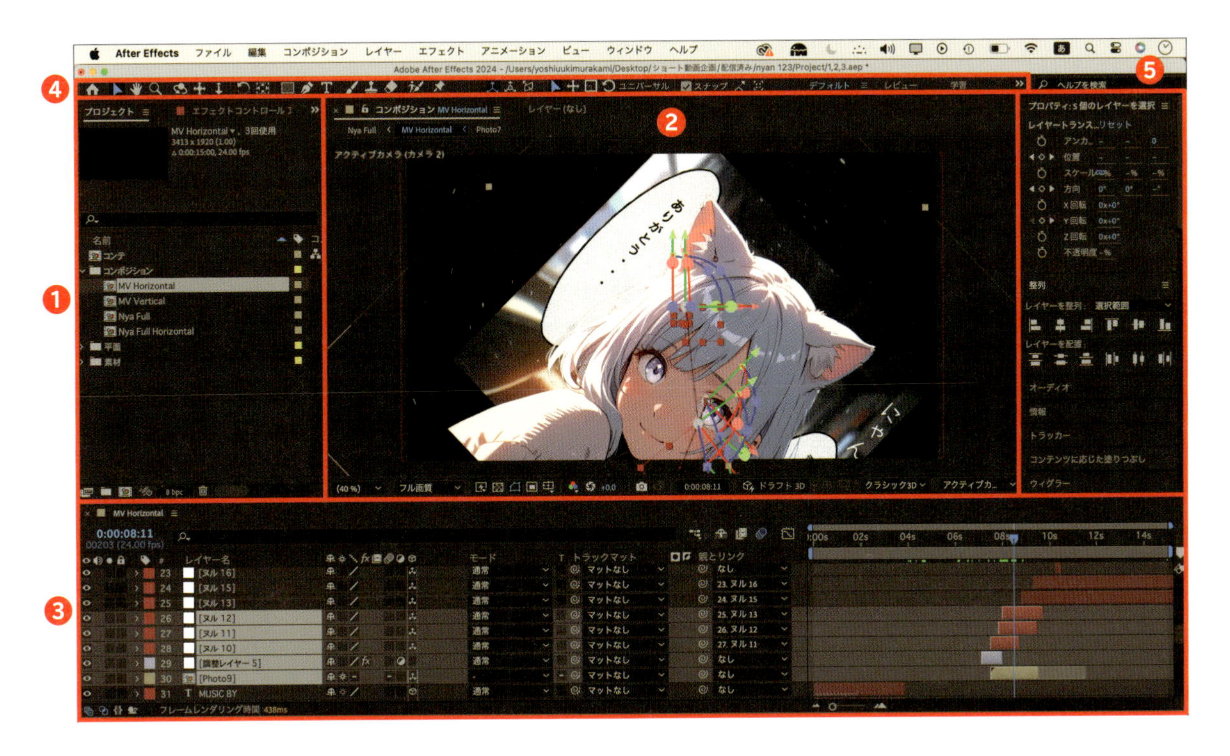

❶「プロジェクト」パネル
プロジェクトへの素材の読み込み、検索、整理に使用するパネルです（P.26参照）。

❷「コンポジション」パネル
現在読み込まれているコンポジションが表示されるパネルです（P.26参照）。

❸「タイムライン」パネル
現在読み込まれているコンポジションのレイヤーのタイムラインが表示されるパネルです（P.26参照）。

❹「ツール」パネル
コンポジションに要素を追加、編集するためのツールを選択、切り替えできるパネルです（P.27参照）。

❺グループ化した各種パネル
機能ごとに特化した複数のパネルをグループ化したものです。

1 「プロジェクト」パネル

プロジェクトに挿入するための動画や音声、画像などのメディアファイルやコンポジションがリストされています。ファイルの整理や素材の管理に役立ちます。パネル下部のアイコンからは、新規フォルダやコンポジションの作成、アイテムやプロジェクト設定の変更も行えます。

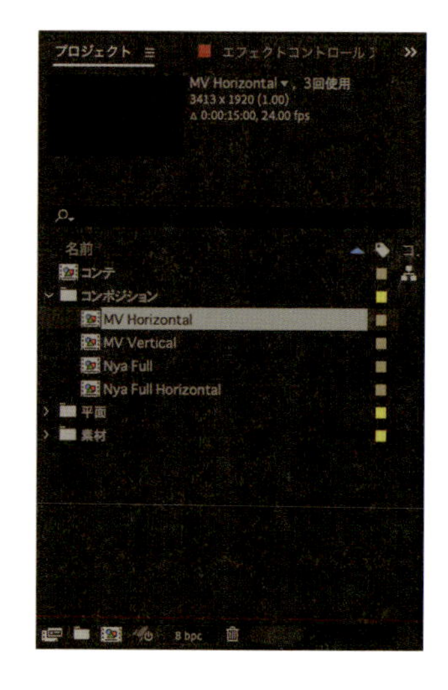

2 「コンポジション」パネル

編集中の動画を表示するパネルです。編集作業を行う場所のことを「コンポジション」と呼びます。編集を行う際にはホーム画面の［新規コンポジション］をクリックすることで、新たに編集作業の場所を作成できます。また、動画ファイルや画像ファイルをドラッグ＆ドロップすることでも、そのファイルに合わせたコンポジションを作成できます。

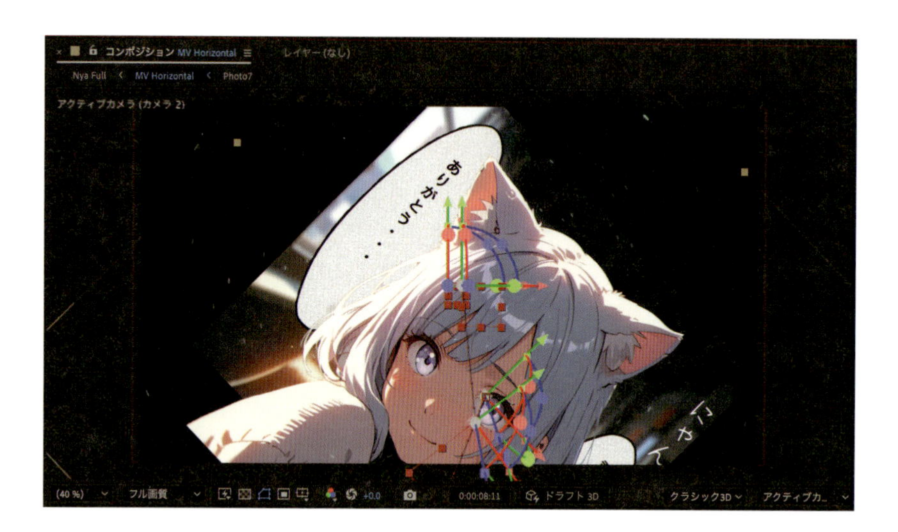

3 「タイムライン」パネル

コンポジションの時間軸を横方向に示し、レイヤーの数を縦方向に示したタイムラインが表示されます。タイムライン上で、レイヤーの配置や時間に応じたアニメーションの調整を行います。

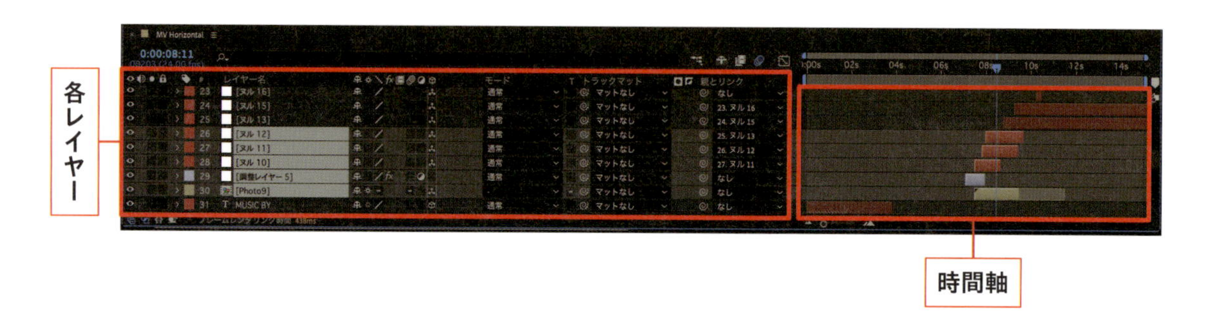

4 「ツール」パネル

選択ツール、ペンツール、テキストツールなど、様々なツールが配置されているパネルです。選択したツールによって、プロジェクトに対する操作を変更することができます。

- **よく利用するツール（一部）**

❶**ホームツール**：ホーム画面を開くことができます。
❷**選択ツール**：素材を選択、移動、大きさ変更をするときなどに利用します。
❸**手のひらツール**：マウスポインターが手のひらのアイコンになり、画面を動かせます。
❹**回転ツール**：素材を回転するときに利用します。
❺**アンカーポイントツール**：アンカーポイントを移動させることができます。
❻**シェイプツール（長方形）**：長方形のシェイプレイヤーを作成できます。また、素材を選択した状態でこのツールアイコンをクリックすると、長方形のマスクを作成できます。長押しすると、角丸長方形ツール、楕円形ツール、多角形ツール、スターツールに切り替えができ、それぞれの形状のシェイプレイヤーやマスクを作成できます。
❼**ペンツール**：頂点を打ち、シェイプレイヤーやマスクを作成できます。長押しすると、頂点を追加ツール、頂点を削除ツール、頂点を切り替えツール、マスクの境界を切り替えツールに切り替えができます。
❽**横書き文字ツール**：文字を入力することができます。長押しすると、縦書き文字ツールに切り替えができます。
❾**ブラシツール**：平面レイヤーにフリーハンドの線を描画できます。
❿**コピースタンプツール**：コンポジション内の箇所をコピーし、別の箇所に貼りつけることができるツールです。
⓫**消しゴムツール**：素材の一部やペイントしたストロークを削除することができます。
⓬**ワークスペースの切り替え**：編集用途に適したワークスペースに切り替え、編集作業が行えます。ワークスペースの切り替えや保存は、メニューバーからも行えます（下記Check!参照）。

Check! ワークスペースを変更してみよう

メニューバーの［ウィンドウ］をクリックして表示されるメニューで、項目名の左にチェックがついているものは、現在開いているパネルです。機能に応じて新たにパネルを表示させたい場合は、項目名（パネル名）をクリックしてチェックをつけましょう。また、［ウィンドウ］をクリックし、［ワークスペース］にマウスポインターを乗せると、パネルの配置を切り替えることができます。編集の段階に応じた作業しやすいパネルに設定して、再度［ウィンドウ］をクリックし、［ワークスペース］にマウスポインターを乗せ、［このワークスペースへの変更を保存］をクリックすると、好みのパネルの配置が保存できます。

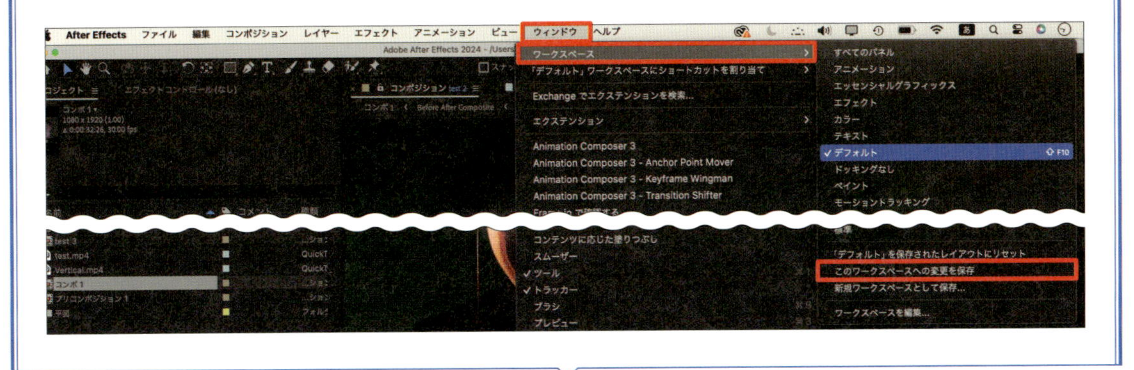

05 ショートカットキー

After Effectsで操作をする際には、キーボードに割り振られたショートカットを使うことで作業効率が大幅アップします。活用してみましょう。

よく使うショートカットキー一覧表

利用頻度の高いショートカットキーをまとめました。作業中に参照したり、試しに1つずつ押したりしながら確認してみましょう。これらを最初に覚えておくと、長期的に見るとかなりの時間を短縮できます。

キー	動作
F2	すべて選択を解除
F3	エフェクトコントロール
F9	イージーイーズ
W	回転ツール
E	エフェクト
T	不透明度
Y	アンカーポイントツール
U	すべてのキーフレーム
P	位置
A	アンカーポイント
S	スケール
G	ペンツール
H	手のひらツール
J	前のアイテム
K	次のアイテム
C	カメラツール
V	選択ツール
Command（control）＋N	新規コンポジションを作成
Command（control）＋Y	新規平面レイヤーを作成
Command（control）＋option（alt）＋Y	新規調整レイヤーを作成
Command（control）＋option（alt）＋Shift＋Y	新規ヌルオブジェクトを作成
Command（control）＋option（alt）＋Shift＋L	新規ライトを作成
Command（control）＋option（alt）＋Shift＋C	新規カメラを作成
Command（control）＋A	すべてを選択

※カッコ内のキーは、Windows版でのキーを示しています

※F2などファンクションキーについて：Macの場合、ファンクションキーはデフォルトではシステム機能に割り当てられているため、ショートカットとして使うにはFnキーを押しながらファンクションキーを使用します。Windowsの一部のキーボードでも同様です

キー	動作
Command (control) + S	プロジェクトを保存
Command (control) + D	複製
Command (control) + C	コピー
Command (control) + V	ペースト
Command (control) + X	カット
Command (control) + Z	最後の操作を取り消し
Command (control) + Shift + Z	最後の操作をやり直す
Command (control) + R	定規を表示
Command (control) + K	コンポジション設定
Command (control) + J	解像度をフル画質に切り替える
Command (control) + Shift + J	解像度を 1/2 画質に切り替える
Command (control) + option (alt) + Shift + J	解像度を 1/4 画質に切り替える
Command (control) + [	レイヤーを 1 つ後ろに移動
Command (control) +]	レイヤーを 1 つ前に移動
Command (control) + Shift + [	レイヤーを最背面に移動
Command (control) + Shift +]	レイヤーを最前面に移動
Command (control) + →	1 フレーム進む
Command (control) + ←	1 フレーム戻る
Command (control) + Shift + →	10 フレーム進む
Command (control) + Shift + ←	10 フレーム戻る
Command (control) + ↑	1 つ上のレイヤーを選択
Command (control) + ↓	1 つ下のレイヤーを選択
Command (control) + Shift + C	プリコンポーズ
Command (control) + Shift + D	レイヤーをカット
Command (control) + Shift + X	コンポジションをワークエリアにトリム
Command (control) + option (alt) + T	タイムリマップを有効にする
Command (control) + option (alt) + S	フレームを保存
option (alt) + [	レイヤーのイン点を現在の地点にトリム
option (alt) +]	レイヤーのアウト点を現在の地点にトリム

Check!
ショートカットキーをカスタマイズする

設定されているショートカットキーは、メニューバーの [編集] → [キーボードショートカット] の順にクリックして確認することができます。ここから自分が使うショートカットキーの設定もできます。

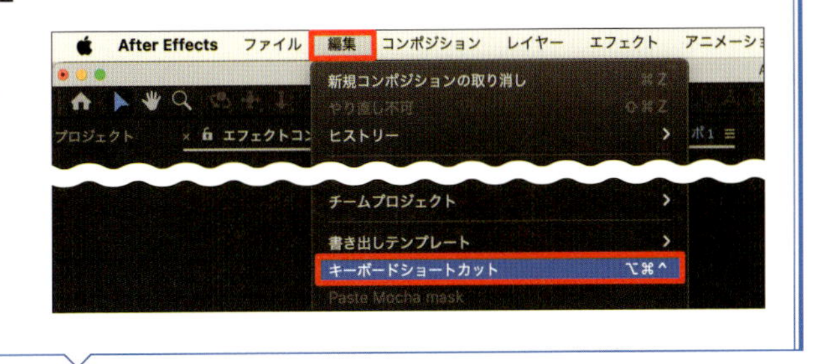

基本的な操作❶ ファイルの読み込み

After Effectsを起動してから動画を制作するまでの一連の流れを見ながら、基本的な操作を学びます。ここからP.39までは、特典データ素材を使用してみましょう。

素材ファイルの読み込み

ここでは練習として、クリップを並べるだけでできるカウントダウン動画を作ります。本書の特典データ（P.13参照）を用意して下さい。

1 ファイルを読み込む

After Effectsを開いたら、素材ファイルを「プロジェクト」パネルに読み込みます。メニューバーの［ファイル］をクリックし❶、［読み込み］にマウスポインターを乗せ❷、［ファイル］をクリックします❸。表示されたダイアログからPC内に保存されている素材ファイルをクリックして選択し❹、［開く］（Windowsの場合は［読み込み］）をクリックします❺。

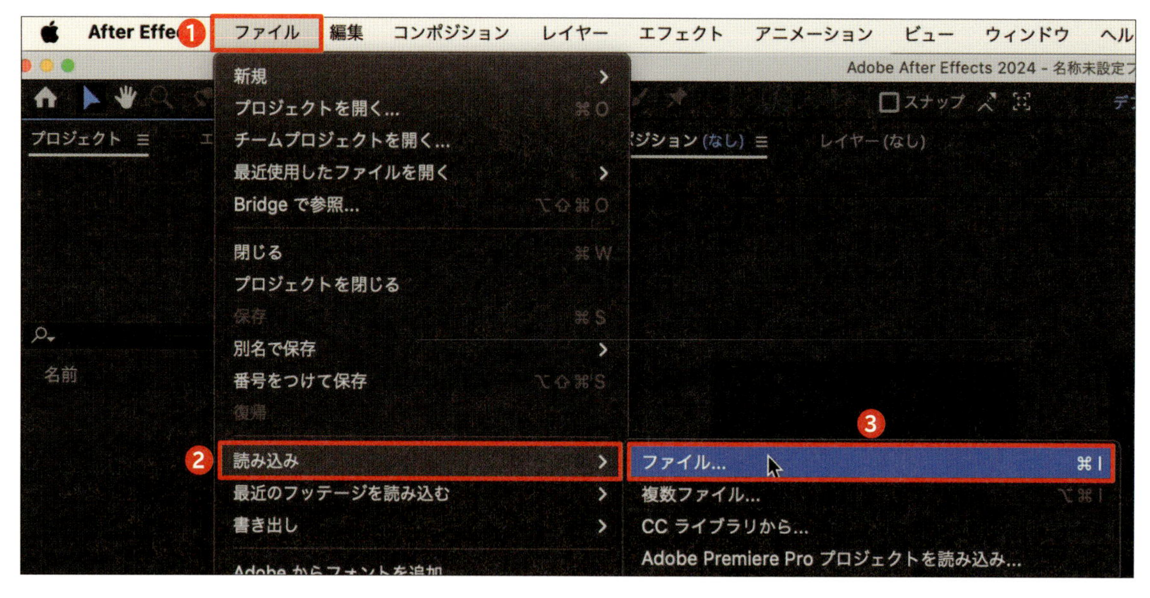

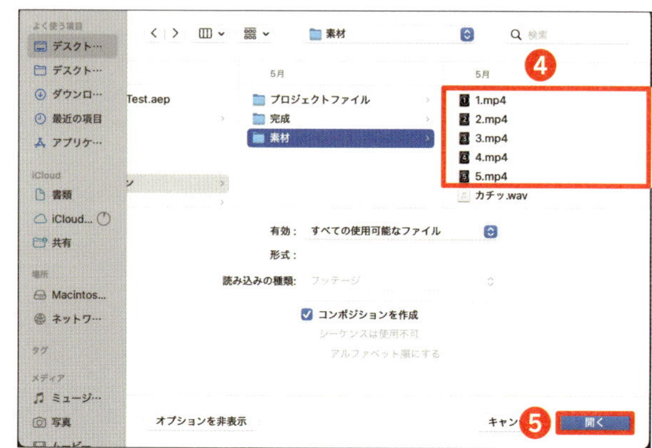

POINT

ファイルは動画や画像素材だけでなく、フォルダごと読み込むこともできるので、事前にまとめておくとスムーズに作業ができます。

Check! ドラッグ&ドロップでファイルを読み込む

素材ファイルの読み込みは、Finder（Windowsの場合はエクスプローラー）から「プロジェクト」パネルへドラッグ&ドロップすることで、複数のファイルを挿入することもできます。

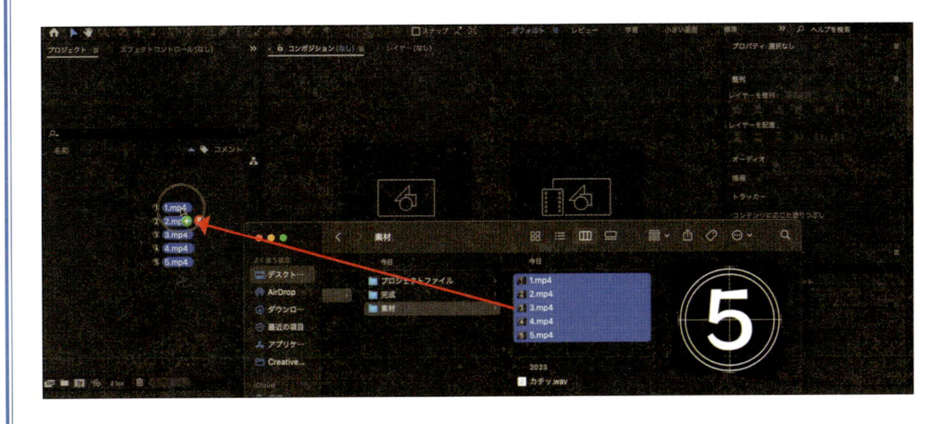

2 ファイルフォルダを作成する

読み込んだファイルが多くなると探すのに時間がかかってしまうので、「プロジェクト」パネル内にフォルダを作成しましょう。「プロジェクト」パネル下の をクリックし❻（ショートカットキーは Command （control）＋ option （alt）＋ N キー）、フォルダ名を入力します❼。動画素材ファイルは、フォルダへドラッグ&ドロップして格納します❽。

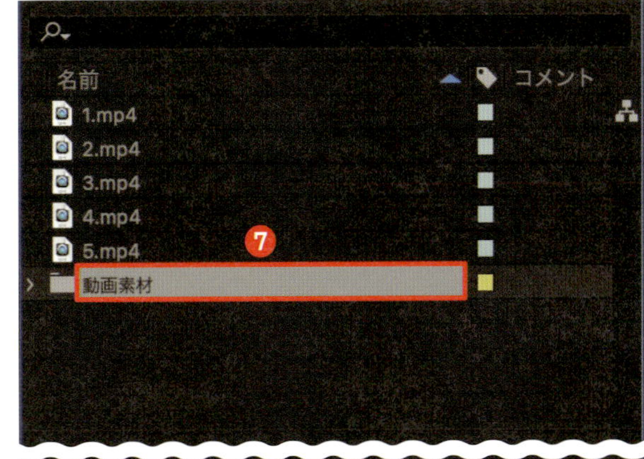

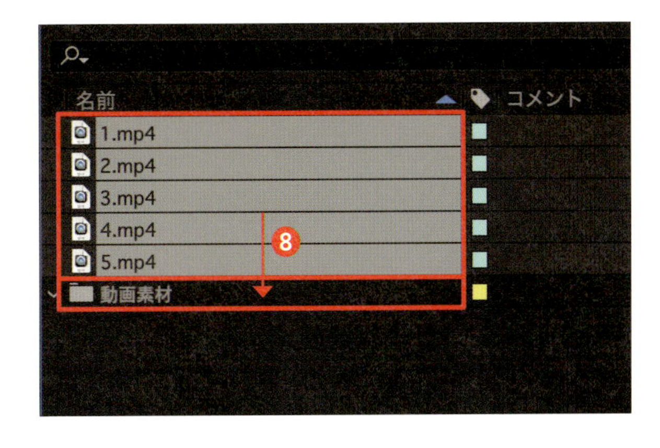

基本
レイヤー
モーション基本
アニメーター
エフェクト
モーション応用
エクスプレッション

基本的な操作❷ コンポジションを作成する

動画を編集する画面であるコンポジションを作成します。

◆コンポジションを設定して作成する

1 「コンポジション設定」を開く

メニューバーの［コンポジション］→［新規コンポジション］の順にクリックします❶（ショートカットキーは Command（control）+ N キー）。

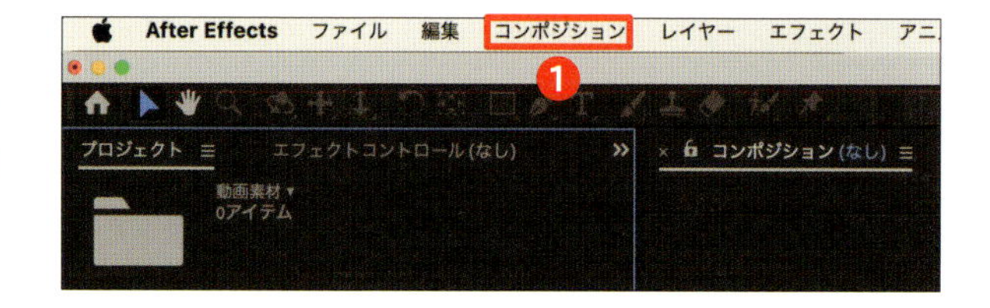

2 コンポジションを作成する

「コンポジション設定」ダイアログが表示されたら、「コンポジション名」を入力し❷、5秒のカウントダウン動画を作るので「デュレーション」（動画の長さ）を「0:00:5:00」に設定します❸。［OK］をクリックすると❹、コンポジションが作成されます。

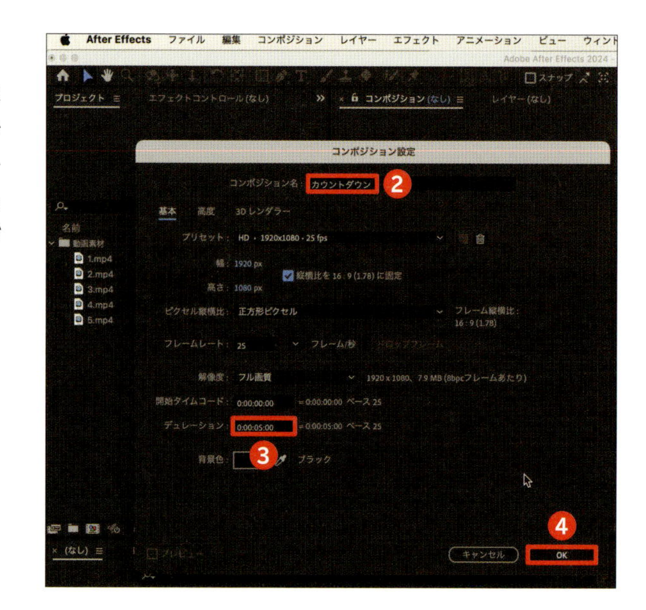

Check!
素材に合わせたコンポジションを作成する

P.30で読み込んだ素材ファイルを「新規コンポジション」と表示されている箇所にドラッグ&ドロップすると、素材のアスペクト比やフレームレート、動画尺に合わせたコンポジションが作成されます。

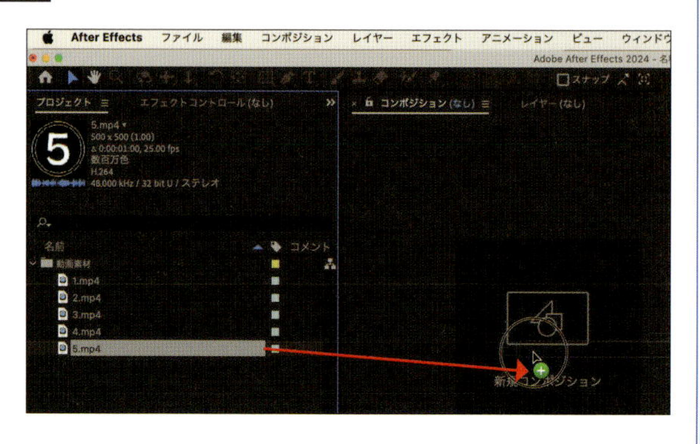

08 基本的な操作❸ ファイルをタイムラインに挿入する

プロジェクトパネルの動画素材ファイルを、タイムラインに配置します。

ファイルをタイムライン配置する

1 ファイルをタイムラインに配置する

「プロジェクト」パネルの動画素材ファイルを、タイムラインに配置します。ファイルをまとめて配置するには、Shiftキーを押しながら両端の動画素材ファイル（ここでは「1.mp4」と「5.mp4」）をクリックして選択し❶、「タイムライン」パネルへドラッグ＆ドロップします❷。

POINT

ファイルを選択する際、「5.mp4」をクリックし、Shiftキーを押しながら「1.mp4」をクリックしてタイムラインにドラッグ＆ドロップすると、「5.mp4」が一番上に配置されます。反対に、「1.mp4」をクリックしてShiftキーを押しながら「5.mp4」をクリックしてタイムラインにドラッグ＆ドロップすると、「1.mp4」が一番上に配置されます。

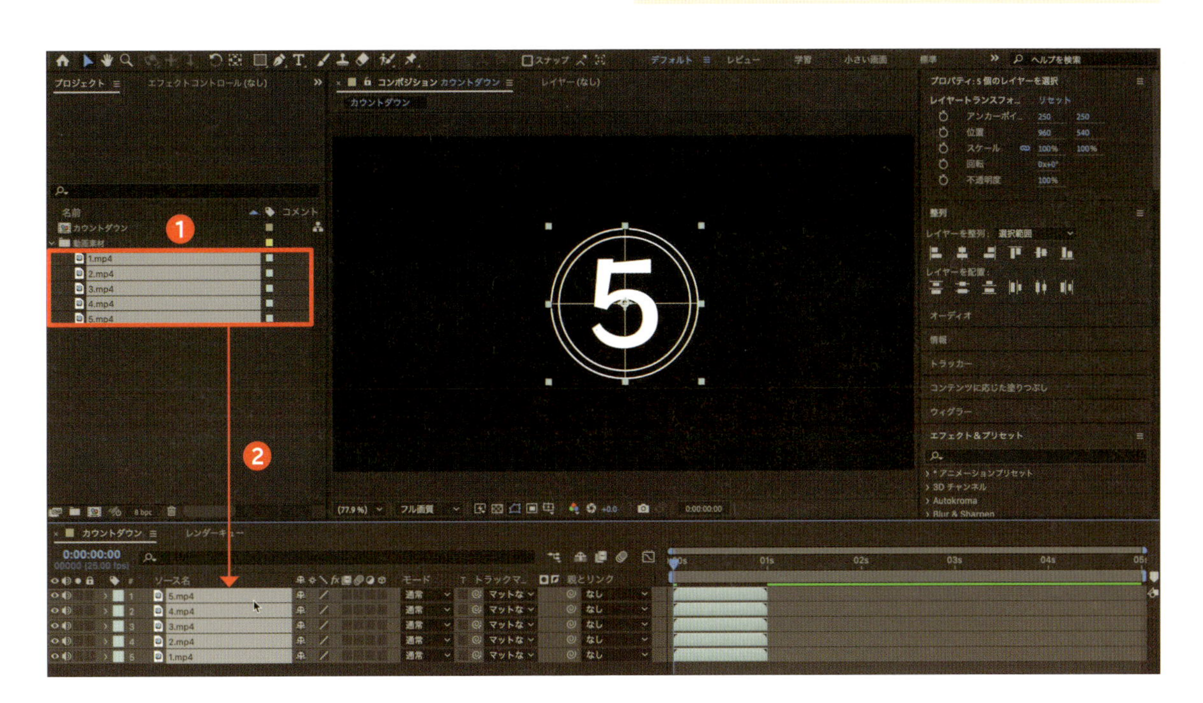

基本的な操作❹ プロジェクトファイルを作成する

利用する素材ファイルをタイムラインに配置したら、いよいよプロジェクトの作成です。

◆ プロジェクトファイルを作成する

1 クリップをコンポジションのサイズに合わせる

クリップがコンポジションのサイズと違う場合は、まとめて合わせることができます。クリップをすべて選択し❶、右クリックして［トランスフォーム］にマウスポインターを乗せ❷、［コンポジションの高さに合わせる］をクリックすると❸、コンポジションの高さに合わせてクリップが拡大されます。クリップの解像度が低い場合は、拡大すると画質が下がるので注意しましょう。

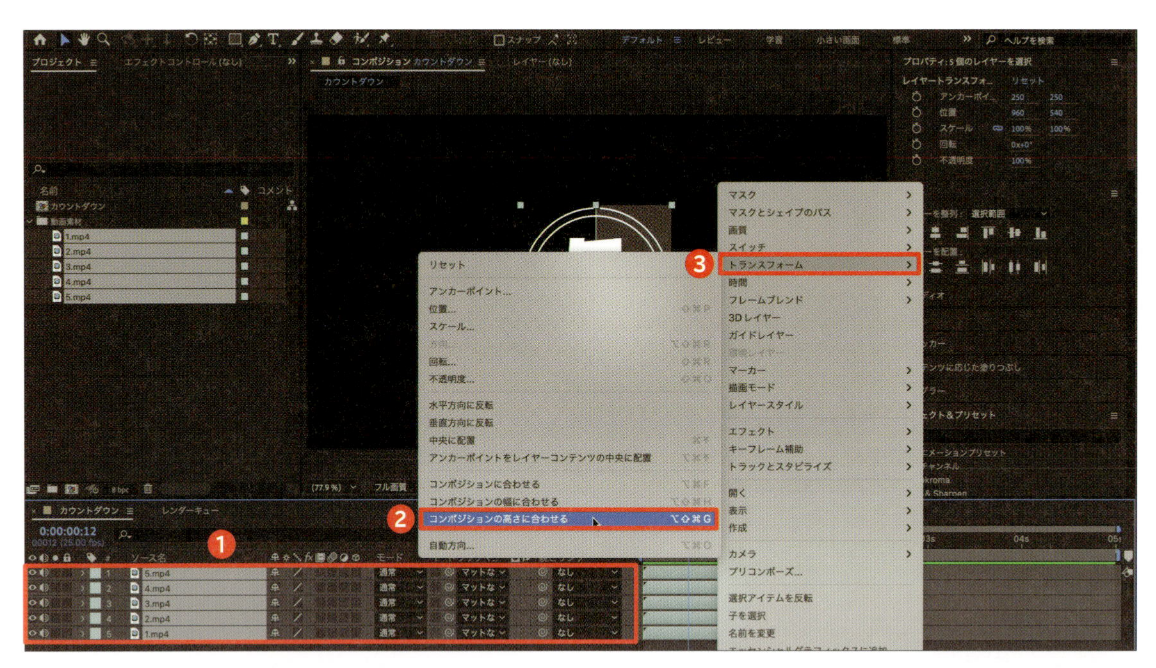

»

Check!
コンポジションの設定を変更する

あとからコンポジション設定を変更したい場合は、メニューバーの［コンポジション］→［コンポジション設定］の順にクリックし、表示される「コンポジション設定」ダイアログから行うことができます（ショートカットキーは Command（control）+ K キー）。なお、ここではコンポジションの縦横比を同じに変更して正方形にしています。

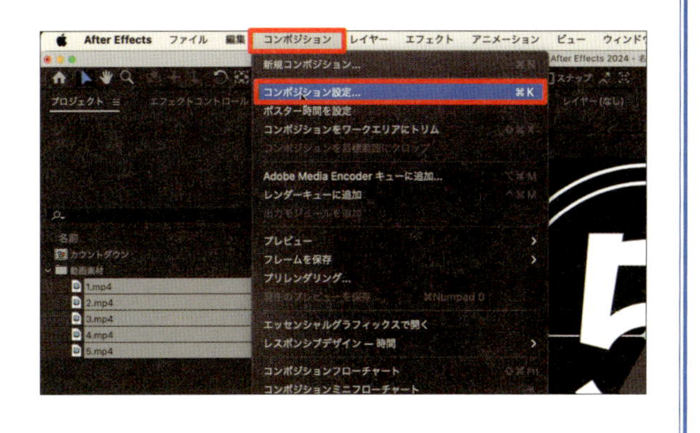

2 デュレーションバーをずらす

再生すると「5.mp4」→「4.mp4」→「3.mp4」→「2.mp4」→「1.mp4」の順にクリップが表示されるよう、タイムラインのデュレーションバーが重ならない位置にそれぞれドラッグして移動させます❹。

POINT

クリップを選択している状態で、I キーを押すとインジケーター（）がイン点（レイヤーがタイムライン上で表示され始める位置）に移動し、O キーを押すとアウト点（レイヤーがタイムライン上で表示され終わる位置）に移動します。また、[キーを押すとデュレーションバーがイン点へ移動し、] キーを押すとアウト点へ移動します。

3 指定の順番で再生させる

タイムラインに挿入された動画素材ファイルの順番が不規則な場合は、再生される順番を自動で設定できます。Shift キーを押しながら[5.mp4] → [4.mp4] → [3.mp4] → [2.mp4] → [1.mp4] の順にクリックして選択します❺。メニューバーの[アニメーション]をクリックし❻、[キーフレーム補助]にマウスポインターを乗せて❼、[シーケンスレイヤー]をクリックします❽。「シーケインスレイヤー」ダイアログが表示されるので、[オーバーラップ]にチェックは入れず(入れるとクリップを重ねるように配置できますが、今回は重ねる必要はないためチェックは入れないままにします)、[OK]をクリックします❾。

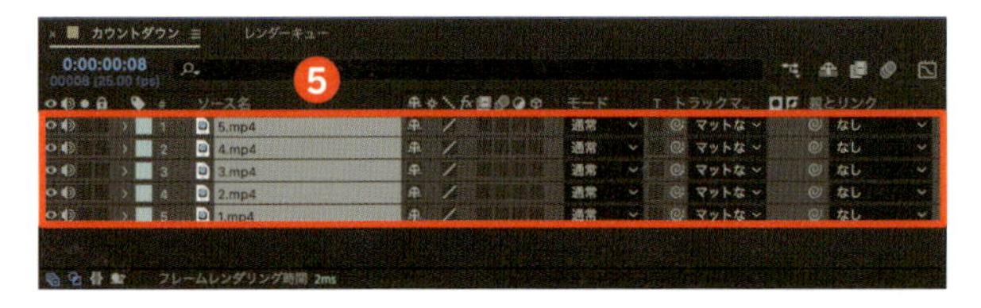

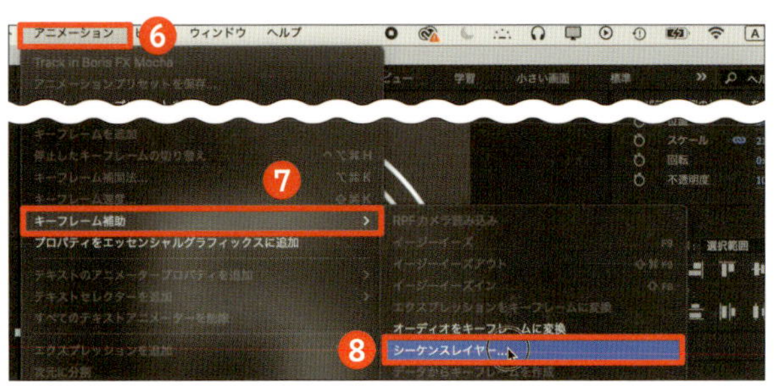

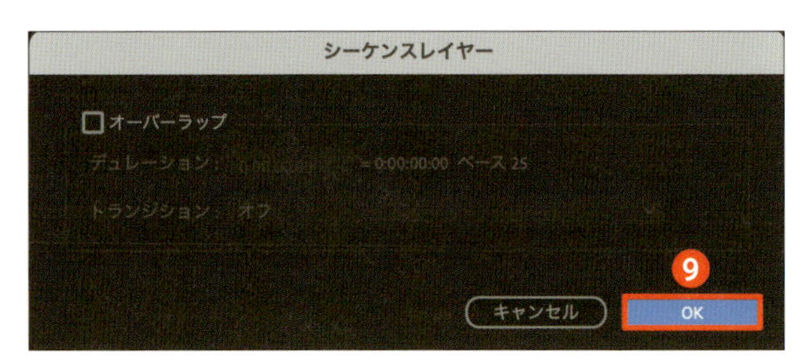

◆ 作成したプロジェクトファイルを再生する

1 プレビューで再生する

試しに作成した動画を再生してみましょう。Space キーを押すと編集中の動画がプレビュー再生され、もう一度 Space キーを押すと停止します。再生が遅い場合は、「コンポジション」パネルの左下からプレビュー画面下の画質を「1/2画質」や「1/4画質」に変更しましょう❶。画質を下げることで動画の処理が簡単になり、再生もスムーズに行われます。

10 基本的な操作❺ 作成したプロジェクトファイルを保存する

動画を作成したら、PCにプロジェクトファイルを保存しましょう。

◆ 作成したプロジェクトファイルを保存する

1 ファイルを保存する

メニューバーの［ファイル］をクリックし❶、［別名で保存］にマウスポインターを乗せ❷、［別名で保存］をクリックします❸（ショートカットキーはCommand（control）＋option（alt）＋Sキー）。表示されたダイアログからファイル名を入力し❹、ファイルを保存する場所を設定して❺、［保存］をクリックします❻。

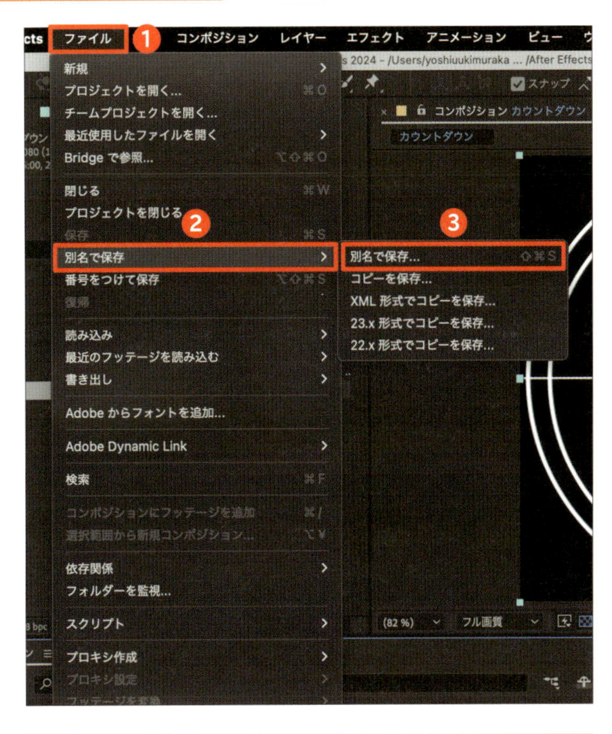

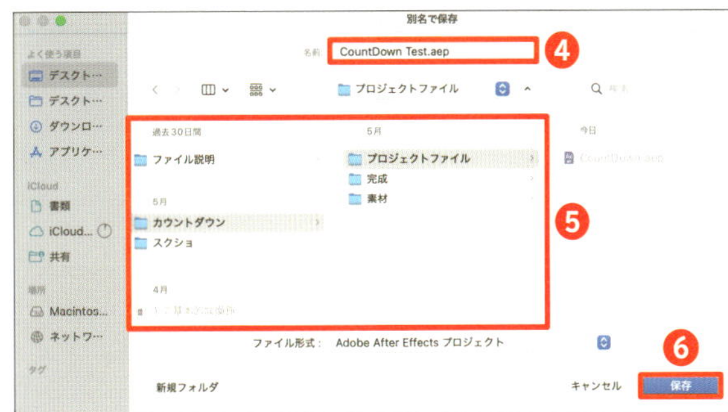

POINT

作業が長くなると予期せぬクラッシュが起きることもあるため、定期的にショートカットキーで保存することをお勧めします。

Check!

自動保存の間隔を短くする

自動保存の間隔は短く設定変更できます。メニューバーの［After Effects］をクリックし、［環境］にマウスポインターを乗せ、［自動保存］（Windowsの場合は［編集］をクリックし、［環境設定］にマウスポインターを乗せ、［自動保存］）をクリックすると、「環境設定」ダイアログが表示され、設定の変更ができます。

付録 1-06_11フォルダ

基本的な操作⑥ 動画を書き出して保存する

ここまでの段階では、動画はAfter Effectsの編集画面でしか再生できません。動画を書き出して動画ファイルを作成します。

◆ 動画を書き出して保存する

1 書き出しを行う

メニューバーの［ファイル］をクリックし❶、［書き出し］にマウスポインターを乗せ❷、［レンダーキューに追加］をクリックします❸。

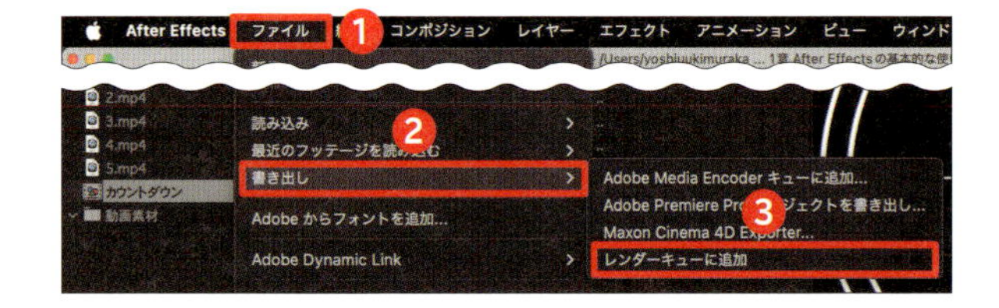

2 出力先を指定する

ワークスペースの下部に「レンダーキュー」パネルが表示されます。「出力先」の右をクリックします❹。表示されたダイアログからファイル名を入力し❺、ファイルを保存する場所を設定して❻、［保存］をクリックします❼。

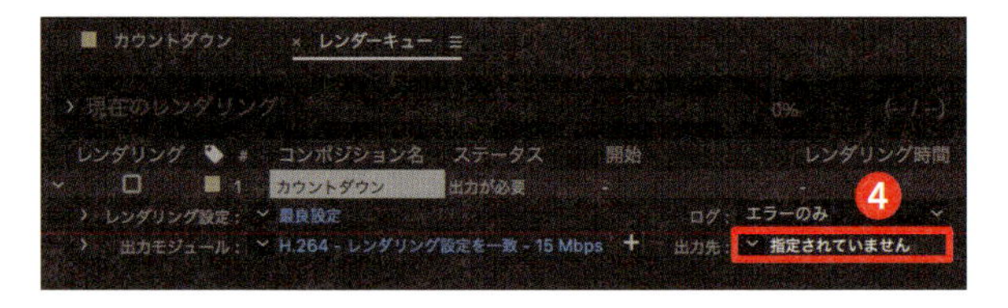

3 動画の形式を設定する

「レンダーキュー」パネルの「出力モジュール」の右をクリックします❽。表示された「出力モジュール設定」ダイアログから形式などを設定して❾、［OK］をクリックします❿。

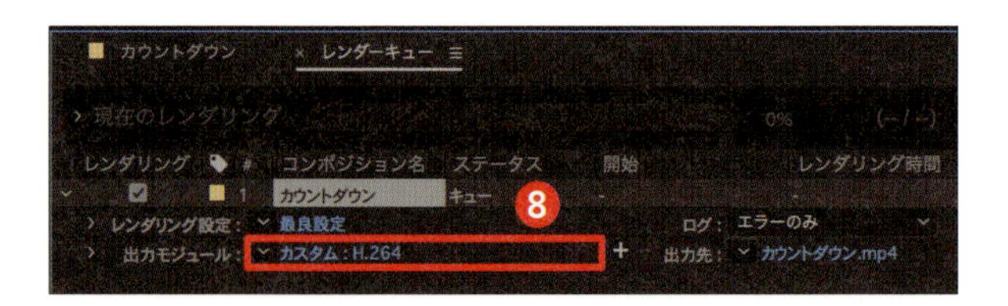

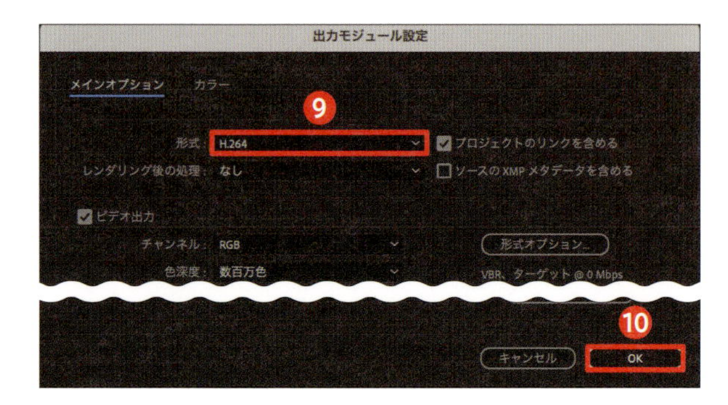

4 レンダリングする

「レンダーキュー」パネルの［レンダリング］をクリックすると⓫、書き出しが始まり動画ファイルが保存されます。

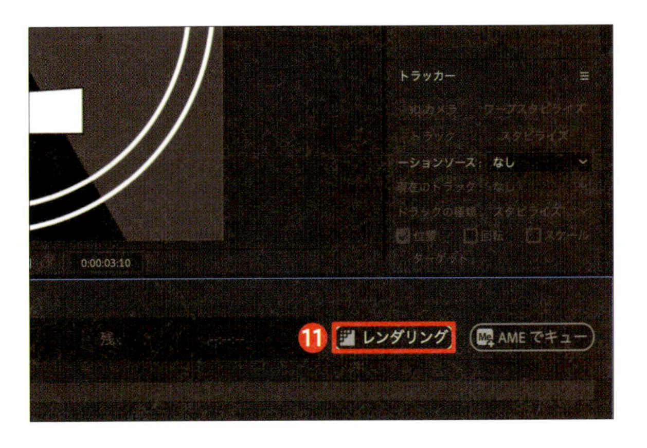

Check! Adobe Media Encoderで動画を書き出す

動画の書き出しには、Adobe Media Encoderを利用する方法もあります。Media Encoderで書き出しを行うメリットとしては、書き出している最中もAfter Effectsを動かしたり、複数のファイルをまとめて書き出したり、作成したファイルを複製して別の形式に変換して同時に書き出すことができます。メニューバーの［ファイル］をクリックし、［書き出し］にマウスポインターを乗せ、［Adobe Media Encoder キューに追加］をクリックします。「Adobe Media Encoder」が起動し、形式やプリセット、保存先などの書き出し設定が行えます。▶をクリックすると、レンダリングが開始します。

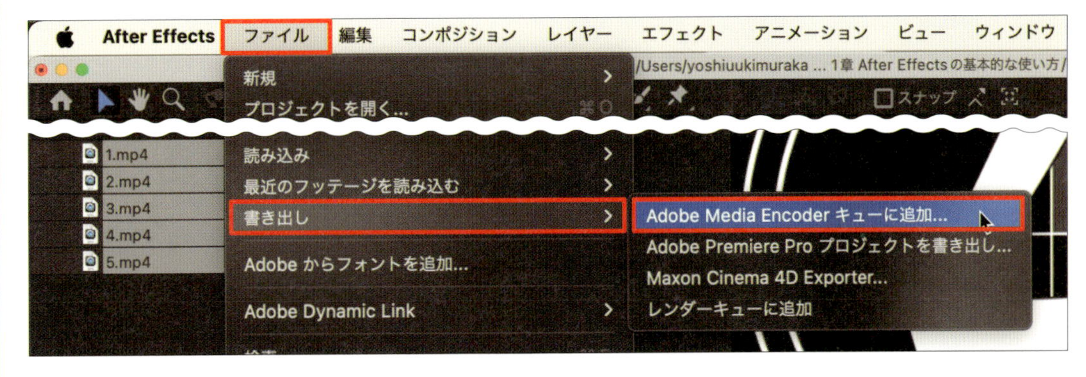

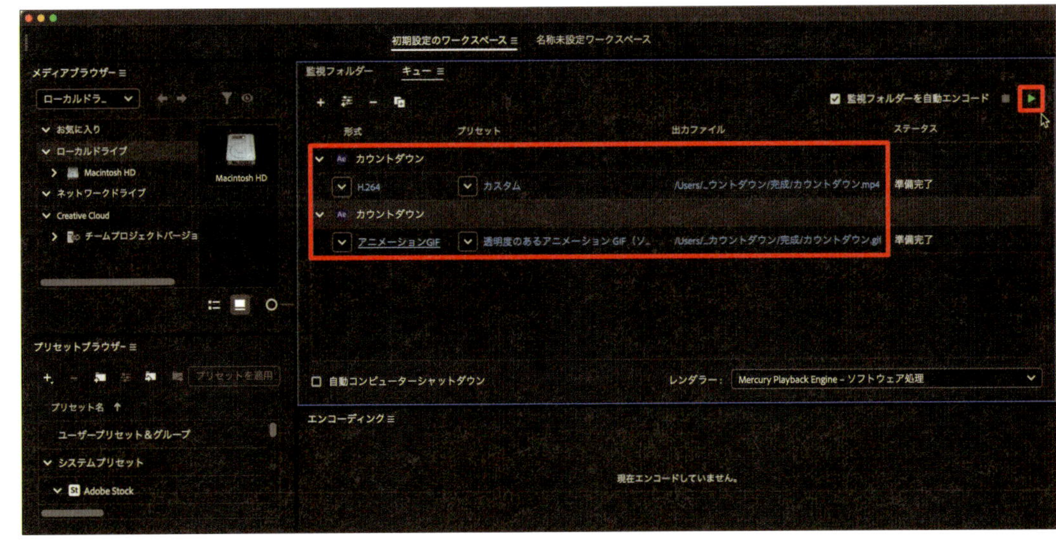

ファイルの整理について

筆者が動画を作成する際にはファイルを、「プロジェクトファイル」「素材」「完成品」の3つに分けています。素材の中ではさらに「音声素材」「動画素材」「画像素材」などに分けておくことで、多数のレイヤーを使うプロジェクトでは探す時間が短縮できます。部屋の整理と同様に、整った空間から余裕のある心が生まれるのかもしれません。

動画の形式について

動画を書き出す際に設定する「動画の形式」について簡単に説明します。
「コーデック」というのは動画のファイルサイズを小さくして、様々なデバイスで再生できるように圧縮したり変換する規格のことです。例を挙げると、データを軽くしつつ高画質を保つのであれば「H.264」、データは重くなるけどさらに高画質を求めるのであれば「ProRes」などがあります。
一方、「コンテナ」と呼ばれるものはその名の通り箱のようなもので、動画を格納するための形式です。「.mp4」「.wmv」などの拡張子のものです。動画を作成する場合、「MP4」形式は多くの動画プレイヤーで対応しています。SNSに一部をアップするなら写真の連続である「GIF」形式にし、「MP3」形式では音声を格納します。
なお、コーデックとコンテナは密接に関連しており、動画の品質や互換性に大きな影響を与えます。たとえば、「H.264」を使用した「MP4」形式の動画は、ほとんどのデバイスで再生可能であり、ファイルサイズも比較的小さく抑えられます。一方で、「ProRes」を使用した「MOV」形式の動画は、編集作業に適しており、高画質を維持しますが、ファイルサイズが大きくなります。コーデックとコンテナの選択は、動画の用途に応じて、適切に選択することが重要です。

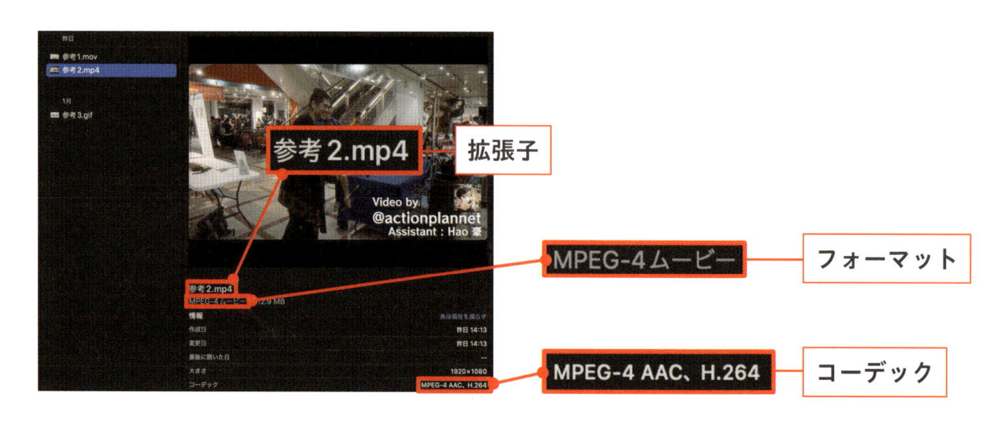

Chapter 2

レイヤーを理解し、使い分ける

After Effectsにはたくさんの種類のレイヤーがあり、レイヤーを使い分けることで様々な表現を簡単に作成することができます。たとえばテキストレイヤーを使えば、アニメーションタイトルや字幕を作成することができ、シェイプレイヤーでは、図形を使ったモーションブラフィックスを作成することができます。さらに調整レイヤーを使うことで、その下にあるすべてのレイヤーに影響を与えるエフェクトを簡単に適用することができます。レイヤーを理解し使いわけることで、編集やアニメーションの自由度が増し、よりクオリティの高い作品を作ることが可能になるでしょう。

12 レイヤーの考え方

After Effectsはレイヤー（層）を重ねることで、動画を合成していきます。透明なパネルに描かれた絵を重ねるようなイメージです。

レイヤーとは

「レイヤー」とは、映像を構成する画面の要素です。下の❶の画像のように、複数のレイヤーを重ねることで、1つの動画を合成します。❷は重ね合わせた状態です。レイヤーの数は無制限であり、1枚だけの動画もあれば、100枚以上で合成されている動画もあります。

◆レイヤーの種類

レイヤーには様々な種類があります。たとえば下の「タイムライン」パネルでは、上から「コンポジション」「調整レイヤー」「動画レイヤー」「画像レイヤー」「音声レイヤー」となっています。

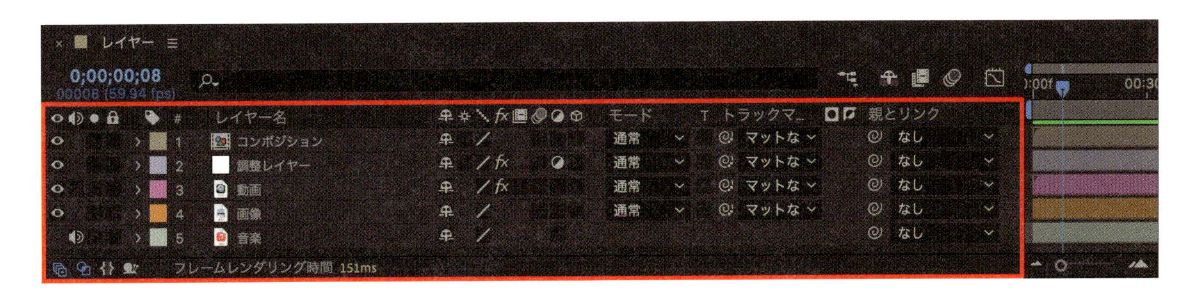

この章では、以下のレイヤーを解説していきます。

- **平面レイヤー（P.44参照）**：背景や場面転換などに使われる単色平面のレイヤーです。
- **シェイプレイヤー（P.48参照）**：図形や線を描画することができるレイヤーです。
- **テキストレイヤー（P.52参照）**：映像にテキスト情報を加えるレイヤーです。
- **調整レイヤー（P.58参照）**：下に配置されているレイヤーに対して、まとめてエフェクトをかけることができるレイヤーです。
- **3Dレイヤー（P.61参照）**：通常X軸とY軸の2次元空間のレイヤーを使いますが、3Dレイヤーではさらに Z軸を加えた3次元空間を扱うことができます。
- **カメラレイヤー（P.62参照）**：3Dレイヤーのスイッチをクリックしてオンにすることで、3Dに対する視覚効果や動きをつけることができます。
- **ライトレイヤー（P.62参照）**：3Dレイヤーに対して、照明効果をつけることができるレイヤーです。平行、スポット、ポイント、アンビエントの4種類があります。
- **ヌルレイヤー（P.62参照）**：無色透明の正方形レイヤーとして作成されます。カメラやそのほかのレイヤーを親としてリンク接続することで、まとめてモーションを作ることができます。
- **ガイドレイヤー（P.77参照）**：参考として画面内に補助線を表示することができるレイヤーです。映像には反映されません。

Check!
レイヤーの計算処理

レイヤーは、下から計算処理が行われます。左ページ❷の画像では、空の画像の上に人物の動画が配置されています。この2つを1つのレイヤーとして判断し、さらに上のレイヤーである調整レイヤー（一番上にあるⒶのレイヤー）がノイズのフィルターを追加しています。ノイズのフィルターが加わった状態の映像の上に、テキストデザインのコンポジションが追加されています。コンポジションとは複数のレイヤーを1つのレイヤーとしてまとめたものです。コンポジションを展開すると、複数のレイヤーを配置した画面が開きます。
たとえばここで調整レイヤーをコンポジションの上に入れ替えて配置すると、テキストにもノイズが追加されます。下から計算処理が行われることを考慮すると、動画を直接暗くし、あとから明るさを上げようと上にレイヤーを配置しても、下のレイヤーで黒つぶれ（動画の暗い部分の明るさが限界まで黒くなった状態のこと）した動画の階調は戻らなくなります。

13 平面レイヤー

平面レイヤーは、背景や場面転換（トランジション）などに使われる単色平面のレイヤーです。

平面レイヤーとは

平面レイヤーは、単色の矩形（長方形）で、背景やマスクの適用、エフェクトの適用などに使用されます。色やサイズの変更もでき、場面転換にも使用することができます。

平面レイヤーの用途

1 単色背景を作る

黒や白などの単色背景を作る際に利用します。「ツール」パネルの▶、またはⓋキーを押して［選択ツール］を選択し、平面の端をドラッグすることで、直感的に形を変えることができます。形を変更して画面内に配置するだけで、シンプルな背景としても使用することができます。

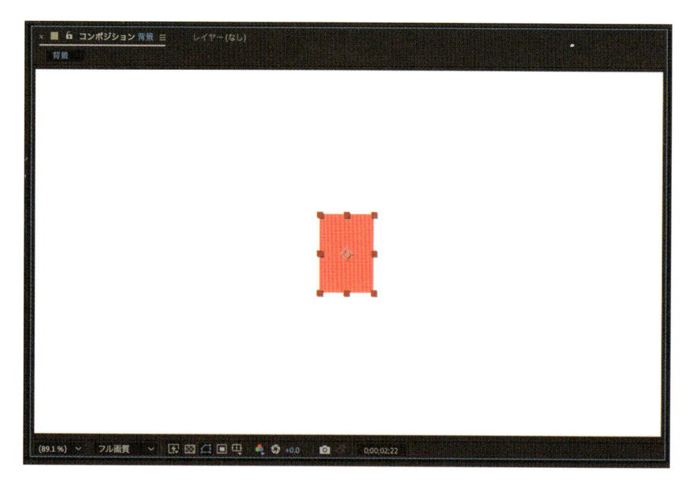

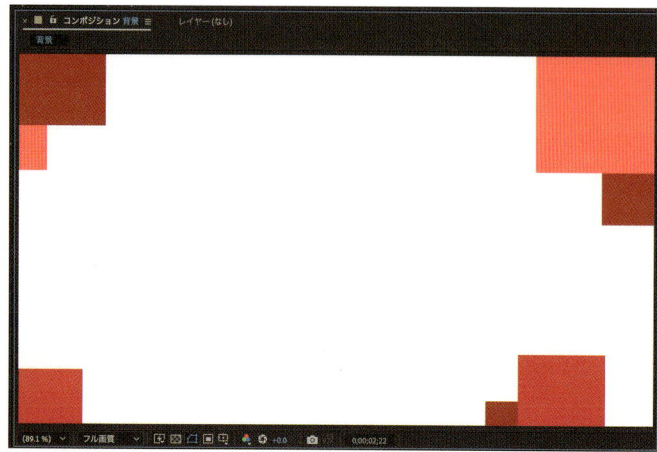

2 トランジションを作る

平面を作成する際に（下の基本操作手順1参照）、「平面設定」ダイアログで「幅」に「1920/4」と入力すると❶、自動的に「1920」を4で割った数値「480」が算出されます。この平面を4枚並べて、順番に表示させることで、画面を切り替える際のトランジションに使用することができます。順番に表示させる手順は、P.35～36を参照して下さい。

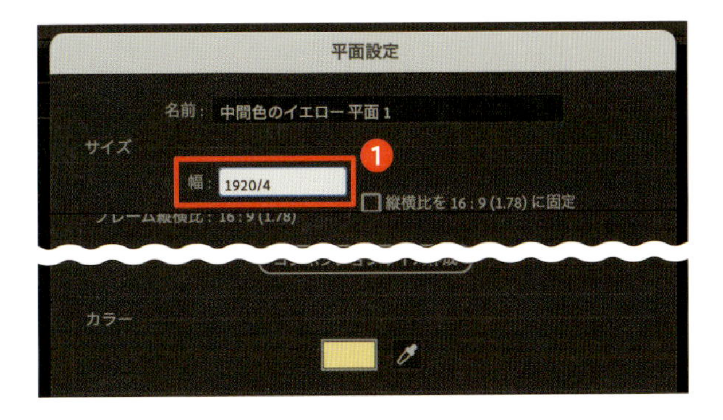

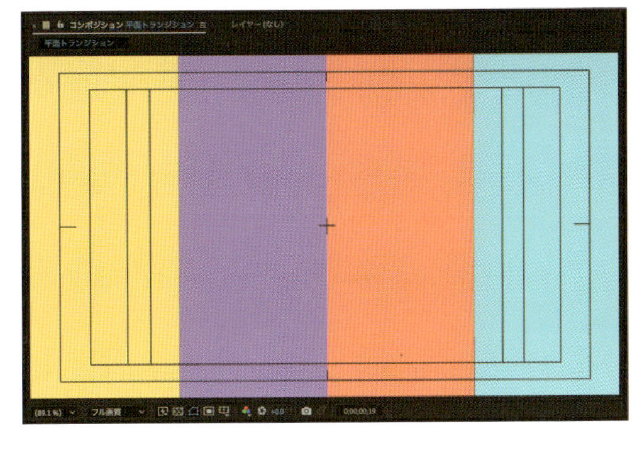

3 平面にエフェクトを加える

平面にエフェクトを加えて利用することもできます。「フラクタルノイズ」で雲のような質感を出したり、「CC Particle Systems II」でパーティクルを作り出したりすることが可能です。エフェクトのかけ方は、P.134を参照して下さい。

◆平面レイヤーを使った基本操作

ここでは練習として、日本の国旗を作成してみましょう。

1 新規平面レイヤーを作成する

Command（control）＋Yキーを押し、「平面設定」ダイアログを表示します。ここでは、「幅」に「1920」pxと入力し❶、「高さ」に「1080」pxと入力して❷、「カラー」を白を設定したら❸、[OK]をクリックします❹。新規平面レイヤーが作成されます❺（P.46の図参照）。

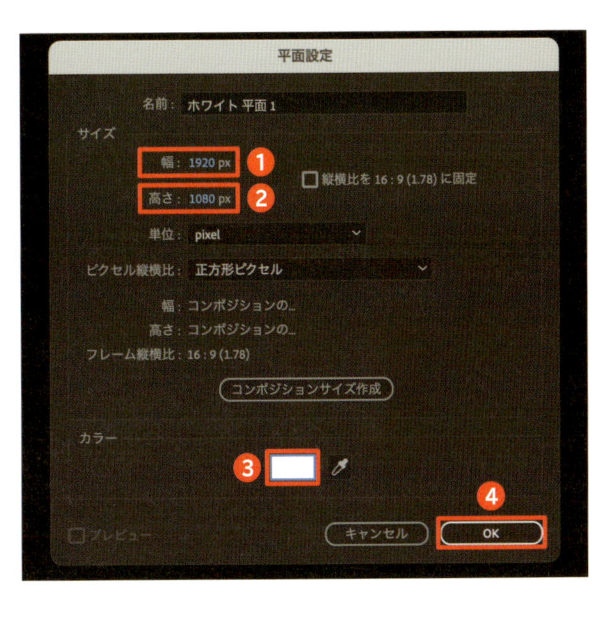

POINT

「サイズ」や「色」をあとから変更する場合は、「タイムライン」パネルで平面レイヤーをクリックして選択し、Command（control）＋Shift＋Yキーを押して「平面設定」ダイアログを表示して、変更します。

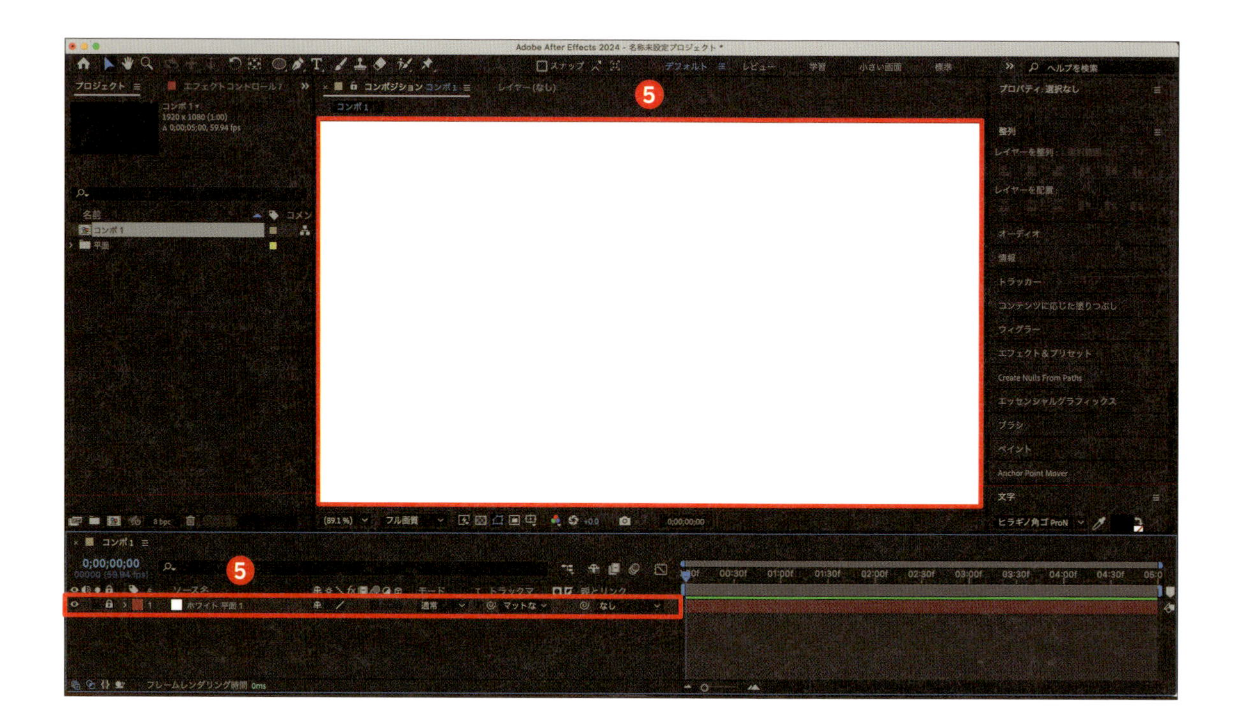

2 レイヤーをロックする

平面レイヤーは、前述のように背景としてよく使われます。背景として固定するために、🔒の欄をクリックするとレイヤーがロックされ、🔒が表示されます❻。間違って編集したり移動したりすることを防ぐことができます。

3 正方形の平面レイヤーを作成する

「平面設定」ダイアログで、「幅」と「高さ」をどちらも「648」pxに設定し❼、「カラー」を赤に設定して❽、[OK] をクリックすると❾、正方形の平面が作成できます❿。この数値は手順1で作成した白背景の高さ「1080」の3/5の数値です。また、「縦横比を1:1（1:00）に固定」をオンにすると⓫、「幅」と「高さ」のどちらかの数値を変えても、1:1の比率が保持されます。

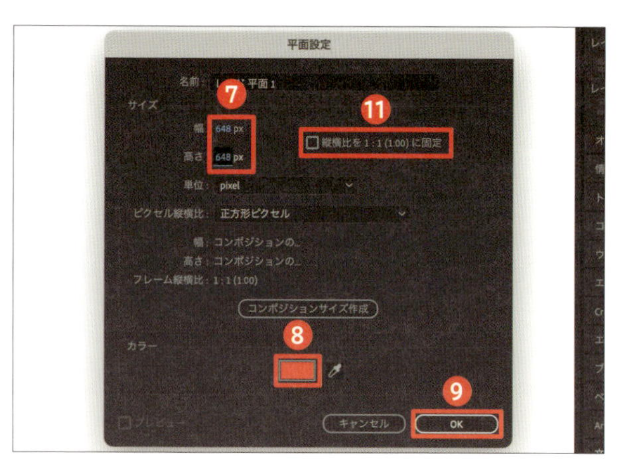

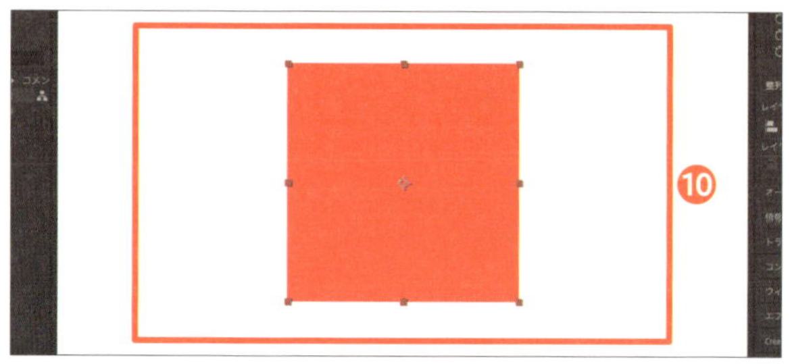

POINT

コンポジションと違うサイズのレイヤーに対して Command（control）＋ option（alt）＋ F キーを押すことで、画面いっぱいにレイヤーを広げることができます。

4 マスクを追加する

平面は、シェイプを作る際にも使われます。手順3で作成した平面レイヤーを選択した状態で⑫、「ツール」パネルの■を長押ししてから［楕円形ツール］を選択し（ショートカットはQキー）⑬、■をダブルクリックすることで⑭、平面レイヤーのサイズ最大のシェイプで切り抜きができます。

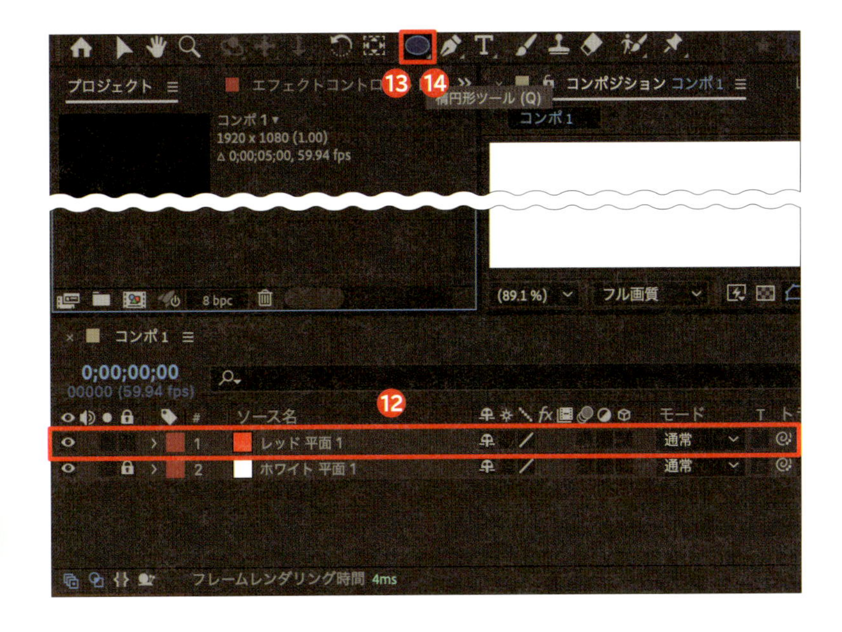

POINT

この切り抜く操作を「マスク」といいます。

5 日本の国旗が完成

これで日本の国旗を作ることができました。なお、作成したすべての平面は「プロジェクト」パネルに作成される「平面」フォルダ内に格納されます⑮。

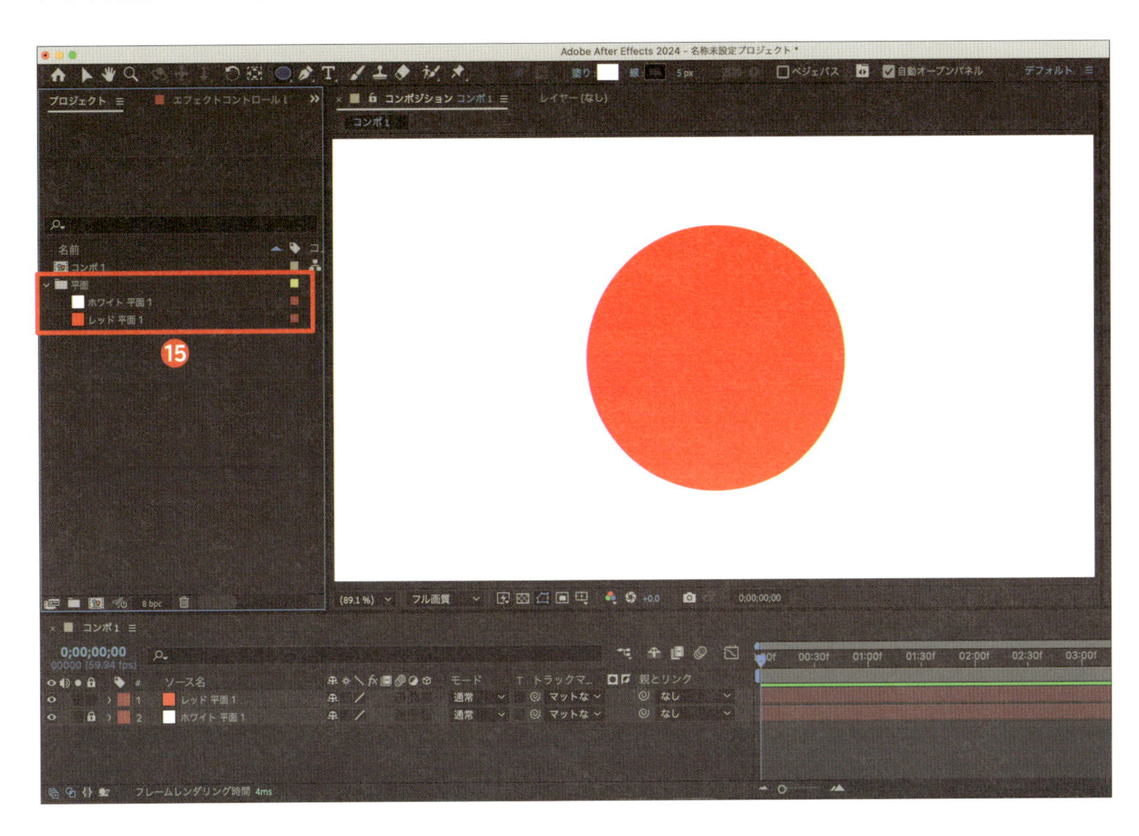

14 シェイプレイヤー

シェイプレイヤーは、長方形や楕円形などの図形を描画することができるレイヤーです。

シェイプレイヤーとは

シェイプレイヤーは、長方形や楕円形、多角形、スターなど、様々な基本形状を簡単に作成できます。シェイプレイヤーを作成することで、塗りや線の色を自由に設定できるシェイプを配置していくことができます。これらのシェイプは、ベクター形式で描画されるため、サイズを変更しても画質が劣化しないという特徴があります。

シェイプレイヤーを作成する

「ツール」パネルのシェイプツールのアイコンを長押しすることで、様々な形状のシェイプを作成することができます。ここでは多角形ツールを選択して、多角形のシェイプを作成します。

1 シェイプツールを選択する

「ツール」パネルのを長押しし❶、[多角形ツール]をクリックします❷。

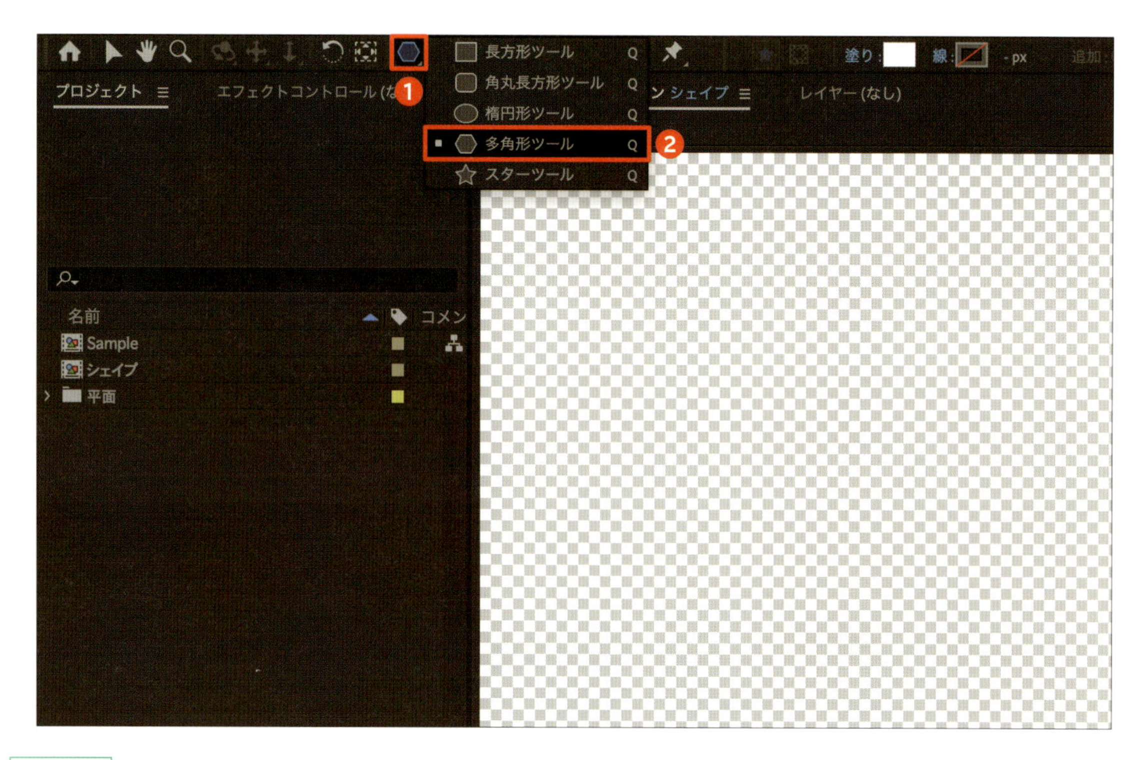

POINT

「ツール」パネルのシェイプツールは、利用状況により表示されるツールの種類が異なります。上の画面では多角形ツールが表示されていますが、初期状態では長方形ツールが表示されています。

2 塗りを選択する

「塗り」の色がついている長方形の箇所をクリックすると❸、「シェイプの塗りカラー」ダイアログが表示されます。色を指定し（ここでは紺色を指定）❹、［OK］をクリックします❺。

Check! 塗りのオプションを設定する

手順2で青文字の［塗り］をクリックすると、「塗りオプション」ダイアログが表示され、塗りをオフにしたり、グラデーションを選択したりできます。

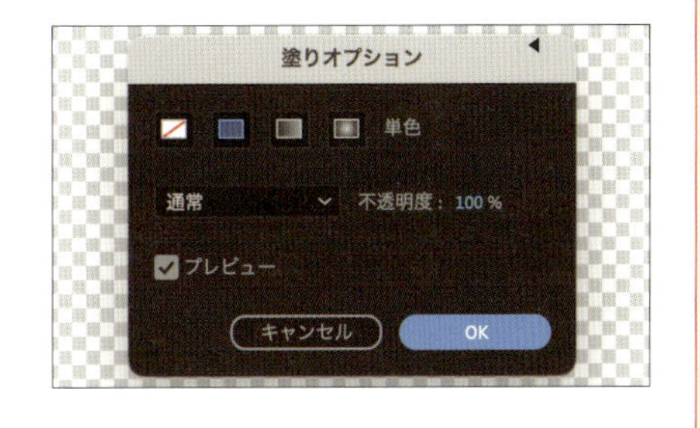

3 シェイプを配置する

「ツール」パネルのをダブルクリックすると❻、「コンポジション」パネルの中心にシェイプが作成され、タイムラインにシェイプレイヤーが配置されます。ここでは「タイムライン」パネルの「多角形1」の左にあるをクリックして開き❼、さらに「多角形パス1」の左にあるをクリックして開いて❽、「頂点の数」の数値を「6.0」に設定して六角形を作成します❾。「外半径」の数値は「270.0」に設定し❿、サイズを調整します。

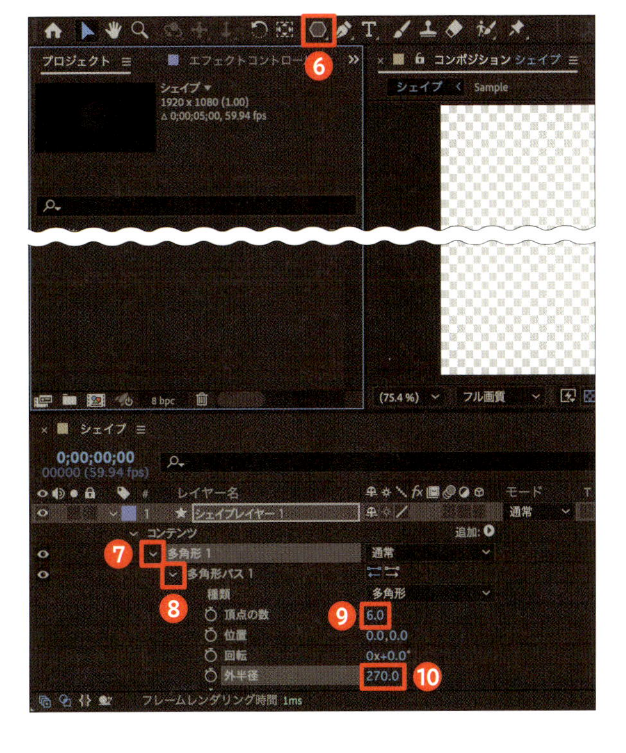

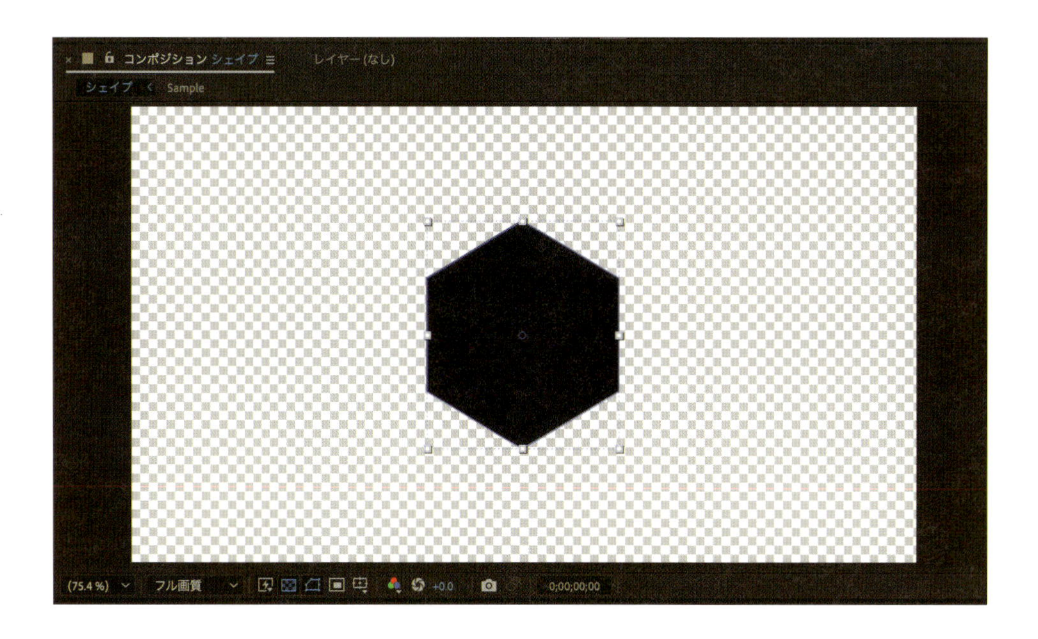

4 複数のシェイプを作る①

複数のシェイプを作る方法の1つに、シェイプのレイヤー自体を複製する方法があります（レイヤーを選択して Command （ control ）＋ D キーを押す⑪）。この方法ではレイヤーが分かれるため、1つのレイヤーにエフェクトを適用しても、もう1つのレイヤーは影響を受けません。手順3の「外半径」を「330.0」に設定し、「塗り」を「なし」にして⑫、「線」を「7」pxにすると⑬、線のみのシェイプレイヤーが作成されます。

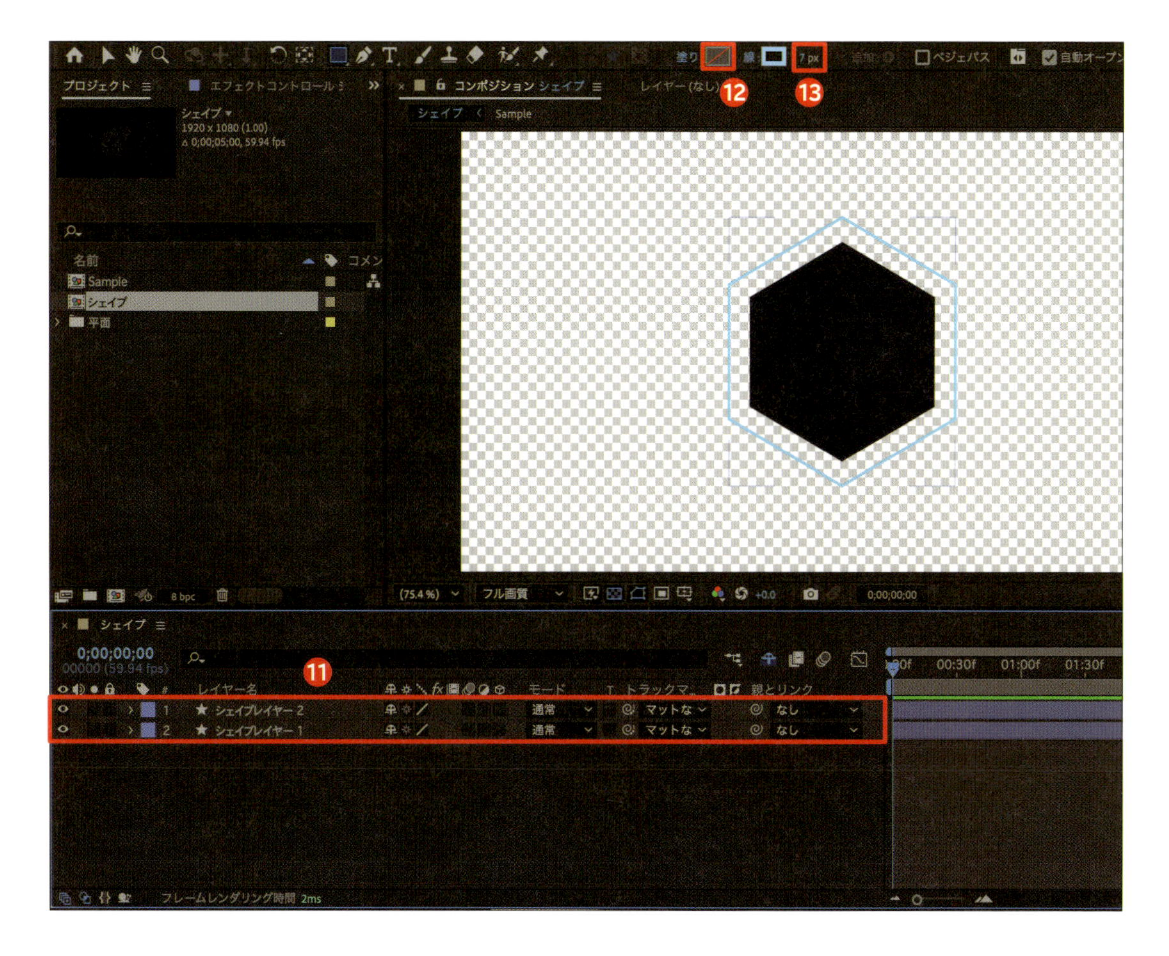

5 複数のシェイプを作る②

もう1つの複数のシェイプを作る方法として、シェイプレイヤーを選択した状態で、そのまま画面内をドラッグすることで、別のシェイプを追加することができます。ここでは楕円形ツールを使って、同じレイヤーに複数のシェイプを追加しました。

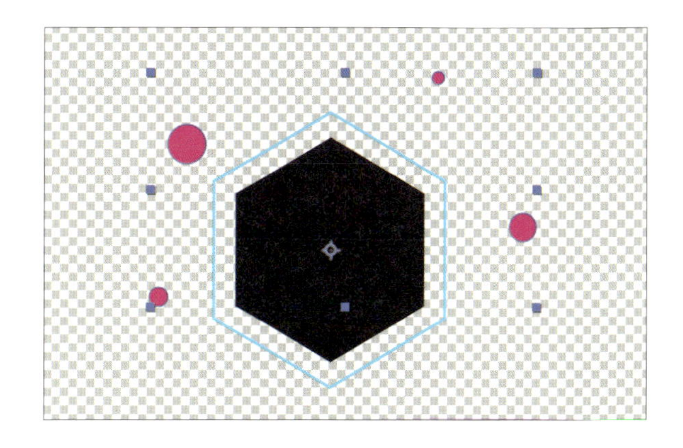

6 シェイプを並べてみる

シェイプは、端をドラッグすることで回転させたり長さを変更することもできます。また、「コンポジション」パネル下の［グリッドとガイドのオプションを選択］（⊞）をクリックし⑭、［タイトル/アクションセーフ］や［プロポーショナルグリッド］をクリックすると⑮、配置をする際に役立つガイド線を表示できます。

ここでは多角形シェイプと同じ色の暗いシアン青（#0C111F）の平面レイヤーを作成し、背景に配置しました。多角形シェイプが見えなくなるため、長方形ツールを使用して長方形を描き、回転させて色を変更しながら、多角形シェイプの背後に適当に並べています。

●タイトル/アクションセーフ

●プロポーショナルグリッド

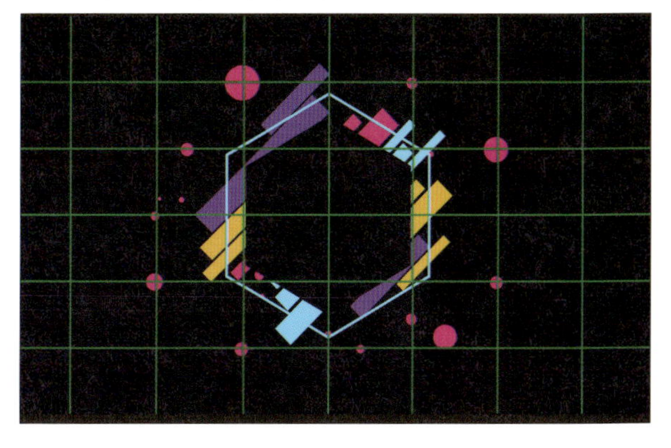

POINT

まずは練習としてたくさんのシェイプを並べて遊んだり真似をしたりしてみると、操作に慣れて感覚が掴めるようになります。最初は難しいことを考えず、実験的に色々な機能を触ってみましょう。

テキストレイヤー

動画にテキスト情報を加えるレイヤーです。ここではテキストレイヤーを作成しながら、テキスト設定のパネルについて学んでいきましょう。

テキストレイヤーとは

テキストレイヤーは、文字やタイトルを作成・編集するためのレイヤーです。タイトルや字幕、説明文など、様々なテキストベースのコンテンツを作成できます。

テキストレイヤーを作成する

1 テキストを入力する

「ツール」パネルの T をクリックすると❶、コンポジションにテキストを入力できます。ここでは2行に分けて、日本語と英語のテキストを入力しています❷。入力が完了したら、esc キーを押すか「コンポジション」パネルの外をクリックします。

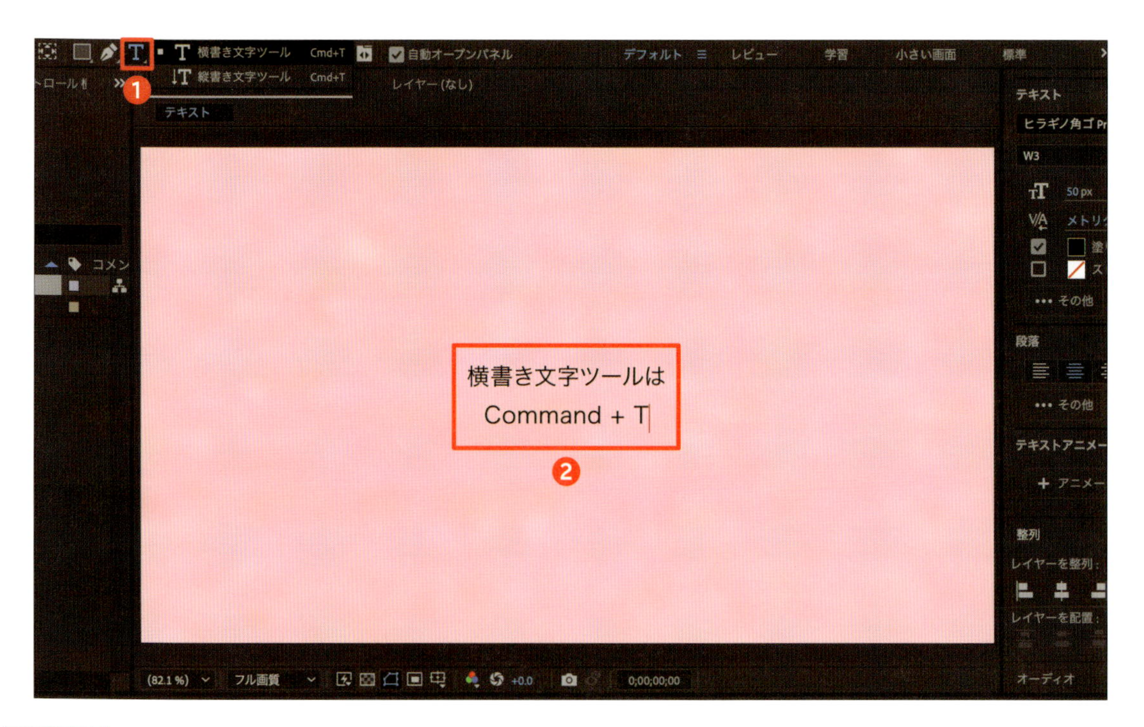

POINT

Command（control）＋Tキーを押してテキストツールを選択したり、［縦書き文字ツール］／［横書き文字ツール］に切り替えたりすることもできます。

2 テキストを整列する

「段落」パネルを利用すると、テキストを左詰めや中央揃えなどの配置にできます。情報量が多い場合は［テキストの左揃え］（≡）をクリックして左詰めにすると読みやすくなりますが❸、今回は2行だけなので［テキストの中央揃え］（≡）をクリックして中央揃えにします❹。

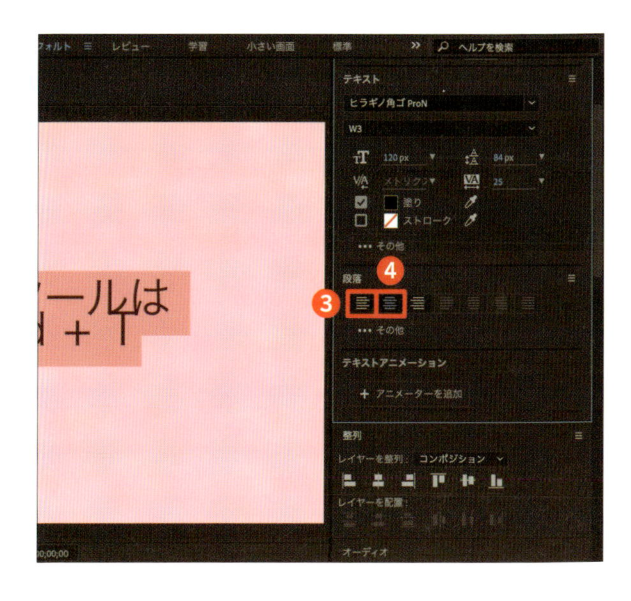

POINT

「整列」パネルの［水平方向に整列］（▣）をクリックしても、テキストの中央揃えができます。ただし、テキストレイヤー自体が画面の中央に配置されます。

3 テキストのサイズを大きくする

テキストをバランスよくするために、サイズを変更します。テキストをドラッグ、またはテキストをクリックしてカーソルを表示し、Command（control）＋Aキーを押してすべてを選択します❺。「テキスト」パネルのフォントサイズの項目を「120」pxに設定し❻、テキストのサイズを大きくします。

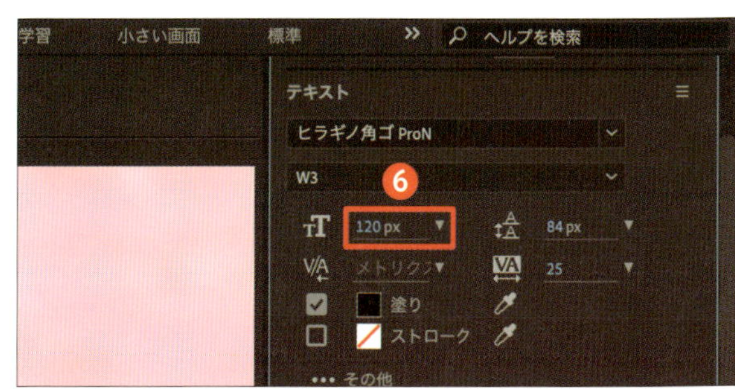

4 テキストの行間を広げる

「テキスト」パネルの行送りを設定の数値を「150」pxに設定すると❼、行間が広がります❽。

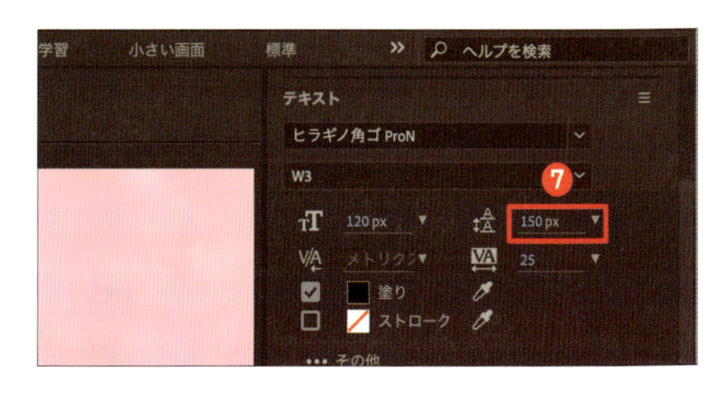

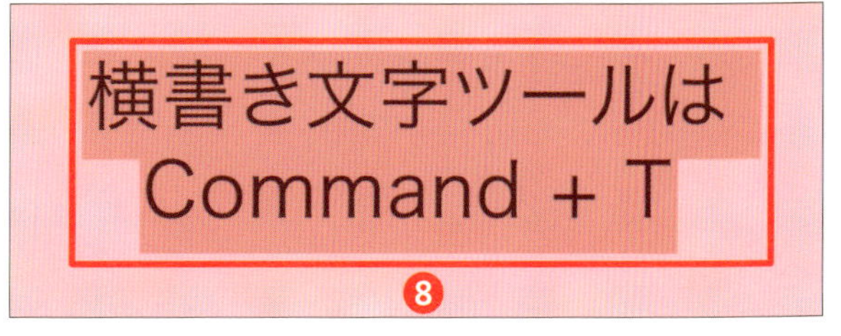

5 テキストを個別に調整する

選択した範囲を個別に調整できます。ここではひらがなの「き」と「は」のフォントサイズを「100」pxに設定し❾、メリハリをつけます❿。

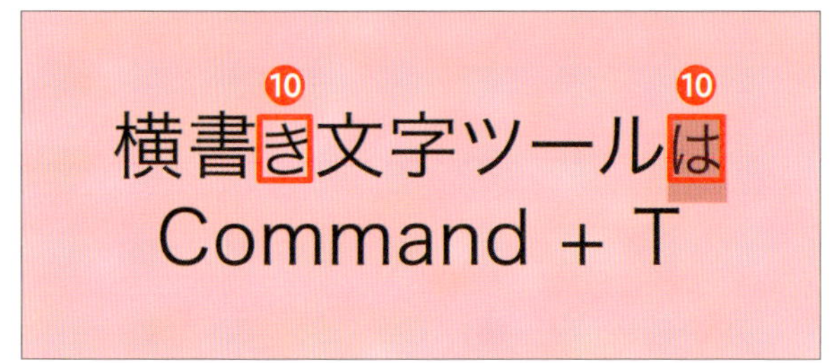

6 フォントを変更する

テキストを個別に選択することで、「テキスト」パネルから別々のフォント（書体）を設定できます。ここでは日本語はダウンロードした「ロックンロール One」に設定します⓫⓬。英語テキストは「Arbotek Ultra」を設定しました。

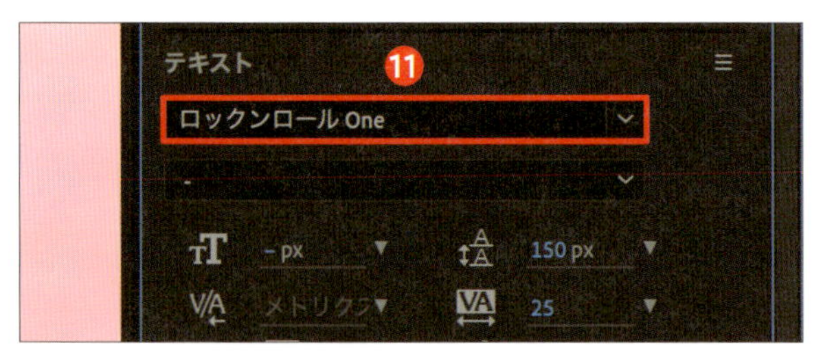

Check! 無料のフォントを利用する

「Adobe Fonts」（https://fonts.adobe.com/）や「Google Fonts」（https://fonts.google.com/）など、無料で使えるフォントもあります。なお本書では、Adobe Fontsをメインに利用しています（P.14参照）。

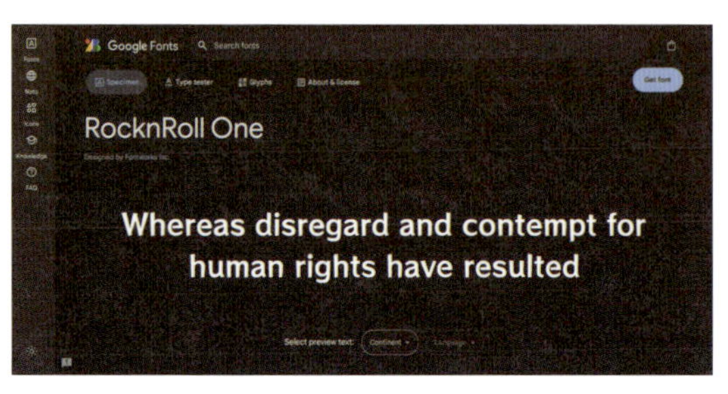

7 テキストの塗りと線を設定する

「テキスト」パネルの「塗り」や「ストローク」の色をクリックして、色を指定できます。ここでは「塗り」を「白」にし⑬、「ストローク」(線)を「紺色」(#384367)に設定します⑭。ストロークには[マイターをライン結合]()、[ラウンドをライン結合]()、[ベベルをライン結合]()の3種類が選択できるので、ここでは[ラウンドをライン結合]をクリックします⑮。テキストのストロークのエッジが丸くなり、ポップで可愛らしい印象になります⑯。

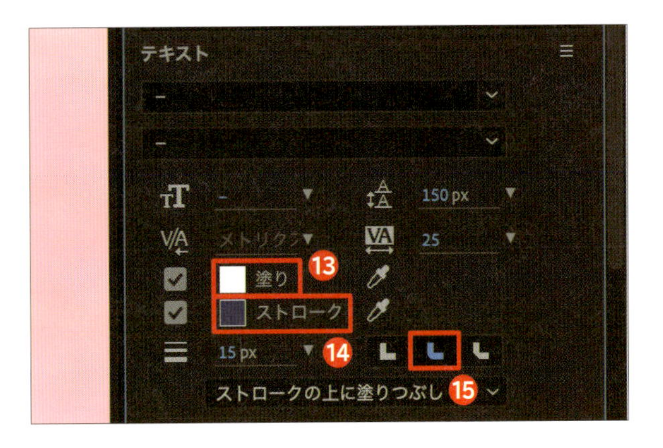

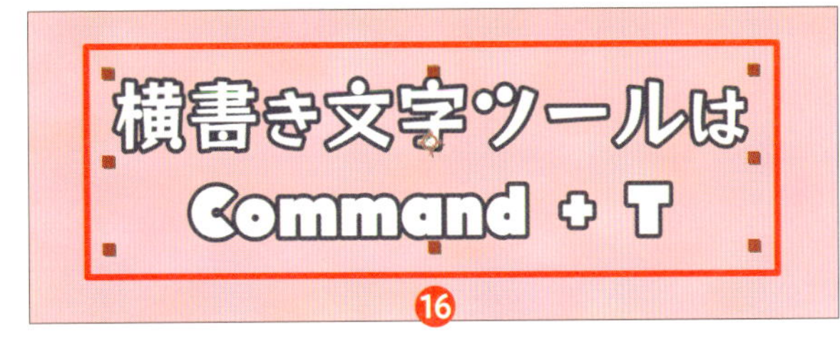

8 テキストの間隔を調整する

入力した「Command」の文字の間隔を広げます。「Command」部分を選択し⑰、「選択した文字のトラッキングを設定」()の数値を「100」に設定します⑱。

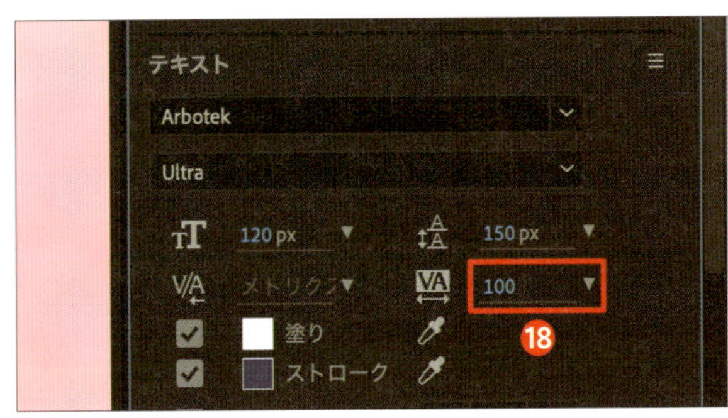

Check! 文字間のカーニングを設定する

「テキスト」パネルで、文字間のカーニングを設定できます。「文字間のカーニングを設定」()で、[メトリクス](フォントの情報で自動で文字詰めを行う)、または[オプティカル](ソフトが文字を判断して自動で文字詰めをする)のいずれかを選択することで、自動的に文字の間隔が設定されます。
なお、カーニングは前後2文字に対して文字の間隔を調整しますが、トラッキング(字送り)は選択した一連のテキストの間隔をまとめて調整します。

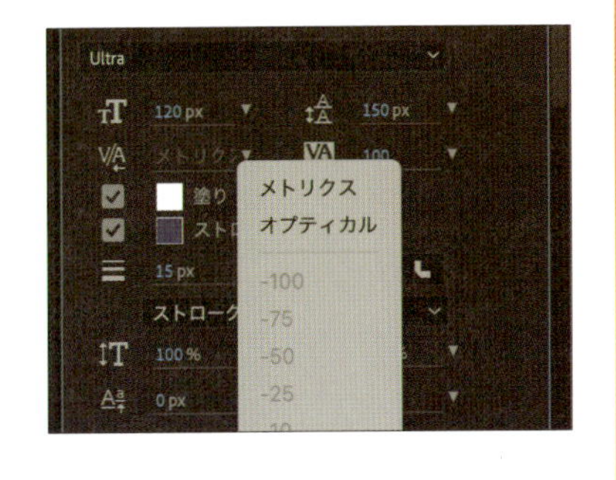

16 レイヤースイッチ

「タイムライン」パネルの列に表示されるレイヤースイッチから、各レイヤーを表示／非表示、調整レイヤー、3Dレイヤーにしたりと、制御することができます。

レイヤースイッチとは

レイヤースイッチを利用すると、レイヤーの動作や表示方法を簡単にカスタマイズすることができます。作業をしやすくしたり、画質や映像の表現方法を変更したりすることができるようになります。

レイヤースイッチを表示する

レイヤースイッチが表示されていない場合は、「タイムライン」パネルのレイヤー上部の列を右クリックし❶、［列を表示］にマウスポインターを乗せ❷、［スイッチ］をクリックしてチェックを入れます❸。

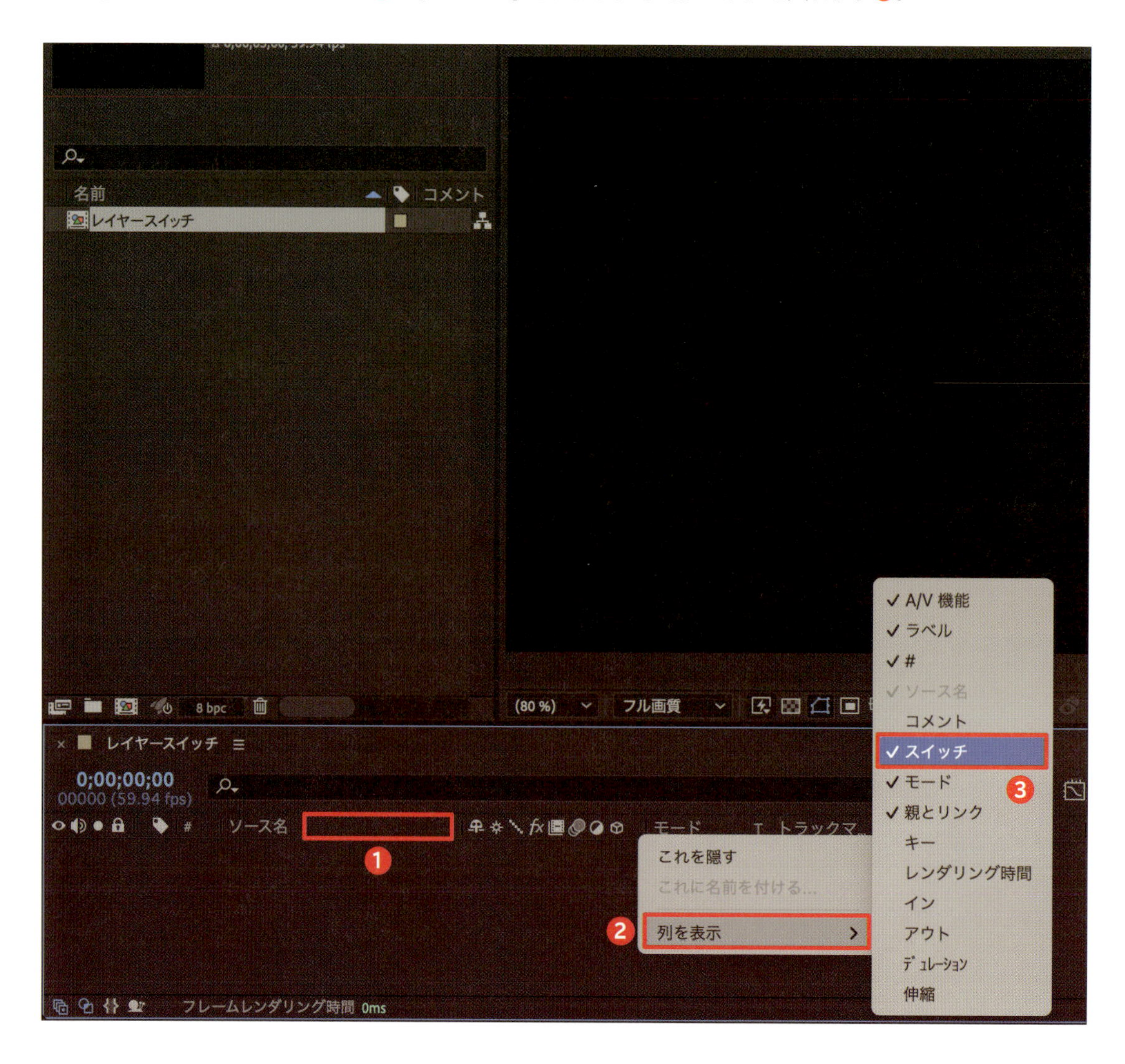

◆各レイヤースイッチの機能を確認する

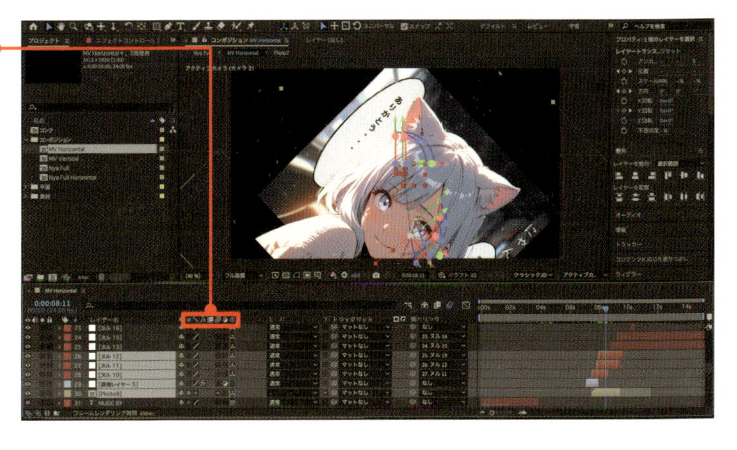

❶シャイ：タイムラインでレイヤーを隠す
タイムライン上のレイヤーを非表示にできますが、コンポジション内（画面上）では引き続き表示された状態になります。レイヤーが増えた際など、タイムラインを見やすく整理するときに便利です。

❷コラップストランスフォーム／連続ラスタライズ
レイヤーがコンポジションの場合は、コンポジション内の3D情報を反映して表示します（オンにしない場合はX、Y軸のみのコンポジションですが、オンにするとX、Y、Z軸を反映します）。

❸品質とサンプリング
プレビュー画面で再生すると、以下のように画質に関しての計算方法を切り替えることができます。
・**右斜め上→バイリニア**：イラストやテキストをなめらかに表示できる
・**カーブ→バイキュービック**：画像を拡大した際にくっきりと表示できる
・**ドラフト**：画質は荒くなりますが、サイズが軽くなり再生しやすくなる

❹エフェクト
エフェクトを適用してレイヤーをレンダリングします。

❺フレームブレンド
再生速度を遅くして、フレーム数が足りない映像のフレームを補間してくれます。補間方法には不透明度で補間するフレームミックスと、新たなフレームを生成するピクセルモーションの2種類があります。

❻モーションブラー
レイヤーのモーションブラーのオンまたはオフを切り替えます。レイヤーの動きに応じてブラー（ぼかし）が適用されます。

❼調整レイヤー
現在のレイヤーを調整レイヤー（P.58参照）に設定します。

❽3Dレイヤー
現在のレイヤーを3Dレイヤー（P.61参照）に設定します。3Dレイヤースイッチをオンにすると、Z軸の奥行きや3D回転などのプロパティが追加されます。

調整レイヤー

調整レイヤーは、複数のレイヤーにまとめてエフェクトをかけたいときに便利な機能です。

調整レイヤーとは

調整レイヤーは、下にあるすべてのレイヤーに対してエフェクトを一括で適用するための特殊なレイヤーです。調整レイヤー自体は透明なレイヤーで、カラーコレクションやエフェクトを適用する範囲を指定する際に使われるという特徴があります。

調整レイヤーの基本的な使い方

複数のレイヤーに対して同じエフェクトを適用したいときに、1つ1つのレイヤーにエフェクトをコピーしたり修正したりするのは時間がかかります。調整レイヤーを配置することで、調整レイヤーよりも下のレイヤーに対してまとめて同じエフェクトを適用することができ、修正も調整レイヤーのみで済むので楽になります。色補正を例にとると、動画全体に同じフィルターを適用する際に便利です。
調整レイヤーは、メニューバーの［レイヤー］をクリックし、［新規］にマウスポインターを乗せ、［調整レイヤー］をクリックする（または Command （control）＋ option （alt）＋ Y キーを押す）、またはレイヤースイッチ（P.57参照）をオンにすることで作成できます。

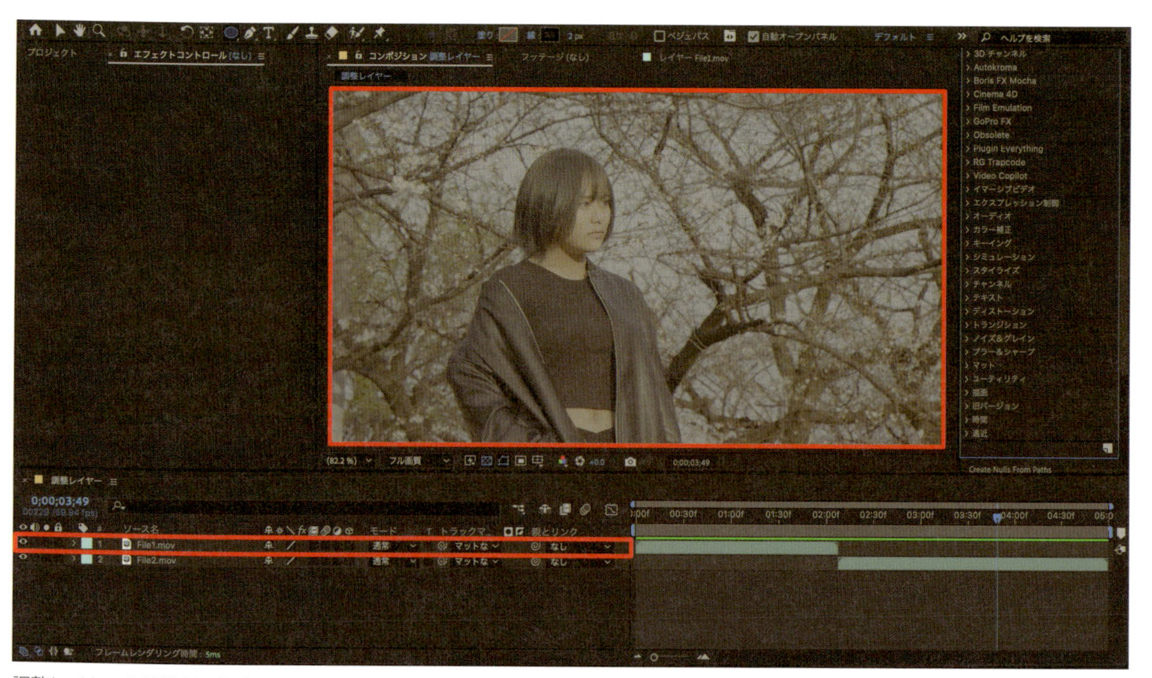

調整レイヤーの適用前。「File1.mov」レイヤーの映像全体の色味がボンヤリと暗く、コントラストもあいまいです。

調整レイヤーで適正な色味になるようエフェクトを適用しました。

下にある「File2.mov」レイヤーの映像にも、調整レイヤーのエフェクトが適用されました。

Check!

スイッチをクリックして調整レイヤーとして使用する

調整レイヤーのスイッチをクリックすることで、シェイプレイヤーなどを調整レイヤーとして使用することもできます。

◆調整レイヤーの応用的な考え方

調整レイヤーは透明なレイヤーというイメージよりも、「下のレイヤーすべてを複製している」というイメージを持つとよいかもしれません。調整レイヤーは画面全体を覆っているため、マスクを切ることによってエフェクトを適用する範囲を選択することができます。

画面いっぱいに楕円形のマスクを切って、ブラー（カメラレンズ）を適用しました。

透明なレイヤーに楕円形の穴が空いたイメージを受けますが、一部にエフェクトを適用しているわけではなく、調整レイヤーより下の画面を複製して、そこへエフェクトを適用したような表示をします。そのため、たとえばモードを「乗算」に変更してみると、画面の周辺が暗くなります。透明であれば変わらないはずですが、複製して計算処理しているため映像が二重に合成される形になります。

Check!

調整レイヤーの処理の方法を知るには

P.43で解説した通り、レイヤーは下から計算処理をされるため、調整レイヤーよりも下にあるレイヤーすべてにエフェクトが適用されることを考慮する必要があります。そのため、下にある白飛びしたレイヤーを調整レイヤーで復元することはできません。一部だけに調整レイヤーを適用する場合は、プリコンポーズ（選択したレイヤーを新たにコンポジションにすること）を行う必要があります。プリコンポーズしたレイヤーは事前に計算処理され、レンダリング済みのレイヤーとなるので、コンポジションを分けることで適用するエフェクトを分けることができます。

18 3Dレイヤー

奥行きを持つアニメーションなど、3つの軸による三次元空間で編集ができるのが、3Dレイヤーです。

3Dレイヤーとは

After Effectsは通常、X軸とY軸による平面のオブジェクトを編集しますが、レイヤーを3Dレイヤーに変換すると、X軸とY軸だけでなくZ軸、つまり奥行きのある配置をすることができます。

3Dレイヤーを適用する

レイヤーを3Dレイヤーにするには、「タイムライン」パネルの［3Dレイヤー］スイッチ（）をクリックしてオンにします❶（P.57参照）。

Check! OBJファイル形式の3Dオブジェクト

OBJファイル形式の3Dオブジェクトを読み込むと、自動的に3Dレイヤーのスイッチがオンになり、立体的な表現を行うことができます。

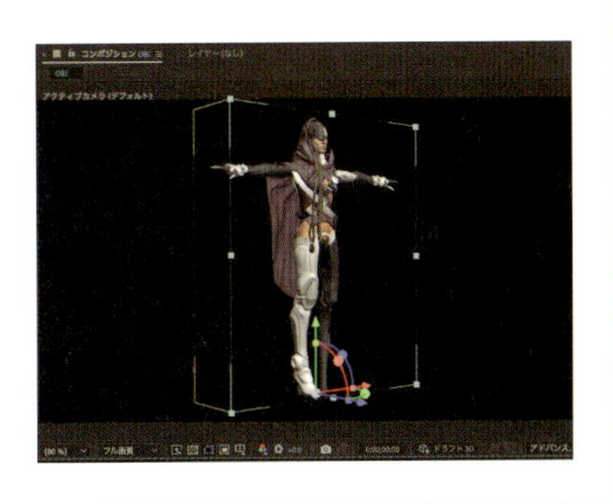

付録 2-18_19フォルダ

19 カメラ、ライト、ヌルレイヤー

3Dレイヤーを作成した際に使える、カメラ、ライト、ヌルの3つのレイヤー機能を解説します。

カメラ、ライト、ヌルレイヤーとは

●カメラレイヤー

カメラを使用することで、仮想空間上でカメラワーク（カメラの動き）を作ったり、ズームイン／ズームアウト、回転の動きを立体的にすることができます。

●ライトレイヤー

ライトは、3Dシーン内でオブジェクトやテキストを照らすための光源です。ライトを使用することで、シーンにリアルな照明効果を加えることができます。

●ヌルレイヤー

ヌルオブジェクトは、ほかのレイヤーを制御するためのレイヤーです。ヌル（Null）はコンピュータ用語で「何もない」という意味で使われますが、このヌルオブジェクトも、何も表示されないプロパティ（アンカーポイント、位置、スケール、回転、不透明度などレイヤーに基本設定されている項目）を持つだけの空のオブジェクトです。ほかのレイヤーを親子関係で紐づけて、まとめて制御することができます。なお、ヌルオブジェクトは多くの場合、「親とリンク」からヌルを親に指定し、子の動きを制御する際に使用します。

ここでは前準備として、「位置」のZ軸を正（奥）にずらした背景、人物、負（手前）にずらしたテキストの3つのレイヤーを配置しています。Z軸は3Dレイヤーのスイッチをオンにすることで表示されます。

Check!
ヌルオブジェクトの応用的な使い方

❶点の接続

シェイプレイヤーのパスに対してヌルを作る方法があります。シェイプのパスを選択し、「ウィンドウ」から「Create Nulls From Paths.jsx」を使うことで、シェイプレイヤーのパスのポイントに合わせてヌルオブジェクトが作成されます。線と点の接続をする際などに使えます。

❷オーディオリアクター

音楽クリップを挿入している場合、レイヤーを選択し、右クリック→［キーフレーム補助］→［オーディオをキーフレームに変換］の順にクリックすることで、音楽に反応するヌルオブジェクトが作成されます。これを使用することで、あらゆるものを音に反応させる「オーディオリアクター」を作成することができます。

◆ カメラレイヤーを作成する

ここでは前準備として、3Dレイヤースイッチをオンにした「背景、人物、テキスト」の3つを、Z軸をずらした状態で配置しています。

1 カメラの種類を選択する

Command（control）+ option（alt）+ Shift + C キーを押し、新規カメラを作成します。「カメラ設定」ダイアログが表示され、「種類」からカメラの種類を選択できます。[1 ノードカメラ] はカメラ自体が回転しますが、[2 ノードカメラ] は目標点を中心に回るカメラです。後ほど作成するヌルオブジェクトを使うことで、カメラ自体を回転させることもできます。ここでは [2 ノードカメラ] を選択し❶、[OK] をクリックします❷。

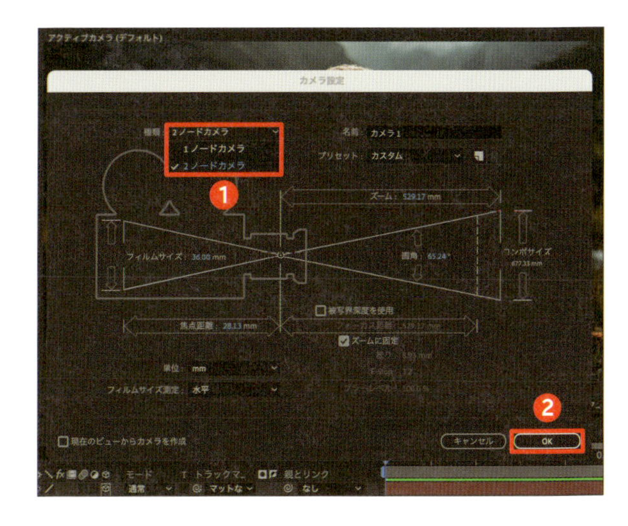

2 カメラレイヤーが作成される

「カメラ」のレイヤー（「カメラ 1」）が作成されます❸。レイヤーをダブルクリックすると、カメラの設定変更ができます。

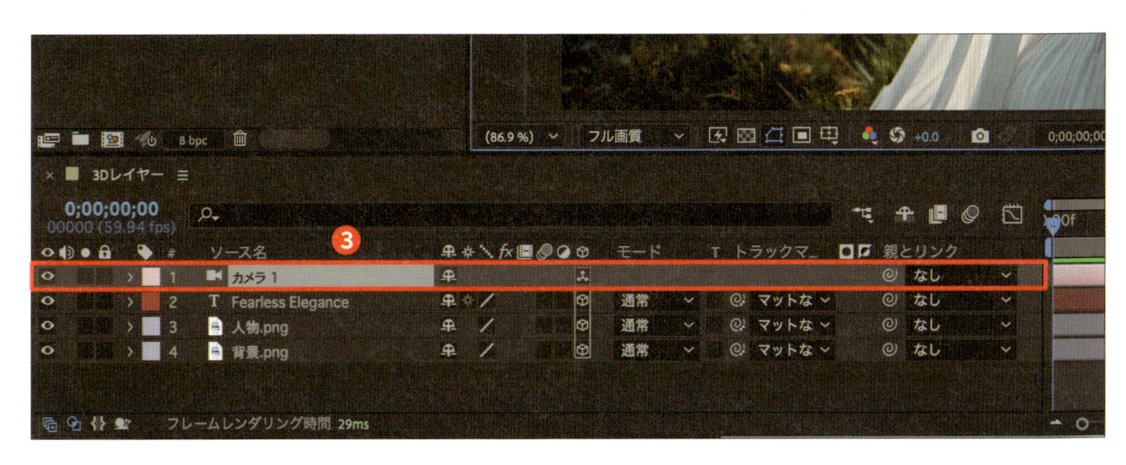

3 カメラを操作する

「ツール」パネルのカメラツール（ ）を選択すると、カメラ自体の位置と目標点を動かすことが可能です。

- **周回**（ ）：被写体を中心にカメラを回転させることができます。
- **パン**（ ）：カメラの角度を変えずに垂直、水平方向に移動できます。
- **ドリー**（ ）：カメラを手前や奥に移動させる動きを作ることができます。

基本
レイヤー
モーション基本
アニメーター
エフェクト
モーション応用
エクスプレッション

◆ライトレイヤーを作成する

立体的な光を加えるために、新規ライトレイヤーを作成します。ライトは作成すると3D空間上に配置されます。カメラとライトは、2Dレイヤーのみの場合はどのレイヤーにも影響はありません。

1 ライトを設定する

Command（control）+option（alt）+Shift+Lキーを押し、「ライト設定」ダイアログを表示します。「ライトの種類」は［平行］［スポット］［ポイント］［アンビエント］から選択できます❶。ここでは［スポット］を選択しました。「カラー」は光源の色を表し❷、「強度」は光の強さを表します❸。［OK］をクリックすると❹、新規ライトが作成されます。

2 ライトレイヤーが作成される

ライトのレイヤー（「スポットライト1」）が作成されます❺。レイヤーをダブルクリックすると、ライトの設定変更ができます。

3 ライトを操作する

ライトは「コンポジション」パネル内をドラッグすることで、位置や角度を変更することができます❻。

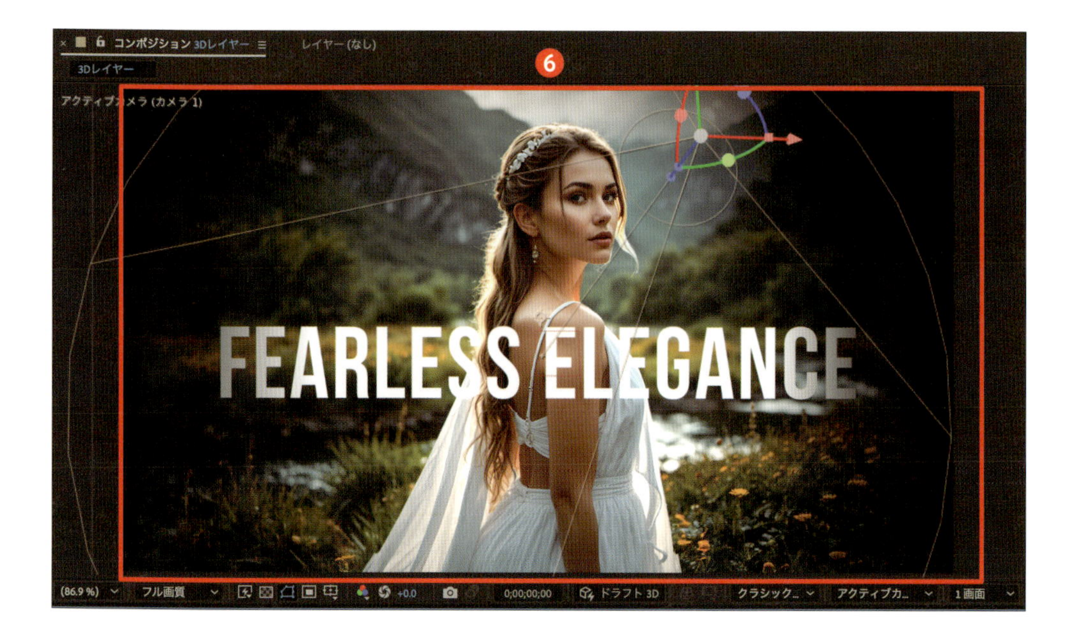

◆ ヌルレイヤーを作成する

ヌルオブジェクトは何も表示しないレイヤーですが、親子関係の親として使うことでカメラやそのほかのレイヤーを一括で制御できます。また、カメラを使う場合は複数のカメラワークを組み合わせる際に使ったり、ノードカメラ（P.63参照）を制御しやすくしたりする際に使用します。

1 ヌルオブジェクトを作成する

Command（control）＋ option（alt）＋ Shift ＋ Y キーを押し、新規ヌルオブジェクトを作成します❶。

2 カメラレイヤーとヌルオブジェクトを接続する

P.63手順2で作成したカメラレイヤーから、リンクのピックウイップ（◎）をドラッグ＆ドロップしてヌルに接続することで❷、ヌルが親、カメラが子の関係になり、ヌルオブジェクトを動かすとカメラが同じ動きをするようになります。［2 ノードカメラ］で目標点を中心に回転するカメラがヌルオブジェクトを回転させることで、カメラ自体を回転させる動きを作ることができます。

20 描画モード

レイヤーを重ねた際に描画モードを使うことで、上のレイヤーと下のレイヤーの色や明るさを合成することができます。

描画モードとは

レイヤー同士の合成方法を指定するためのオプションです。レイヤーを重ねた際に、上にあるレイヤーが下にあるレイヤーとどのように組み合わさって表示されるかを設定することができ、特定の視覚効果や色調の変化を加えることができます。

描画モードの種類

1 通常（デフォルト）

レイヤーを挿入した際は、「通常」（デフォルト）で設定されています。

2 ディザ合成

ピクセルがノイズのように荒くなります。不透明度を調整することで、ノイズの密度を調整できます。

3 暗くなる描画モード

「暗くする描画モード」では、合成した明るい部分が抜けて、暗い部分が合成で活かされるため合成の結果が暗くなる特徴があります。
「カラー比較（暗）」→「比較（暗）」→「乗算」→「焼き込みリニア」→「焼き込みカラー」の順番で画面がより変化します。

● **比較（暗）**

上下のレイヤーを比較し、より暗い色を表示します。

● **乗算**

色を掛け合わせて暗くします。白い部分は透過します。

● **焼き込みカラー**

下のレイヤーを暗くして、上のレイヤーに反映されます。白は透過します。

● **焼き込みリニア**

「焼き込みカラー」よりも全体的に暗くなります。白は透過します。

● **カラー比較（暗）**

色の成分であるRGBの値が小さいほうを適用します。

4 明るくなる描画モード

「明るくなる描画モード」では、合成した暗い部分が抜けて、明るい部分が合成で活かされるため合成の結果が明るくなる特徴があります。
「カラー比較（明）」→「比較（明）」→「スクリーン」→「覆い焼きリニア／加算」→「覆い焼きカラー」の順番で画面がより変化します。

● 加算

色の成分であるRGBの値を足し合わせて明るくします。

● 比較（明）

上下のレイヤーを比較し、より明るい色を表示します。

● スクリーン

色を掛け合わせて明るくします。黒は透過します。

● 覆い焼きカラー

下のレイヤーを明るくして上のレイヤーに反映されます。黒は透過します。

● 覆い焼きリニア

「覆い焼きカラー」よりも全体的に明るくなります。黒は透過します。

● カラー比較（明）

RGBの値が大きいほうを適用します。

5 コントラストを強める描画モード

「コントラストを強める描画モード」では、明るい箇所と暗い箇所、色の違いなど差を利用して合成する特徴があります。

●オーバーレイ

明るい部分にはスクリーン、暗い部分には乗算が適用されます。結果として、明るい部分はより明るく、暗い部分はより暗くなります。

●ソフトライト

下のレイヤーの明るい部分は明るく、暗い部分は暗く表示します。「オーバーレイ」よりもソフトな表現です。

●ハードライト

「ソフトライト」よりも色がくっきりと出ます。

●リニアライト

上下のレイヤーの明るい部分は明るく、暗い部分は暗く表示します。

●ビビットライト

上下のレイヤーの明るい部分には「焼き込みカラー」、暗い部分には「覆い焼きカラー」が適用されたような表現になります。「リニアライト」よりも明るい表現になります。

●ピンライト

上のレイヤーの暗い部分には比較（暗）が、明るい部分には比較（明）が適用されたよう表現になります。

●ハードミックス

色を赤、緑、青、白、黒の原色にするため、極端な表現になります。

6 上下のレイヤーを比較する描画モード

「上下のレイヤーを比較する描画モード」では、上下レイヤーの色を反転させる特徴があります。この特徴を利用して、合成する映像の違いを抽出することができます。

●差

上下のレイヤーの明るさの高い値から低い値を引いた色を表示します。

●除外

「差」よりもコントラストが低い表現です。

●減算

下のレイヤーのRGB値から上のレイヤーのRGB値を引いた色を表示します。

●除算

下のレイヤーのRGB値から上のレイヤーのRGB値を割った色を表示します。

7 色相・彩度・輝度など明度以外の描画モード

「輝度」、「色相」、「彩度」を使用して合成し、最終的な色を表示することができます。

●色相

下のレイヤーの輝度と彩度を保ちながら、上のレイヤーの色相が反映されます。

●彩度

下のレイヤーの輝度と色相を保ちながら、上のレイヤーの彩度が反映されます。

●カラー

下のレイヤーの輝度を保ちながら、上のレイヤーの色相と彩度が反映されます。

●輝度

下のレイヤーの色相と彩度を保ちながら、上のレイヤーの輝度が反映されます。

8 レイヤーを切り抜く描画モード

アルファチャンネル（透明な部分を持つデータ）のレイヤーや、明るさによって合成した際にレイヤーを切り抜くことができます。

●ステンシルアルファ

下のレイヤーを上のレイヤーで切り抜く表現です。

●ステンシルルミナンスキー

下のレイヤーを上のレイヤーの明度に応じて切り抜く表現です。

●シルエットアルファ

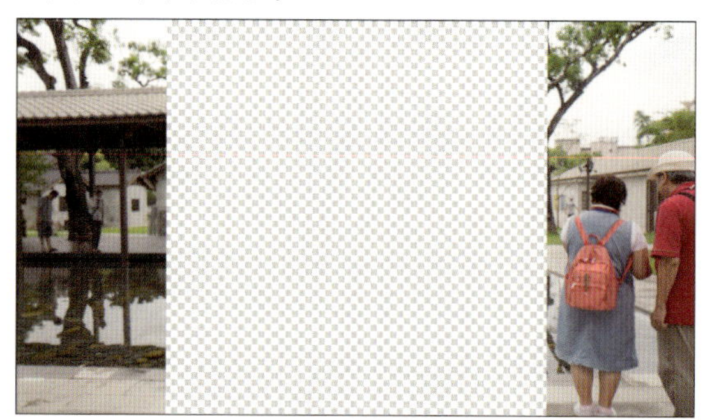

上のレイヤーを下のレイヤーで切り抜いた表現です。

●シルエットルミナンスキー

上のレイヤーの明度に応じて下のレイヤーで切り抜いた表現です。

21 レイヤースタイル

レイヤースタイルは、シェイプやテキストなどのレイヤーに対し、様々な視覚効果やデザインを加えることができます。

レイヤースタイルとは

レイヤースタイルを使うと、レイヤーに様々な効果やデザイン要素を追加できます。これらはエフェクトの処理後に適用されるため、たとえばエフェクトで「塗り」を使って色を変更しても、そのあとにレイヤースタイルの「カラーオーバーレイ」を追加すれば、最終的には「カラーオーバーレイ」の色が表示されます。
このように、影や光沢、グラデーションなどを簡単に適用して、レイヤーのデザインをさらに魅力的に仕上げることができるのが特徴です。

レイヤースタイルを適用する

1 レイヤースタイルを追加する

シェイプやテキスト、コンポジションなどのレイヤーに対して右クリックし❶、[レイヤースタイル] をクリックして❷、適用したいメニューをクリックします❸。

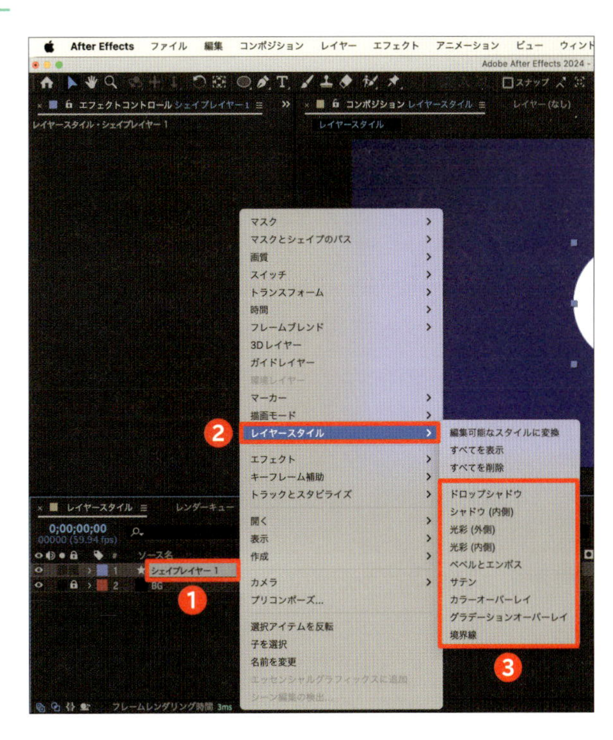

POINT

レイヤースタイルは、メニューバーの「レイヤー」からも追加できます（P.23参照）。

レイヤースタイルの使い方の例

レイヤースタイルは重ねがけすることで、より複雑なデザインを加えることができます。ここでレイヤースタイルの種類を見ていきながら、重ねがけをしていきましょう。

1 ドロップシャドウ

シェイプの背面に影を落としたい場合は、「ドロップシャドウ」を使用します。シャドウの角度や不透明度を設定することができます。

2 シャドウ（内側）

シェイプの背面ではなく内側にシャドウを追加する場合は、「シャドウ（内側）」を追加します。ここでも角度などを追加できます。さらに「ノイズ」の数値を「50」％ほどに設定することで、ザラザラした印象の影にすることもできます。

3 カラーオーバーレイ

シェイプに単色を加えたい場合は、「カラーオーバーレイ」を追加します。カラーオーバーレイには「不透明度」や「描画モード」が設定できるので、フィルターのように使用することもできます。

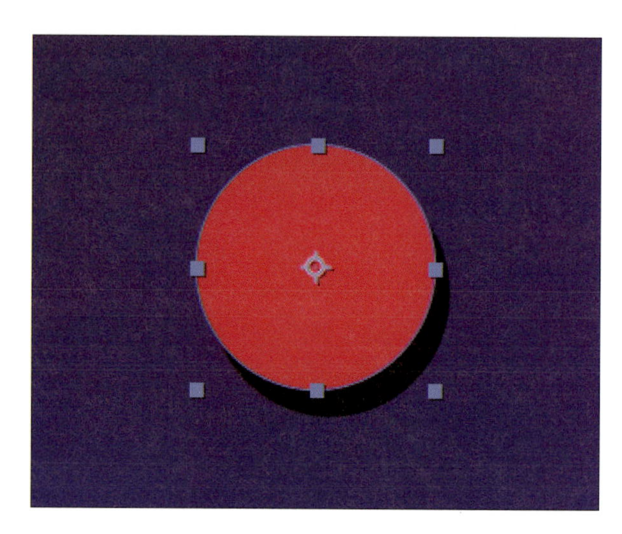

4 グラデーションオーバーレイ

シェイプに対して複数の色を加える場合は、「グラデーションオーバーレイ」を追加します。「カラー」→「グラデーションを編集」から「色」を選択することで、色を設定することができます。「角度」や「スタイル」を変更すると、グラデーションの印象が変わります。

5 境界線

シェイプの外周に線を加えたいときは、「境界線」を追加します。カラーやサイズをここで変更することもできます。

6 光彩（外側）

外側に放射するグローを追加するには、「光彩（外側）」を追加します。放射する大きさは、サイズで広げることができます。

7 光彩（内側）

内側に放射するグローを追加するには、「光彩（内側）」を適用します。光彩もシャドウと同様にサイズを広げるだけでなく、ノイズの数値を上げたり描画モードをディザ合成に変更したりすることで、ザラザラとした質感を持つスタイルを作り出すことができます。

8 ベベルとエンボス

ハイライト（明るい部分）とシャドウ（暗い部分）を追加して立体感を作るには、「ベベルとエンボス」を追加します。ボタンやツルっとしたアイコンを作る際に役立ちます。

9 サテン

シェイプにふわっとした光や影を落としたい際には、「サテン」を追加します。レイヤーに応じた陰影を作ったり、光沢感を出したりする際にも役に立ちます。

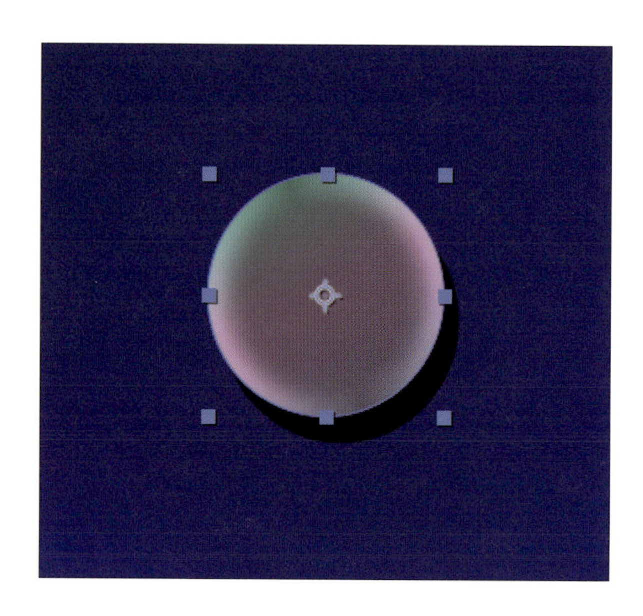

22 ガイドレイヤー

画面内にガイド線を加えておくことで、レイヤーやオブジェクトを配置しやすくなります。また、画像をガイドレイヤーにすることもできます。

ガイドを表示する

映像としては表示されませんが、編集をする際に配置の参考にするための補助線となってくれるガイドの表示方法を説明します。

1 ガイドを選択する

「コンポジション」パネル下にある「グリッドとガイドのオプションを選択」( ) をクリックし❶、[タイトル/アクションセーフ] [グリッド] [定規] などをクリックすると❷、選択したガイドを表示させることができます。

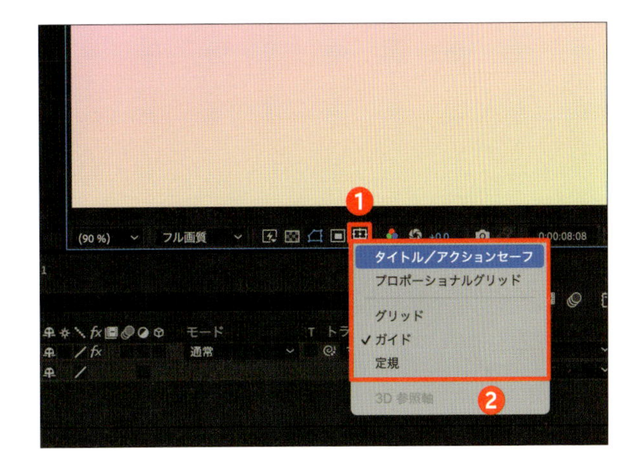

Check!
定規のガイドで線を引く

「定規」のガイドを表示し、定規のメモリの箇所をドラッグすると、ガイドに線を引くことができます。なお、この線はガイド線なので、レンダリングする際には動画内に表示されません。

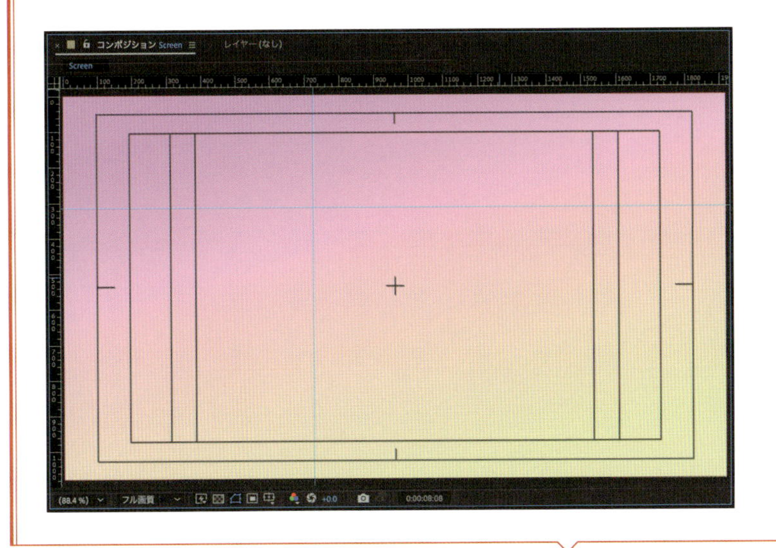

◆画像をガイドレイヤーに指定する

画像レイヤーをガイドレイヤーとして指定できます。編集する際には表示されますが、動画として書き出した際には動画に反映されないガイドとして使うことができます。ここでは例として黄金比の画像を挿入します。

1 ガイドレイヤーを選択する

画像レイヤーを右クリックし❶、[ガイドレイヤー] をクリックします❷。

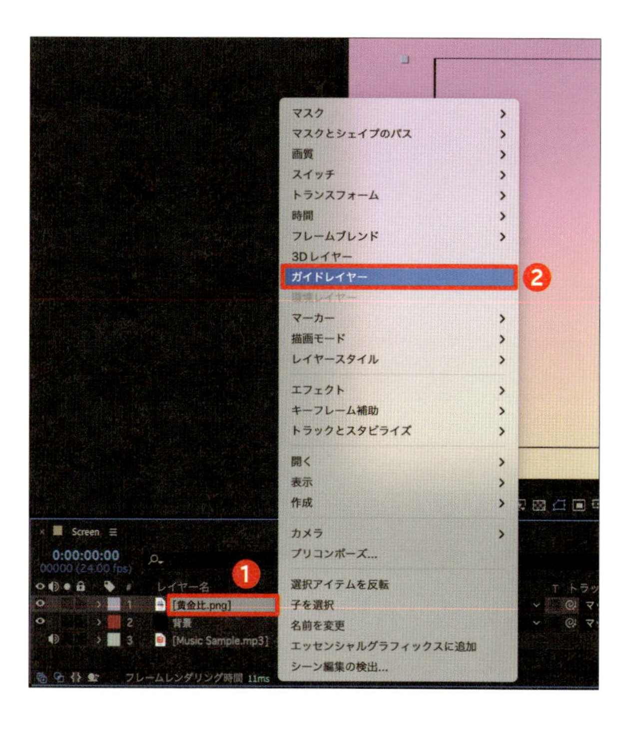

2 画像がガイドレイヤーになる

画像をガイドとして表示させることができます。ガイドに指定したレイヤーには、ガイドレイヤーマーク (▦) が表示されます❸。

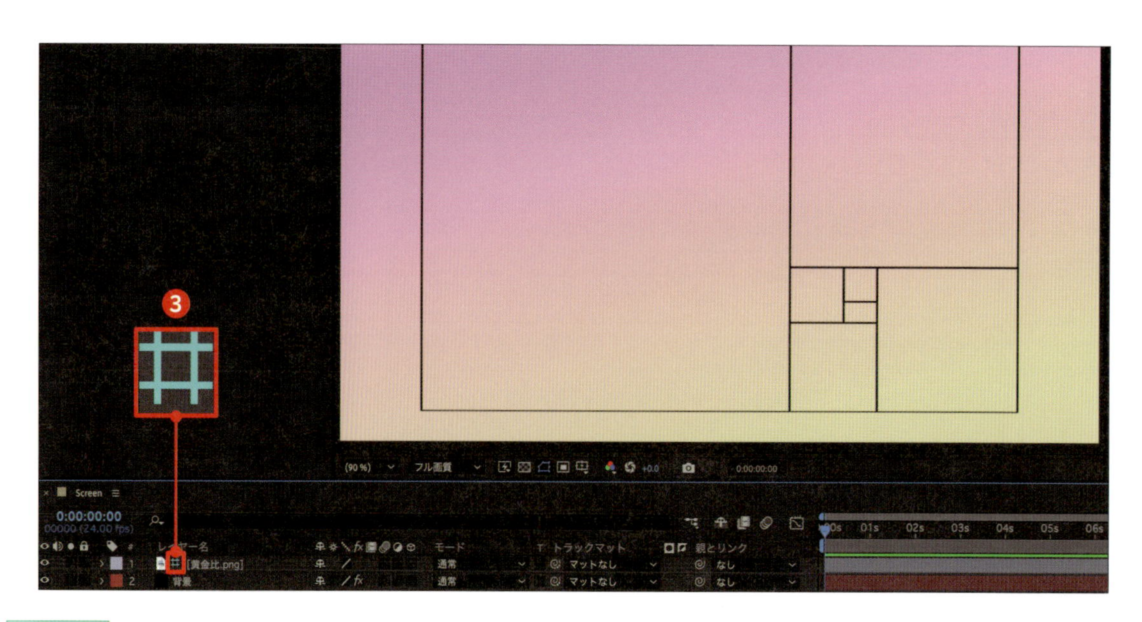

POINT

このまま動画を書き出しても、ガイドレイヤーは表示されません。

◆ 音楽をガイドレイヤーに指定する

音楽を使った映像を作る際によく使われるのが、音楽をガイドレイヤーに指定することです。コンポジションの中に音楽レイヤーと、同じ音楽が挿入されたコンポジションが挿入されています。このままの場合、コンポジションと音楽が重なったところで音が重複して聞こえてしまいます。そこでコンポジション内の音楽をガイドレイヤーにすることで、音楽が重複して聞こえる事態を防ぐことができます。

1 ガイドレイヤーを選択する

音楽レイヤーを右クリックし❶、［ガイドレイヤー］をクリックします。

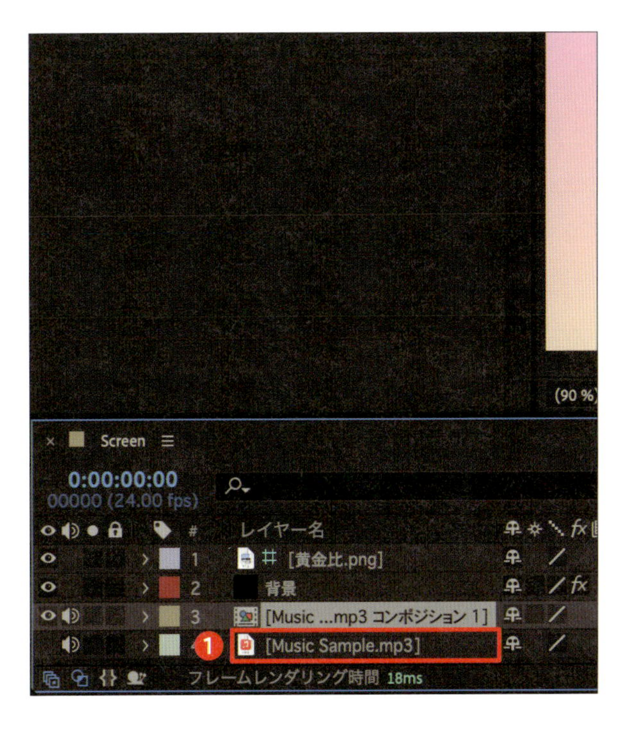

2 音楽がガイドレイヤーになる

音楽をガイドとして表示させることができます。ガイドに指定したレイヤーには、ガイドレイヤーマーク（▦）が表示されます❷。

Column

レイヤーを扱う際のポイント

❶レイヤーには名前をつけよう

作業工程が増えると、レイヤーの数が数十～数百個に増えることがあります。つい次々と作りたくなりますが、作ったあとに修正を加えることが発生した際に、一目でレイヤーを把握できるようにレイヤーに名前をつけておくことをお勧めします。

❷モーションよりもレイヤーの配置が重要？

モーションデザインとモーショングラフィックスを考えた際に、見やすい画面を意識するのであれば、まずは画面構成など1枚の画としての配置を重視して考えてみましょう。動きをつけたいという気持ちはグッと抑えて、配置や動きの意味を押さえておきましょう。特に、「誰が見るのか」を意識するとよいかもしれません。

❸音と光の感じ方

雷や花火を見ると、速度の違いから光ったあとに音が聞こえます。映像も少し似ており、音と映像をピッタリ合わせてもしっくりこないときがあります。そんなときは音を1、2フレームほど遅らせてみると、自然に聞こえることがあります。また、レイヤーのカット位置だけではなく、映像内の動きも音に合わせるなど、色々と工夫をしてみましょう。

❹レイヤーを分ける

シェイプレイヤーやイラストなどのレイヤーをつい同じレイヤーで次々と作りがちですが、あとでバラバラのアニメーションを加える可能性があるため、レイヤーを分けておくとよいでしょう。また、カメラの動きをつける際にヌルのレイヤーを複数作って、それぞれ動きを分けるなどしておくと、やりやすい場合があります。

❺レイヤーのショートカットキー

レイヤーに関する以下のショートカット覚えておくと、よりスムーズに作業ができます。

- **レイヤーの長さを変更**：option（alt）キーを押しながらレイヤーの始点や終点をドラッグする
- **レイヤーをカット**：Command（control）＋Shift＋Dキーを押す
- **レイヤーの始点と終点の開始位置を現在のインジケーターの位置に配置**：[または]キーを押す
- **レイヤーの始点と終点でカット**：option（alt）＋[]キーを押す

Chapter 3

基本的なモーションを作ろう

静的なデザイン（シェイプやテキスト）にシンプルなアニメーションや動的な要素を与えることで、視覚的にインパクトのあるコンテンツを作成することができます。この章では「移動」や「回転」などの、モーションの基本を押さえていきます。まずは「トランスフォーム」という機能を使用してみましょう。

トランスフォームの機能で作るアニメーション

まず、「移動」や「回転」など、基本的なアニメーションを作成しましょう。「トランスフォーム」という機能を使用します。

トランスフォームでできること

トランスフォームの項目は、基本のレイヤーに用意されています。レイヤーの左側にある〉をクリックします。「トランスフォーム」を展開すると、各項目を調整することができます。

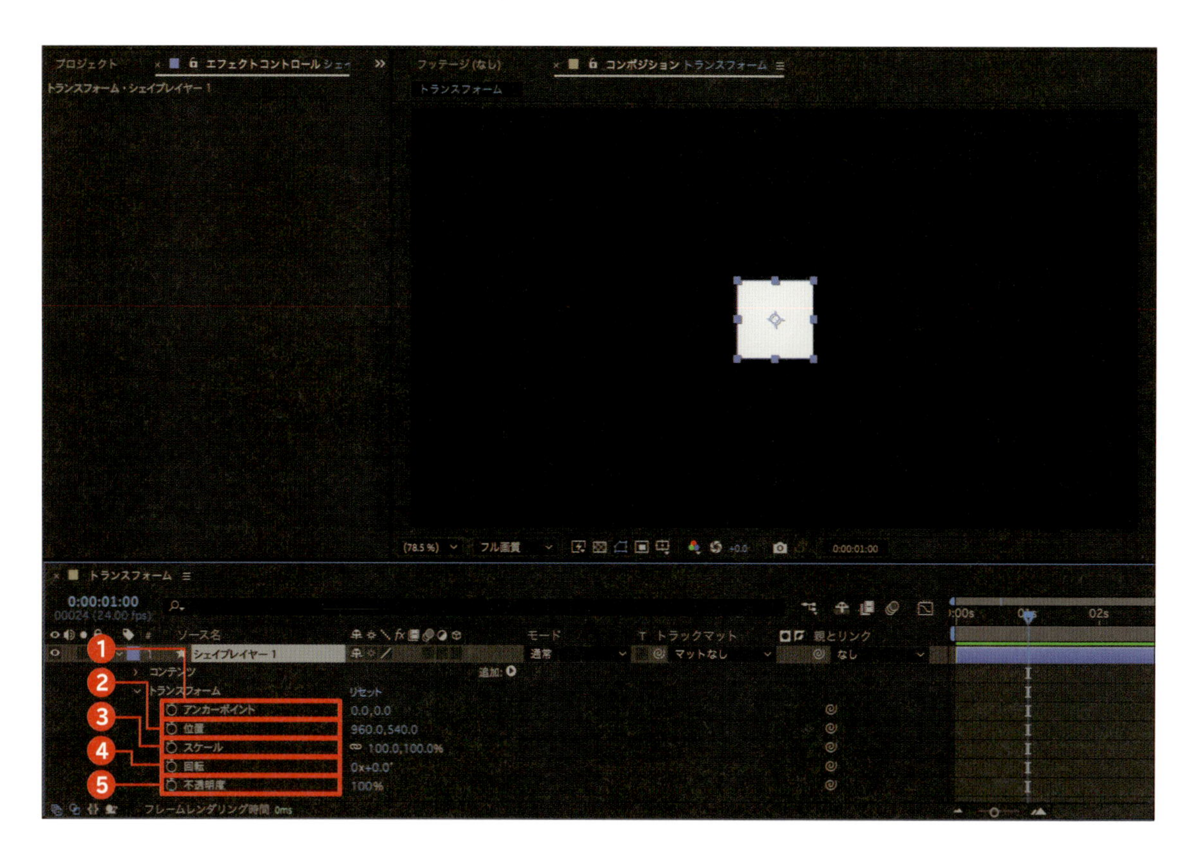

❶**アンカーポイント（P.86参照）**：回転やスケールなどの基準となる中心ポイントのことです。

❷**位置（P.89参照）**：X軸とY軸の数値を変更することで、レイヤーの位置を変更できます。3Dレイヤースイッチをオンにすると、Z軸の数値も調整できるようになります。

❸**スケール（P.92参照）**：レイヤーの大きさを調整することができます。

❹**回転（P.95参照）**：レイヤーの角度を調整することができます。

❺**不透明度（P.98参照）**：レイヤーの透明度を調整することができます。

◆シェイプのトランスフォーム

レイヤー自体を動かすトランスフォームとは別に、シェイプにもまたトランスフォームが準備されています。それぞれを動かしてみましょう。

1 シェイプレイヤーを作成する

P.48を参考に、シェイプレイヤーを作成します。シェイプレイヤーでは、レイヤーのトランスフォーム❶とは別に、シェイプのトランスフォームが作成されます❷。

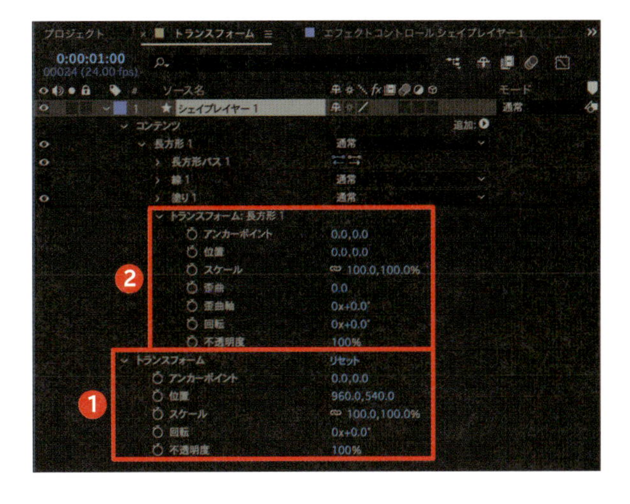

2 シェイプを上に移動させる

試しにまずはレイヤーのトランスフォームで「アンカーポイント」のY軸に「300.0」と入力し❸、シェイプを上に300移動させます❹。

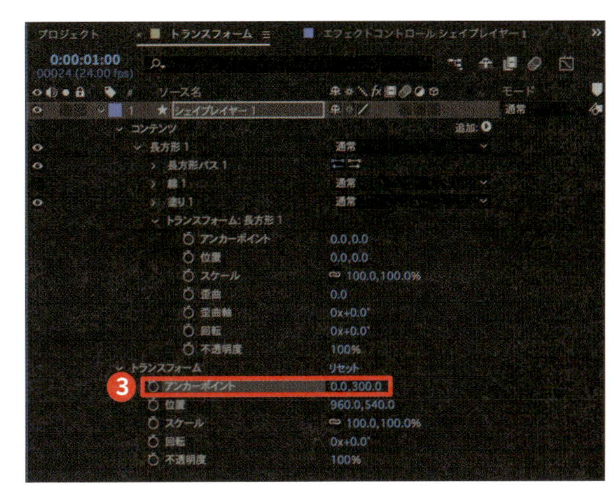

POINT

アンカーポイントは中央に配置されている状態です。アンカーポイントの動かし方は、P.87を参照して下さい。

»

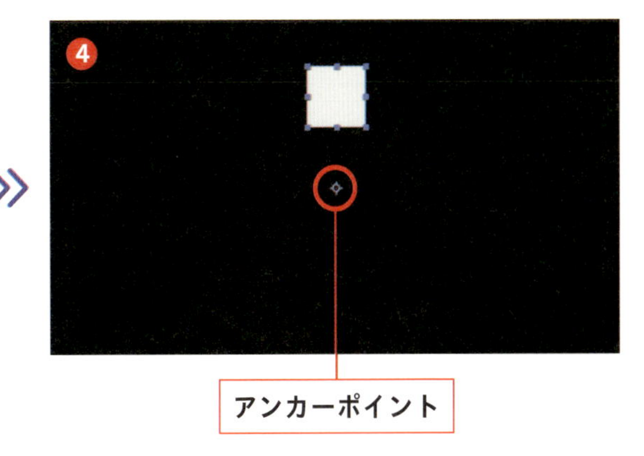

3 シェイプを回転させる①

レイヤーのトランスフォームの「回転」に「45.0」°と入力すると5、アンカーポイントを中心にシェイプのレイヤー自体が45度傾きます6。

POINT

レイヤーのトランスフォームは、レイヤー自体に影響を及ぼします。

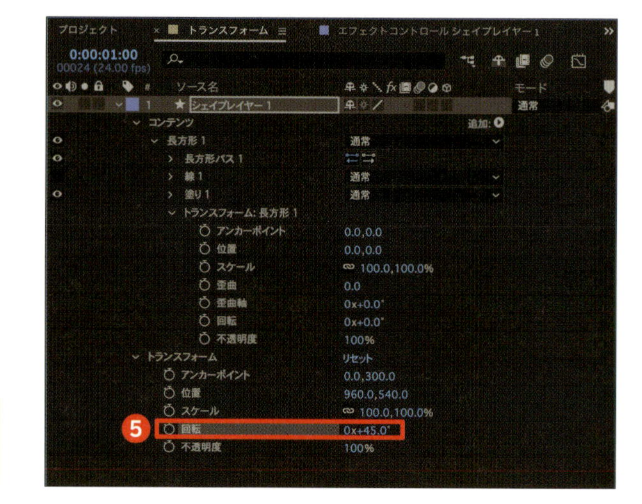

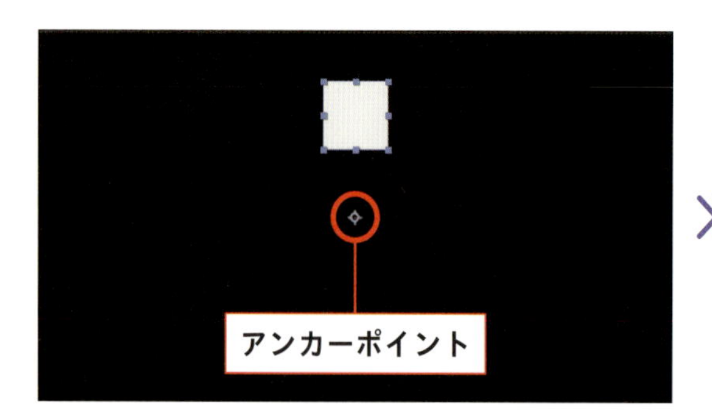

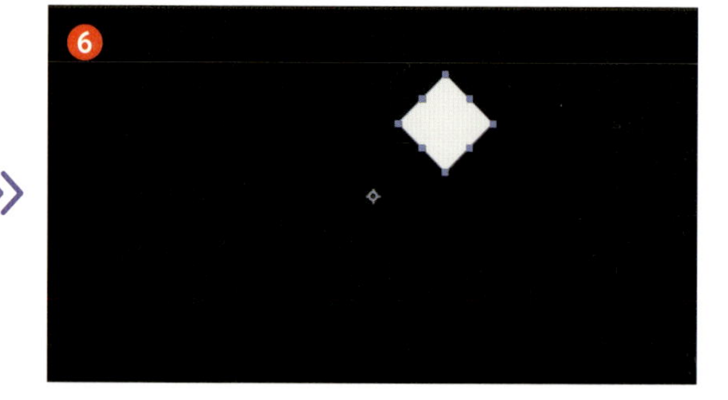

4 シェイプを回転させる②

一方、レイヤーのトランスフォームではなくてシェイプのトランスフォームの「回転」に「45.0」°と入力すると7、レイヤーではなくシェイプ自体の角度が45度回転するようになります8。
このようにレイヤーのトランスフォームとシェイプのトランスフォームをそれぞれ使い分けて、複雑な動きを作っていきます。

POINT

シェイプのトランスフォームは、シェイプ自体に影響を及ぼします。

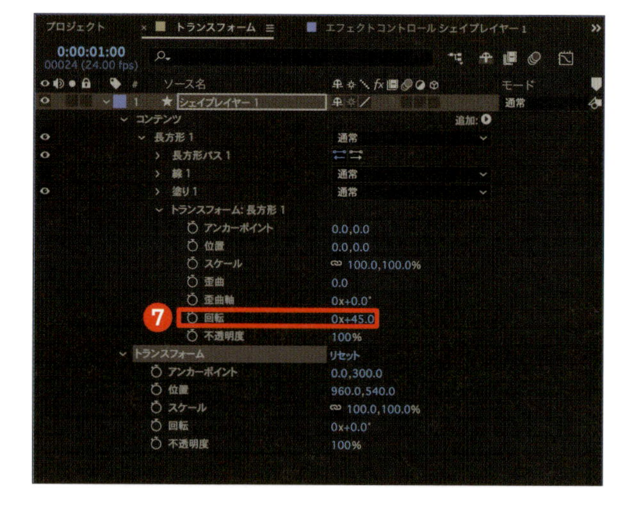

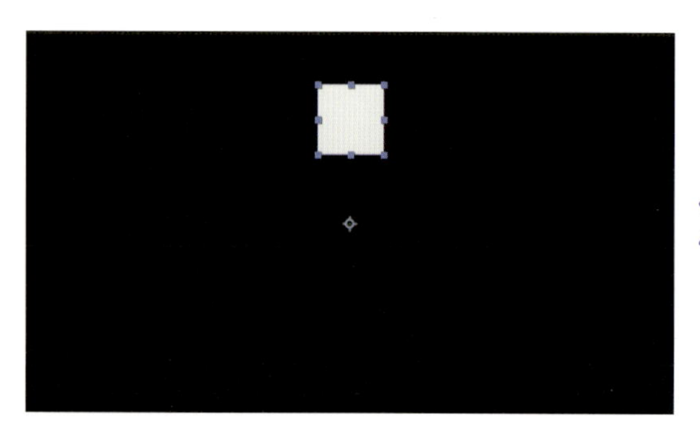

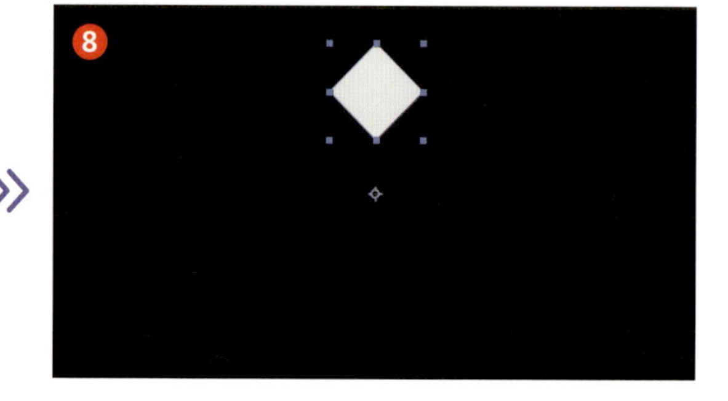

Check!
「次元に分割」できるはレイヤーのトランスフォームのみ

レイヤーのトランスフォームは、[位置] を右クリックし、[次元に分割] をクリックしてX軸とY軸を分けることができます。一方でシェイプのトランスフォームは、「次元に分割」を行うことができないという違いがあります。なお、「次元に分割」については、P.90で詳しく解説しています。

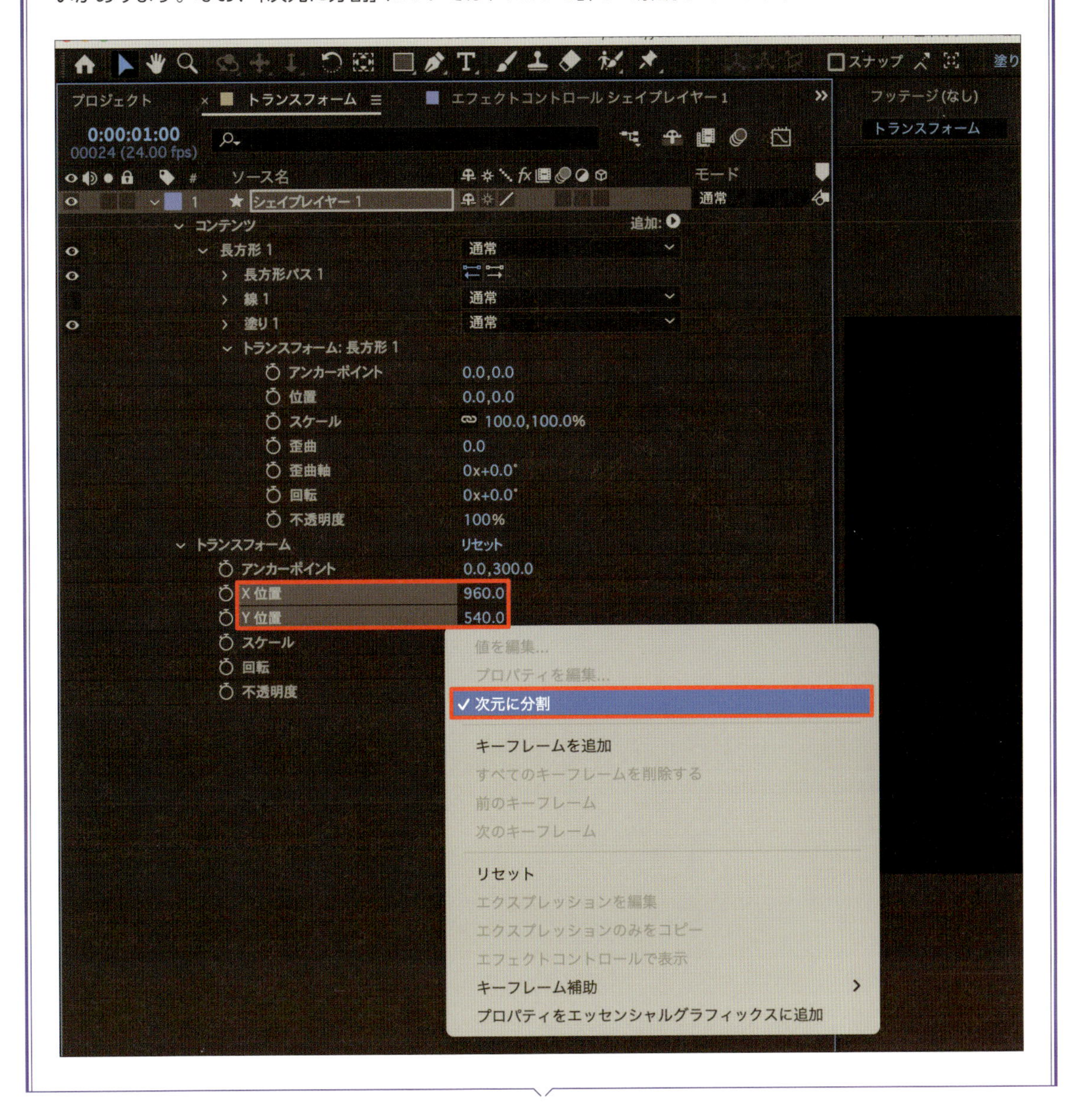

24 アンカーポイント

「アンカーポイント」は、回転やスケールを行う際に、動きの中心となる点のことです。動画や画像ファイルを挿入すると、中心に配置されます。

◆ アンカーポイントを動かす

トランスフォームの中には、「アンカーポイント」というプロパティがあります❶。この数値を変えることで、アンカーポイントの位置を動かすことができますが、その場合は画面上のアンカーポイントは動かずに、画像のほうが動くことになります。
画面上のアンカーポイントを動かす場合は、「ツール」パネルの［アンカーポイントツール］（ ）をクリック❷、または[Y]キーを押してアンカーポイントツールに切り替えることで、ポイントをドラッグ＆ドロップで動かすことができます。

◆ アンカーポイントをレイヤーの中央に配置する

シェイプレイヤーなどを作成した際には、アンカーポイントは画面の中央に配置されているので、シェイプの中央には配置されないことがあります。そのような場合は以下の操作を事前に行っておくことで、中央に配置されるようになります。

1 環境設定を開く

メニューバーの［After Effects］をクリックし❶、［設定］にマウスポインターを乗せ（Windowsの場合はメニューバーの［編集］をクリックして、［環境設定］にマウスポインターを乗せる）、［一般設定］をクリックすると、「環境設定」ダイアログが表示されます。

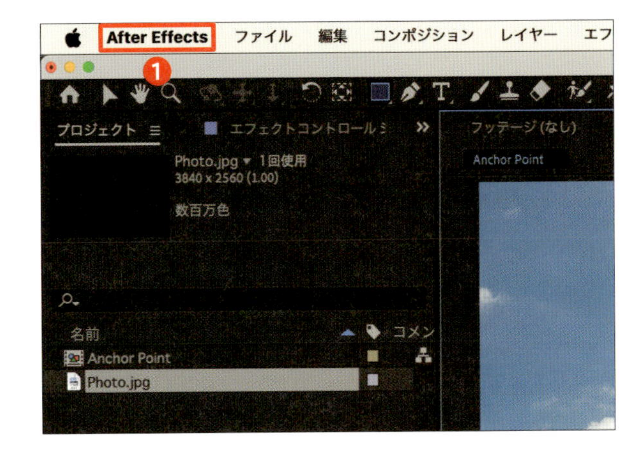

2 中央に配置を設定する

［アンカーポイントを新しいシェイプレイヤーの中央に配置］をクリックしてチェックを入れ❷、［OK］をクリックします❸。以降はシェイプレイヤーを作成した際に、自動的にアンカーポイントが中央に配置されるようになります。

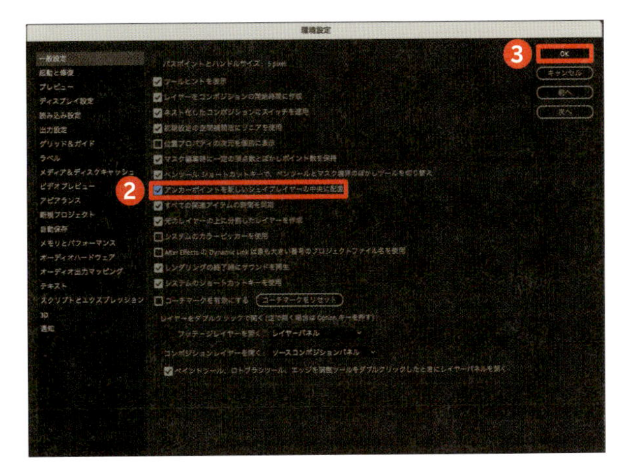

POINT

Command（control）キーを押しながらアンカーポイントツールをダブルクリックすることでも、アンカーポイントを中央に配置することができます。

Check!

「レイヤー」メニューから設定する

メニューバーの［レイヤー］をクリックし、［トランスフォーム］にマウスポインターを乗せ、［アンカーポイントをレイヤーコンテンツの中央に配置］をクリックすることでも設定できます。

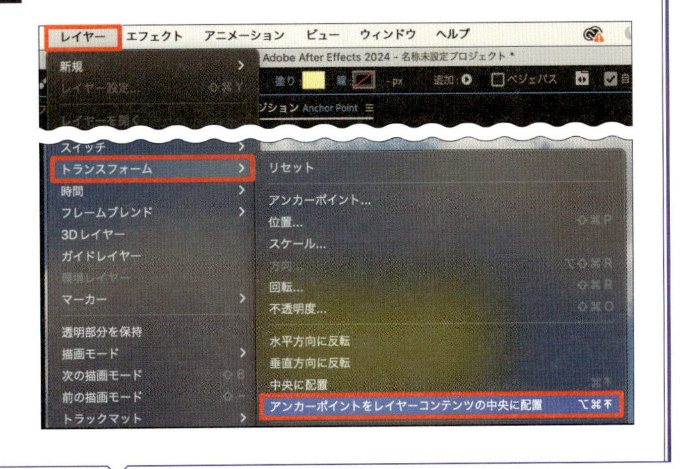

◆ 複数のアンカーポイントを使用する

アンカーポイントを複数利用することで、違う動きを同時に行わせることができます。
たとえばシェイプ自体を回転させながら、同時に画面上でもシェイプを弧を描くように回転させるときなどは、ヌルオブジェクトを使用します。シェイプの親とリンクをヌルオブジェクトに接続します。これでシェイプ自体を回転させる際にはシェイプの回転、ヌルを中心にシェイプを弧を描くように回転させる際には、ヌルの回転の数値を変更することで動きの調整ができるようになります。ヌルについては、P.65を参照して下さい。

Check!

アンカーポイントの配置をまとめて変える

アンカーポイントを中央に配置するだけであれば、レイヤーをまとめて選択してアンカーポイントツールを command (control) キーを押しながらダブルクリックすることで配置できます。下や上などに配置したい場合はプラグインなどを使用するほうがよいでしょう。
Mister Horseの無料プラグインである「Anchor Point Mover」(https://misterhorse.com/) を使用すると、まとめて複数のレイヤーのアンカーポイントを変更することができます。

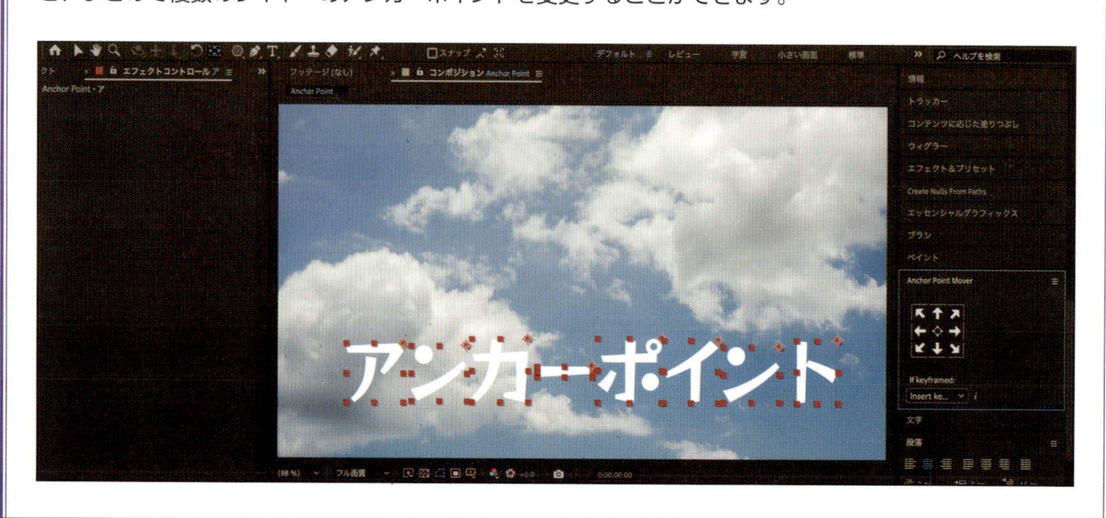

25 位置

レイヤーを画面内のどこに配置するかは、「位置」のプロパティで設定することができます。この設定により、素材を移動させることができます。

位置の基本

1 X・Y軸の数値を変更する

レイヤーを選択し、「トランスフォーム」を展開するかPキーを押すと、選択しているレイヤーの「位置」のプロパティを表示することができます❶。「位置」は左の数値がX軸（水平方向）を示しており、右の数値はY軸（垂直方向）を示しています。この数値を変更することで、画面内で素材をどこに配置するかを決めることができます。

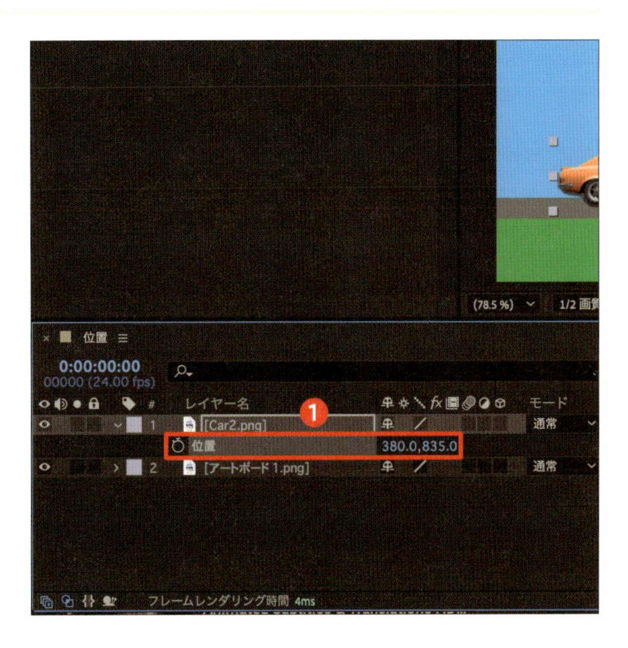

POINT

細かい調整をする際には、青い数値の文字をクリックしてテンキーで直接数値を入力することで、「0.1」などの小数点以下の数値も設定することができます。

Check! 素材の動かし方

手順1では「位置」の数値を設定しましたが、そのほかにも素材を動かす方法があります。

●**素材を動かす**

・**マウスで動かす**：ドラッグ＆ドロップで素材を動かすことができます。
Shiftキーを押しながらドラッグすると、水平方向のみや垂直方向のみに動かすことができます。

・**キーボードで動かす**：方向キーを押すことで、数値を「1」ずつ動かすことができます。
また、Shiftキーを押しながら方向キーを押すと、数値を「10」ずつ動かすことができます。

●**磁石のように接続させる**

選択ツールを選択時に表示されるコンポジションパネル上部の「スナップ」にチェックを入れると、画面内のほかのレイヤーを考慮して磁石のように素材を接続する形で配置することができます。

◆ 次元に分割する

もともとの「位置」プロパティでは、X軸（水平方向）とY軸（垂直方向）が1つにまとまっていますが、「次元に分割」を行うと、分割ができます。たとえば複数のレイヤーを作成して動きをつける際、次元に分割を行うと、X軸とY軸を別々の項目として扱うことができます。
また、親とリンクなどのピックウィップ（P.65参照）をX軸だけに追加するなど、次元に分けて使うことができるようになります。

1 ［次元に分割］をクリックする

［位置］を右クリックし❶、［次元に分割］をクリックします❷。

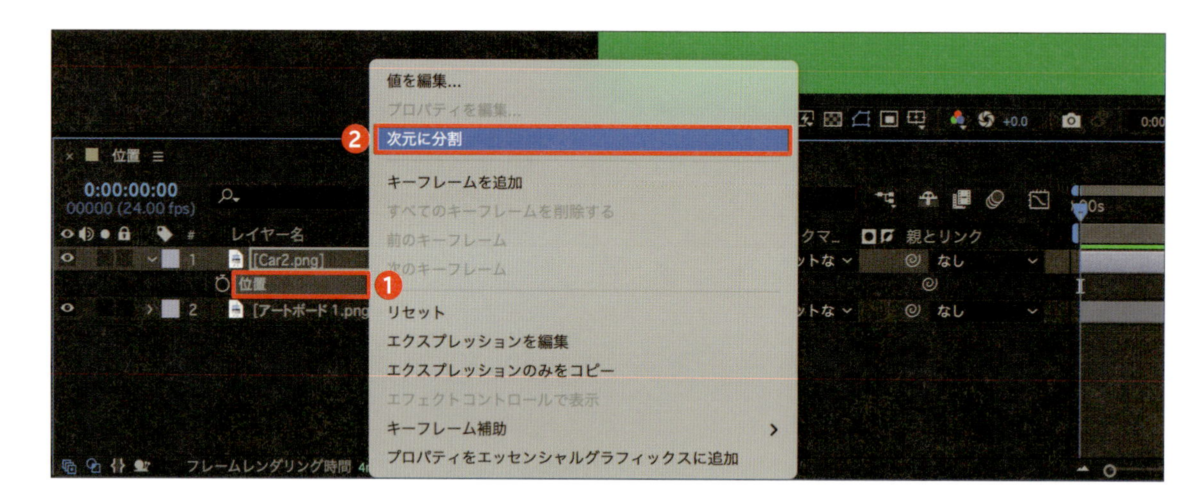

2 X軸とY軸が分かれる

位置がX軸とY軸に分割されます❸。

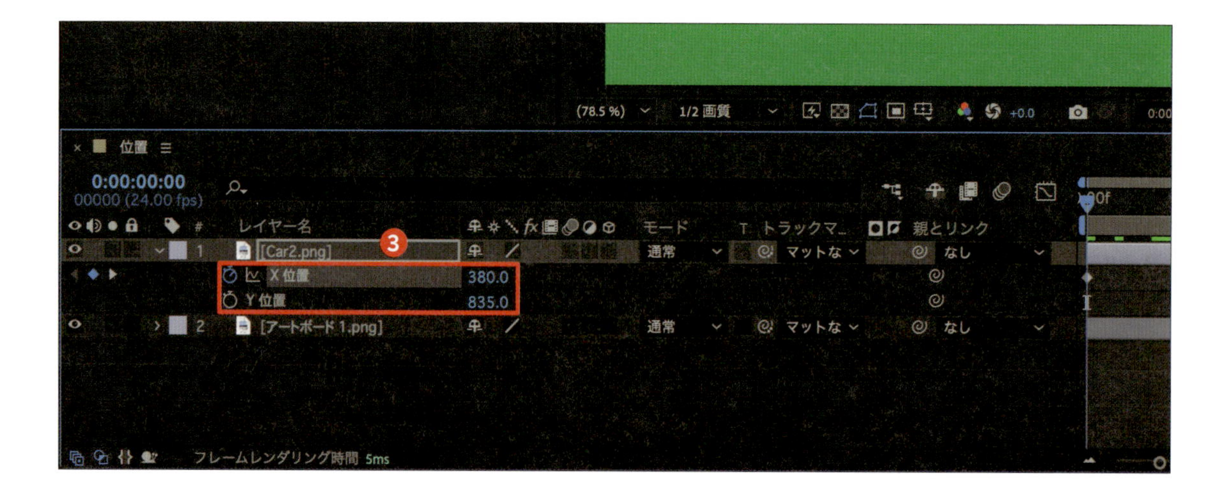

◆ 左から右へ、X軸の動きを作る

ここでは次元に分割したうえで、X軸の動きのみを作っていきます。キーフレームについては、P.102で詳しく解説しています。

1 0秒でキーフレームを打つ

車の素材に対してインジケーター（ ）を0秒（0:00f）の位置に配置し❶、「X位置」の左にあるストップウォッチ（ ）をクリックすると❷、キーフレーム（ ）が打たれ❸、X位置の数値が記録されます。

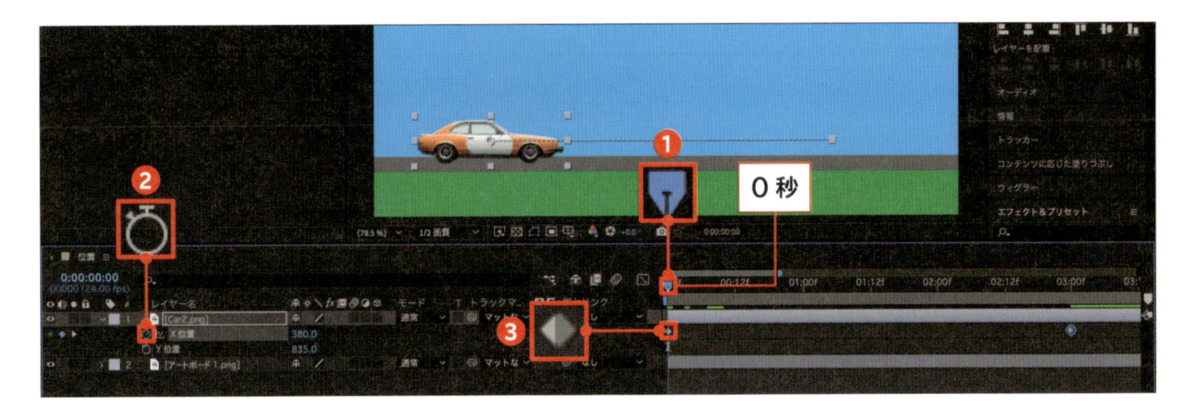

2 3秒でキーフレームを打ち素材を動かす

インジケーターを3秒の地点に動かし❹、「X位置」の数値を上げると❺、車が左から右に向けて同じ速度で動く❻キーフレームアニメーションができあがります。P.36を参考に、プレビュー再生してみましょう。

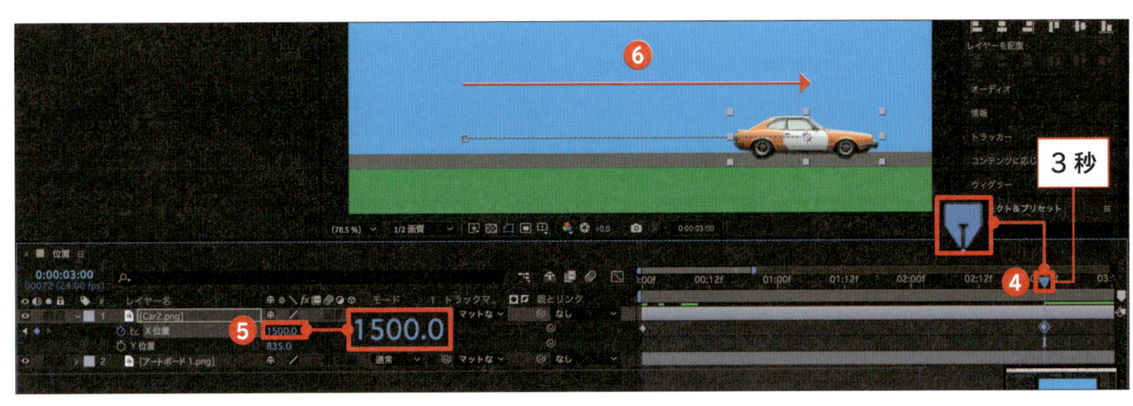

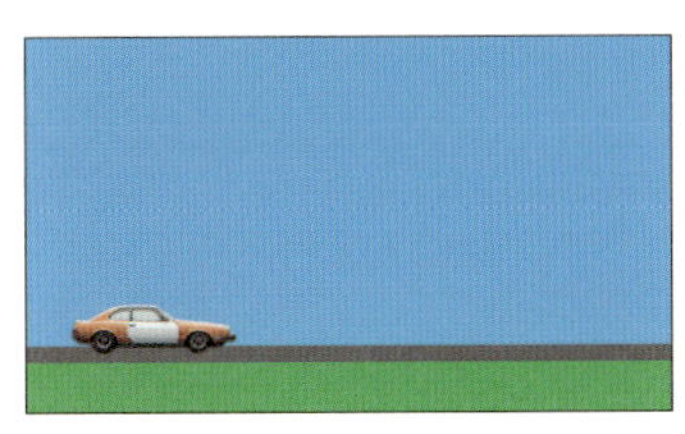

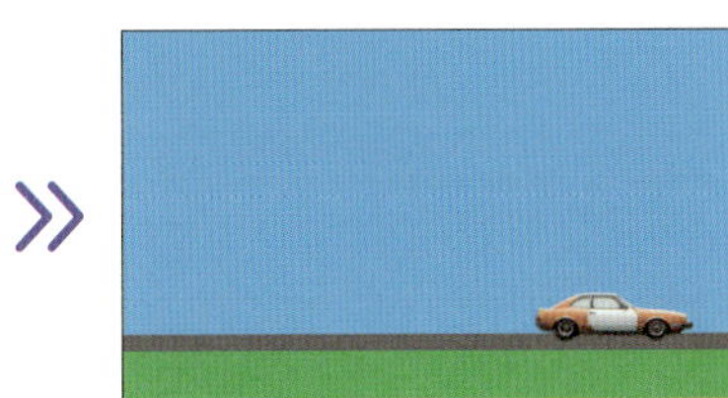

スケール

レイヤーの大きさを変更する「スケール」のプロパティの使い方と機能を見ていきます。テキストレイヤーの縦横比を変えてみましょう。

◆スケールの基本

1 プロパティを表示する

レイヤーを選択し、「トランスフォーム」を展開するかSキーを押すと、選択しているレイヤーの「スケール」のプロパティを表示することができます❶。青い数値を上げるとレイヤーのサイズが大きくなり、下げるとレイヤーのサイズが小さくなります。

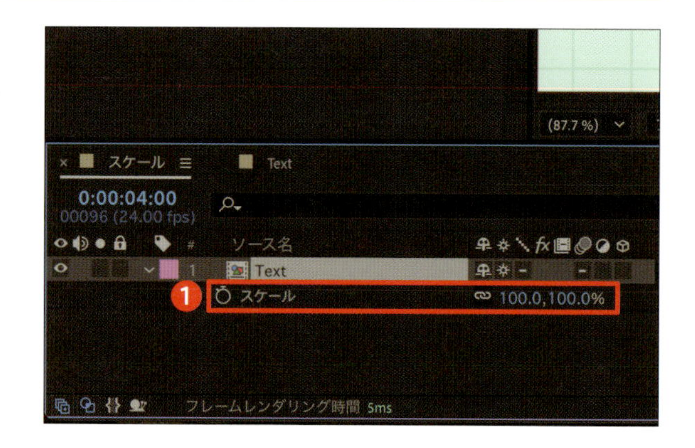

Check! 画質を保ったままスケールの数値を上げる

スケールの数値を上げてレイヤーを大きくすると、コンポジションレイヤーやベクター素材の場合は、画質が下がることがあります。その場合はコラップストランスフォーム（連続ラスタライズ）のスイッチ（☀）をオンにすることで、画質を保ったままレイヤーを拡大することができます。

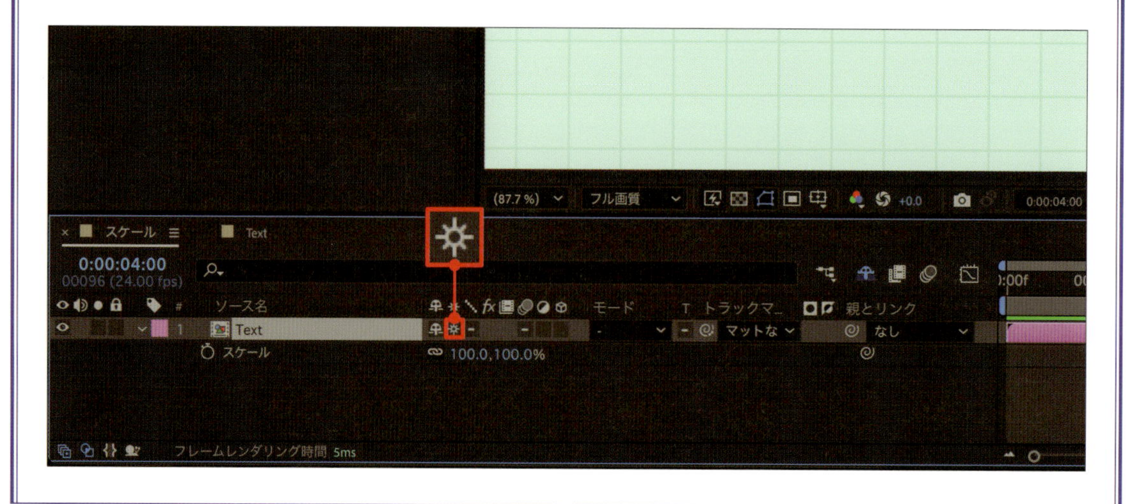

◆縦横比を変更する

初期状態ではスケールの数値は縦横比が固定されています。X軸（横幅）を変更するとY軸（縦幅）も変更されますが、この固定を解除することで、X軸とY軸それぞれの数値を変更できるようになります。

1 縦横比の固定を解除する

「スケール」の青い数値の左にある［現在の縦横比を固定］（🔗）をクリックします❶。

2 X軸の数値のみ変更する

縦横比の固定が解除されました❷。X軸の数値のみを上げる（ここでは「200.0」と入力）と❸、横幅だけが長くなります❹。

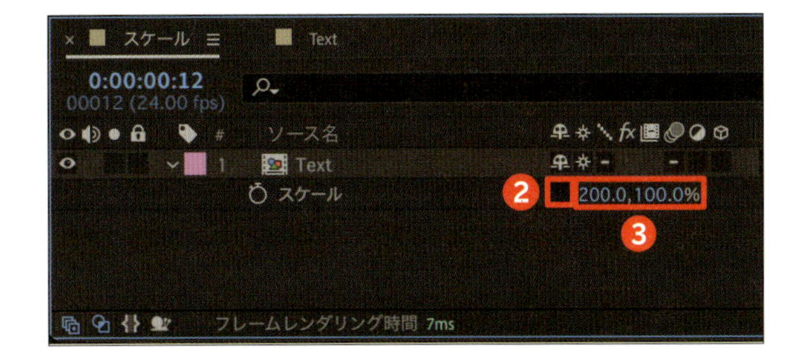

»

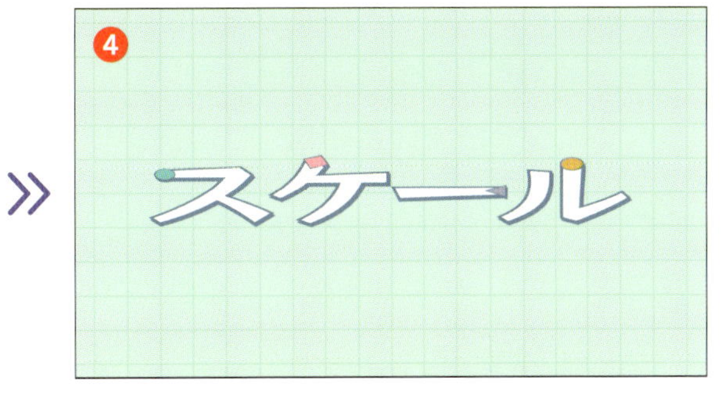

POINT

固定を解除し、X軸とY軸の数値が異なっている状態で、option（alt）キーを押しながら［現在の縦横比を固定］をクリックすると、同じ数値にすることができます。

Check!
レイヤーを反転させる

［現在の縦横比を固定］を外している状態で、X軸かY軸の数値をマイナス方向に設定することで、レイヤーを水平方向や垂直方向に反転させることができます。

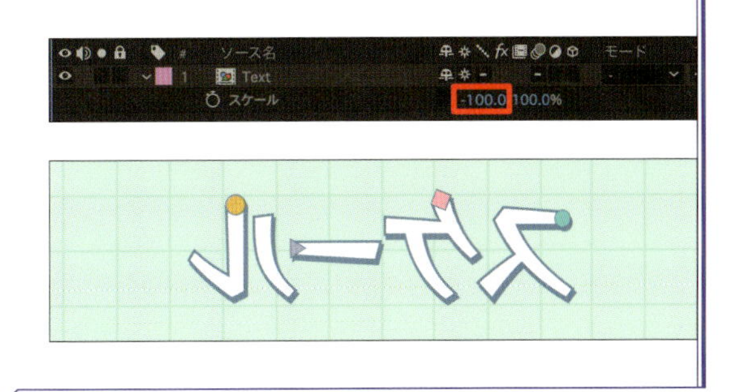

スケールを使ったバウンスアニメーションの例

キーフレームを打つ際に、スケールの数値を「0」→「110」→「95」→「100」の順番に設定すると、弾むようにテキストが表示される動きを作ることができます。

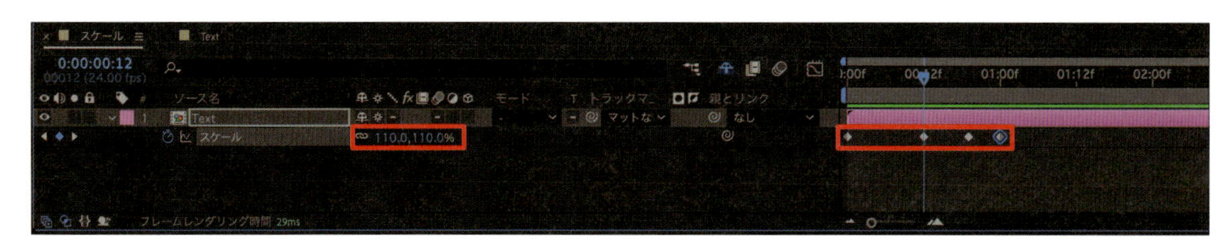

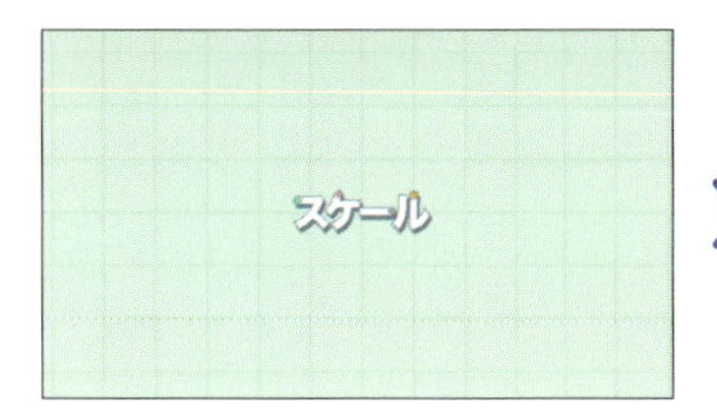

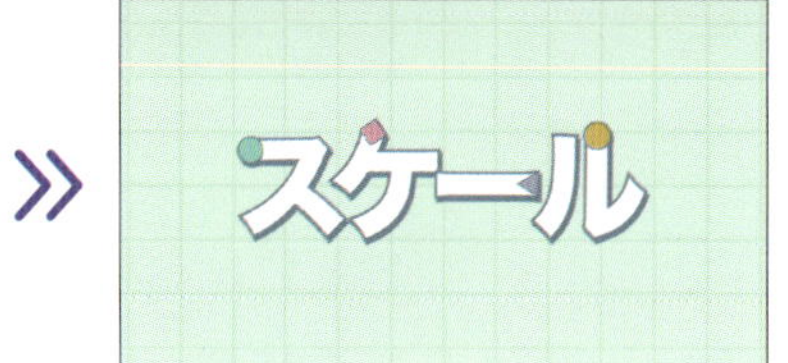

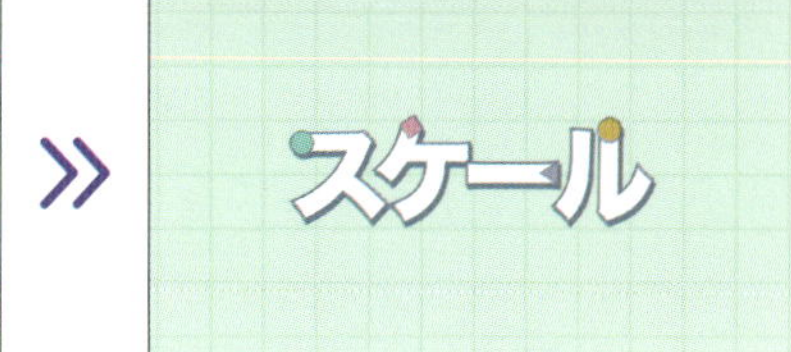

Check！
アップスケールのエフェクト

ほかにもスケールを行う方法として、エフェクトからトランスフォームを適用したり、「アップスケール」（ディテールを保持）を適用したりするやり方があります。
撮影した素材の場合はアップスケール（ディテールを保持）を使うことで、スケールを行っても画質の劣化をある程度抑えることができます。

27 回転

通常、「回転」は時計回りか反時計回りの回転のみですが、3Dレイヤースイッチをオンにすることで、3軸の回転が加わり立体的な表現を行うことができます。

回転の基本

1 プロパティを表示する

レイヤーを選択し、「トランスフォーム」を展開するかRキーを押すと、選択しているレイヤーの「回転」のプロパティを表示することができます❶。

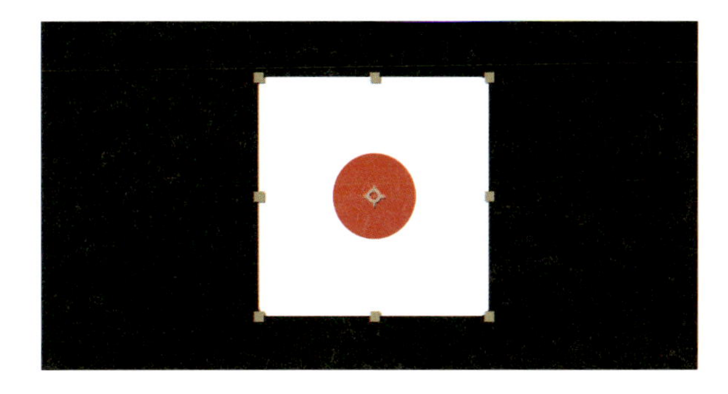

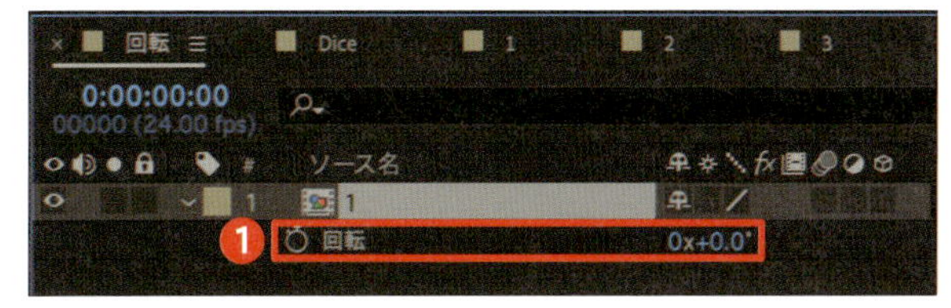

POINT

青い数値に角度を記入することで、正の数なら時計回り、負の数なら反時計回りに回転させることができます。

2Dの回転

1 回転のモーション

「回転」に「0」x「+0.0」°とキーフレームを打ち❶、1秒後に「1」x「+45.0」°と入力すると❷、平面が1回転と45度（405度）傾くアニメーションができます。

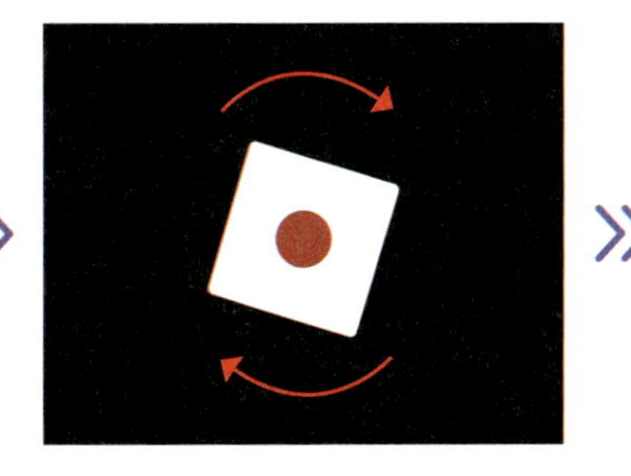

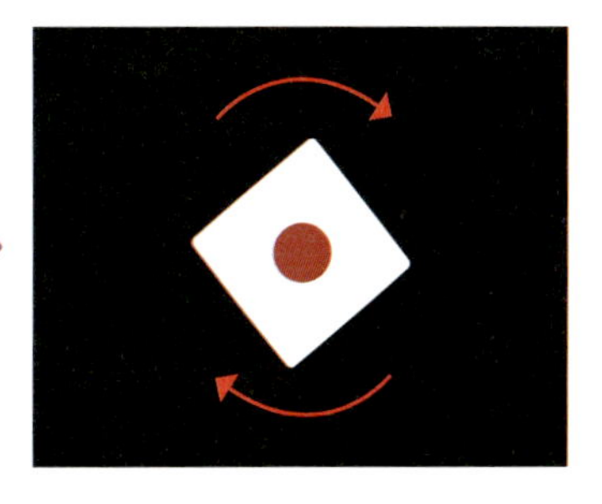

◆ 立体的な回転軸を表示する

1 3Dレイヤースイッチをオンにする

レイヤーの3Dレイヤースイッチの箇所をクリックします❶。

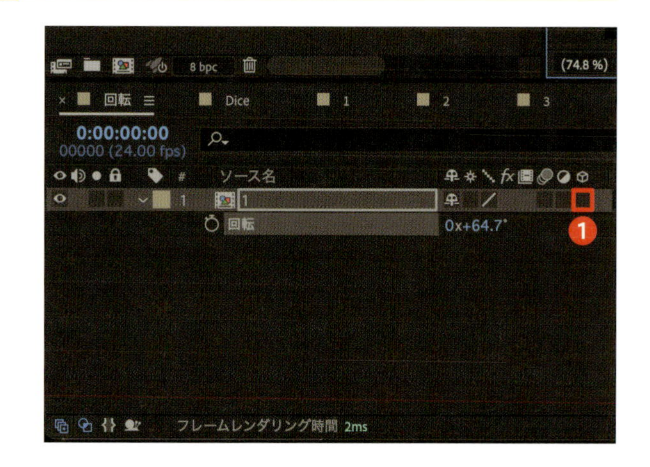

2 回転のメニューが4つになる

3Dレイヤースイッチ（）がオンになり❷、回転させるメニューとして「方向」「X回転」「Y回転」「Z回転」の4つが表示されます❸。「方向」は角度の回転のみで、1回転（360°）以上の回転や負の数値は入力できません。「X回転」「Y回転」「Z回転」は、1回以上の回転や負の数値を入力できます。

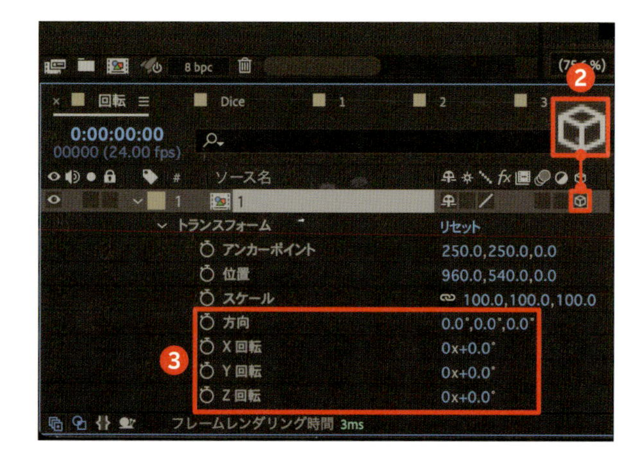

Check!

レイヤーをドラッグして回転の数値を調整する

上部メニューの設定を「方向」にしている状態で、「回転ツール」や画面上の孤の部分のレイヤーをドラッグすると、レイヤーの方向の数値が変化し、設定を「回転」にしている状態でドラッグすると回転の数値が変化します。

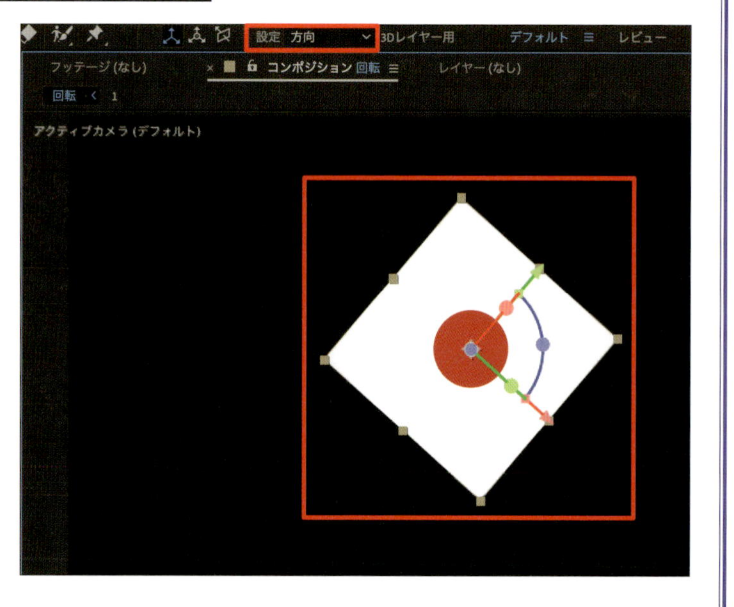

レイヤーを立体的に表示する

コンポジション内のレイヤーの3Dレイヤーをオンにしている場合、そのままコンポジションの3Dレイヤーのスイッチをオンにしただけでは立体的に表示されません。
コラップストランスフォームのスイッチ（✱）をオンにすると、立体的な情報が反映されます。

1 コラップストランスフォームのスイッチをオンにする

レイヤーのコラップストランスフォームのスイッチの箇所をクリックします❶。

2 レイヤーが立体的になる

コラップストランスフォームのスイッチがオンになり❷、立体的に表示されます❸。

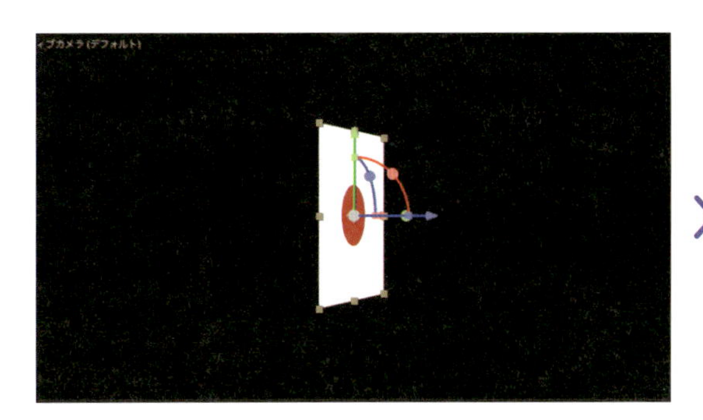

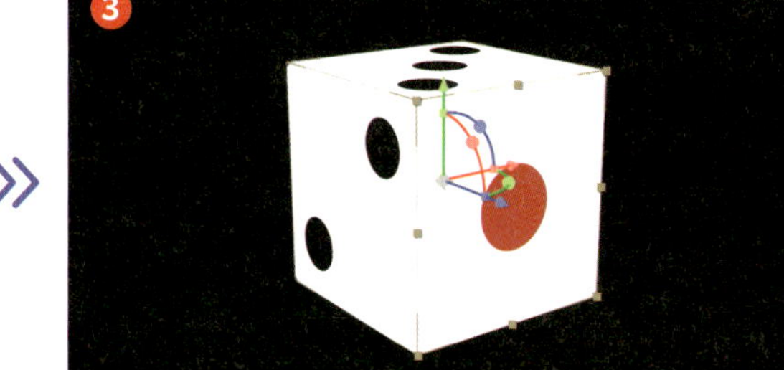

3Dの回転

1 回転のモーション

X回転を「0」x「+15.0」°にし、Y回転に「0」x「+0」°とキーフレームを打ちます。1秒後に「1」x「+45.0」°と入力すると❶、サイコロが1回転と45度（405度）傾くアニメーションができます。

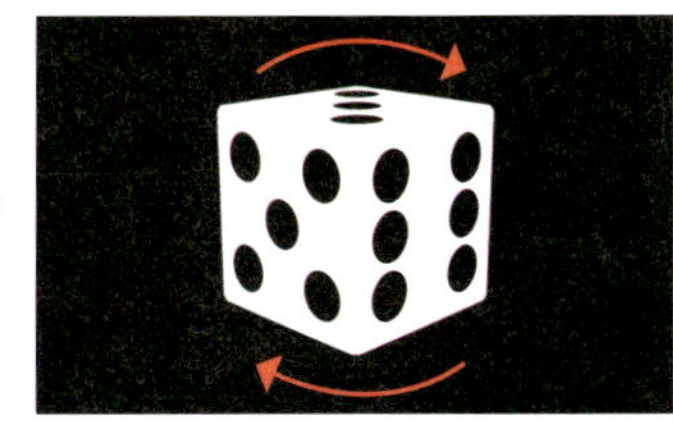

28 不透明度

レイヤーの「不透明度」を調整します。不透明度を変更することで、レイヤーやエフェクトの強弱を調整したモーションを作成することができます。

不透明度の基本

1 プロパティを表示する

ここでは、角丸長方形ツールを使って画面の中央に長方形を配置しています❶。
レイヤーを選択し、「トランスフォーム」を展開するかTキーを押すと、選択しているレイヤーの「不透明度」のプロパティを表示することができます❷。

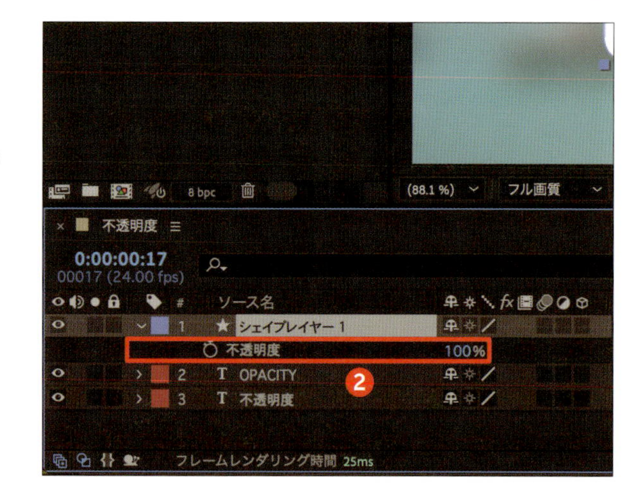

2 不透明度を調整する

「不透明度」の数値を「0」%にすると非表示になり、「100」%にするとすべて表示されている状態になります。その中間の数値に設定することで、レイヤーが半透明になります。ここでは、「30」%と入力し❸、長方形シェイプの不透明度を30%にします❹。

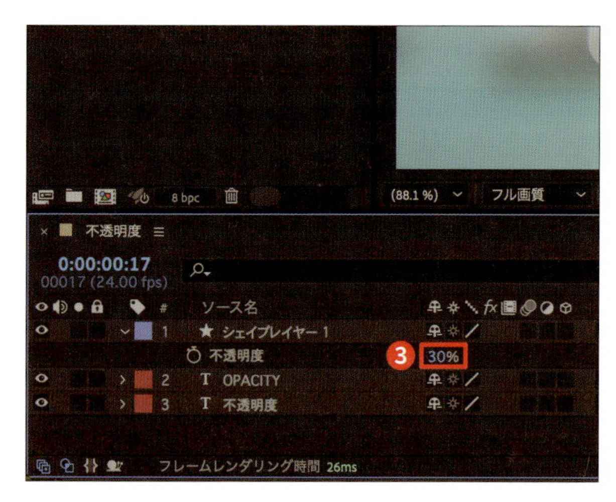

◆ シェイプの塗りだけ不透明度を下げる

レイヤー自体の不透明度を下げる場合、シェイプレイヤーの場合は線と塗りの両方の不透明度が下がります。内側の塗りだけ不透明度を下げたい場合は、プロパティの「コンテンツ」を展開して不透明度を調整します。

1 塗りだけを不透明度を下げる

プロパティの「コンテンツ」❶から「長方形 1」❷→「塗り 1」❸へと展開します。「不透明度」の数値を下げると（ここでは「30」%と入力❹）、外側の線は表示されたままで、シェイプの塗りだけ不透明度が下がります❺。

◆ 段階的に不透明度を下げる

1 「塗りオプション」を開く

同じシェイプ内で段階的に不透明度を下げる場合は、シェイプレイヤーを選択して「塗り」をクリックし❶、「塗りオプション」ダイアログを表示して、[線型グラデーション]（■）をクリックします❷。[OK] をクリックします❸。

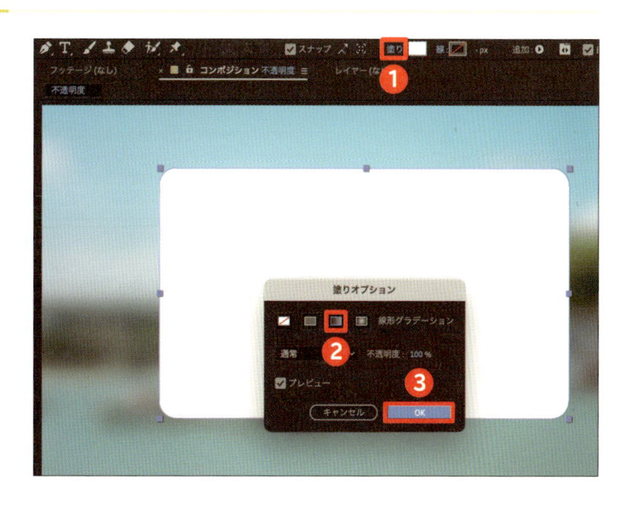

2 「グラデーションエディター」で調整する

「塗り」の右の色の部分をクリックし❹、「グラデーションエディター」ダイアログを表示します。ここからグラデーションの色などを設定できますが、グラデーションの上の箇所を選択することで❺、不透明度を調整することができます。ここで片方の不透明度の数値を下げることによって、グラデーションとして段階的に不透明度を下げることができます❻。[OK] をクリックします❼。

◆ 徐々にレイヤーを表示させる

1 不透明度を調整する

不透明度に対してキーフレームアニメーションを作ることで❶、「ディゾルブ」というトランジションを作ることができます。不透明度を「0」%→「100」%にすると❷、徐々にレイヤーが表示されるエフェクトが作れます。キーフレームについては、P.102で詳しく解説します。

◆ テキストレイヤーを点滅させる

1 ディゾルブの動きを複数配置する

左ページ下の「ディゾルブ」の動きを、2フレームずつの間隔でいくつか配置します❶。

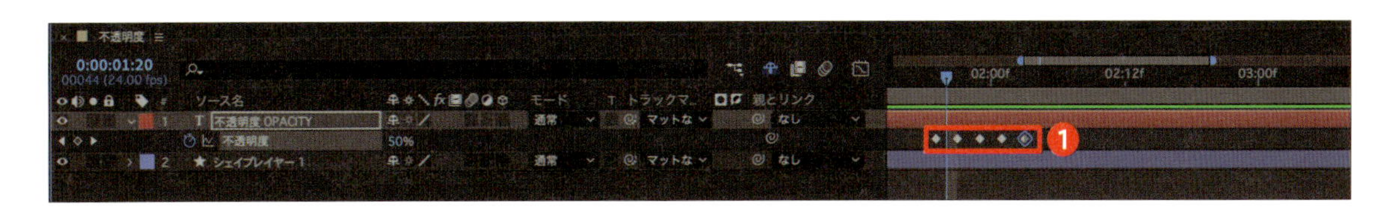

2 停止したキーフレームを切り替える

キーフレームをすべて選択し❷、右クリックして❸、[停止したキーフレームの切り替え] をクリックします❹。

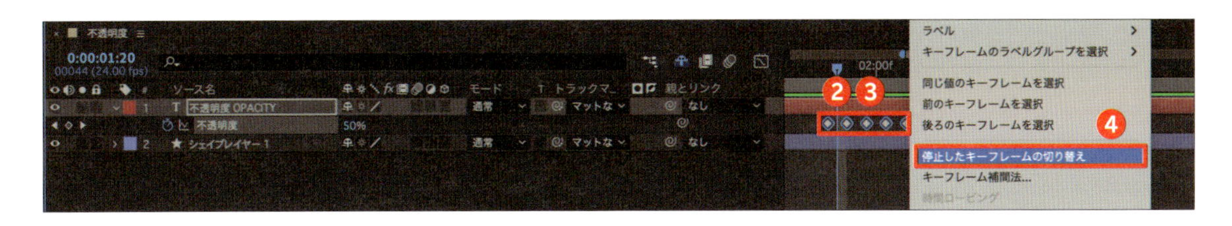

3 点滅のアニメーションになる

「0」%から「100」%に変わる間の途中では変化せず、前の「0」%のまま止まります。そして、「100」%のキーフレームに達したところで、急に表示されるようになります❺。これを繰り返すことで点滅のアニメーションを作ることができます❻。

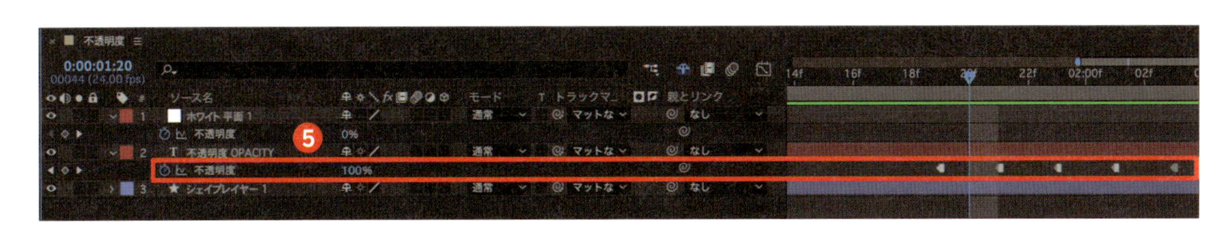

基本
レイヤー
モーション基本
アニメーター
エフェクト
モーション応用
エクスプレッション

キーフレーム

動きをつける際に重要になるのが、キーフレームを使ったアニメーションです。特にグラフエディターは、動きを制御する際に大切なものとなります。

◆キーフレームアニメーションの基本

キーフレームは、アニメーションの「ここで変化させたい」というポイントを設定するものです。そのポイントで設定した数値や形（たとえば、不透明度や位置）が保存され、その次のキーフレームまでの間の変化はソフトが自動で計算してくれます。たとえば、1つ目のキーフレームで不透明度を「0」%に、2つ目で「100」%に設定すると、その間は自動で「0」%から「100」%まで徐々に変わるようになります。

1 2秒後にキーフレームを打つ

画面にボールを配置します。「位置」をX軸「560.0」Y軸「540.0」でキーフレームを打ち❶、2秒後の地点にX軸「1360.0」Y軸「540.0」でキーフレームを打つと❷、ボールは2秒間で「560.0」→「1360.0」と右方向へと動きます❸。

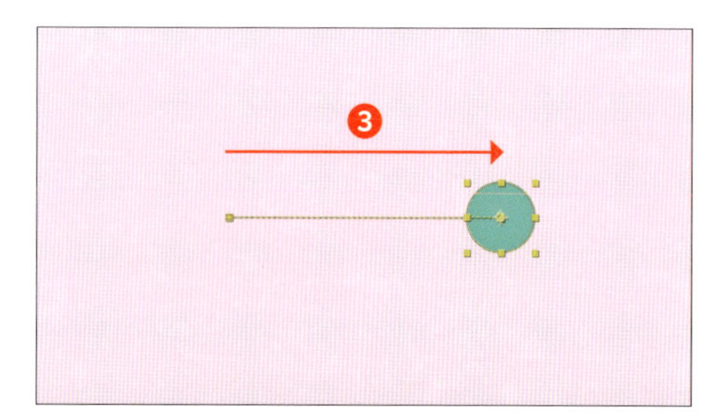

2 さらに3秒後にキーフレームを打つ

今度は3秒後の地点のところにX軸「560.0」Y軸「540.0」のキーフレームを打つと❹、1秒間で「1360.0」→「560.0」と数値が動くため、2倍の速度で左方向へ動き、元の位置に戻ります❺。

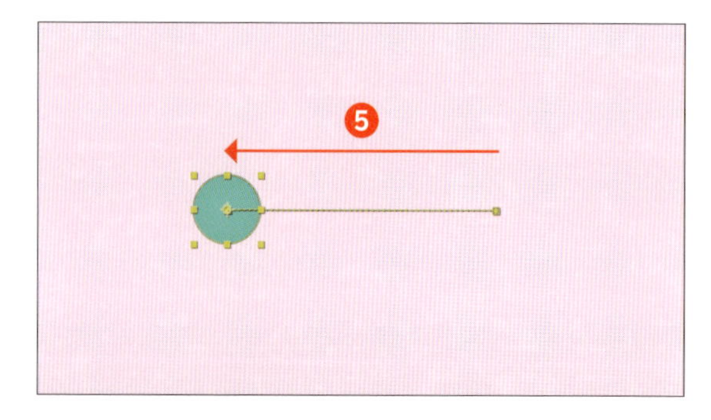

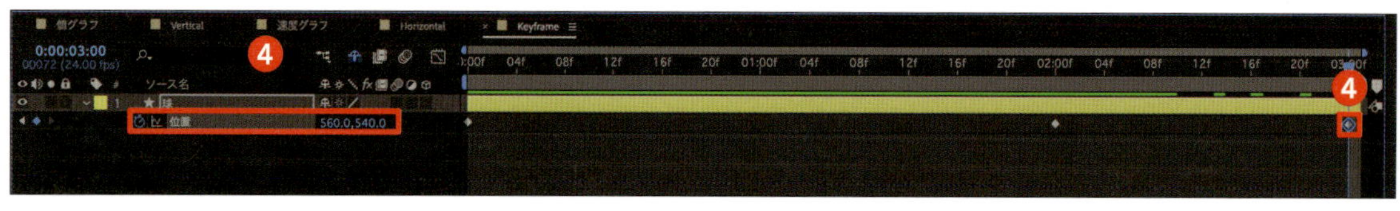

Check!
「時間ロービング」で動きを滑らかにする

左ページ手順**2**の操作を行うと、急に速度が上がる不自然な動きとなります。中央（2秒）のキーフレームを選択し、右クリックして「時間ロービング」をクリックすることで、自動的にキーフレームを滑らかな動きに調整してくれます。なお、この場合は中央のキーフレームを1.5秒の地点に配置すると、一定の動きになります。

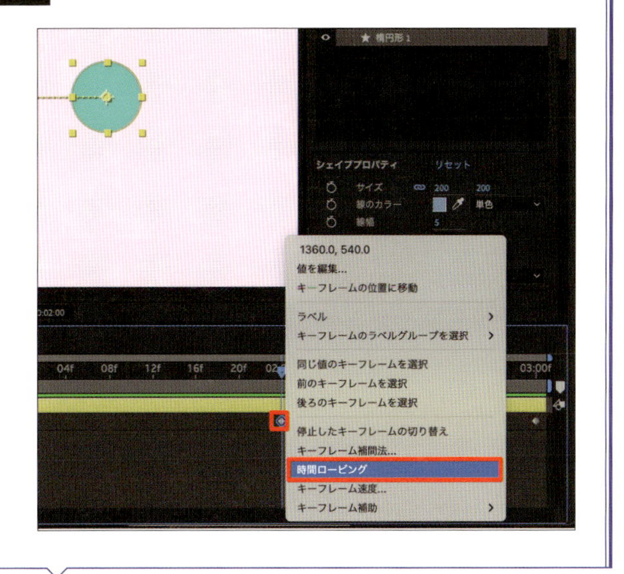

キーフレーム補間法

「キーフレーム補間法」とは、2つのキーフレーム間の速度を一定にしたり、緩急をつけたりと、どのように変化させるかを決定する方法です。2つのキーフレームを選択した状態で右クリックし、「キーフレーム補助」にマウスポインターを乗せることで❶、キーフレームの間をどのように補間するかを選ぶことができます。

また、キーフレームを右クリックし、[キーフレーム補間法]をクリックすると❷、「時間」と「空間」の両方で補間方法を選ぶことができます❸。詳しくは、P.110のグラフエディターの解説を参照して下さい。

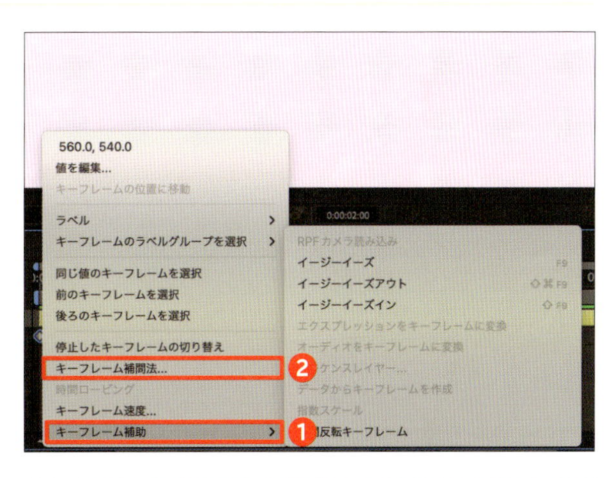

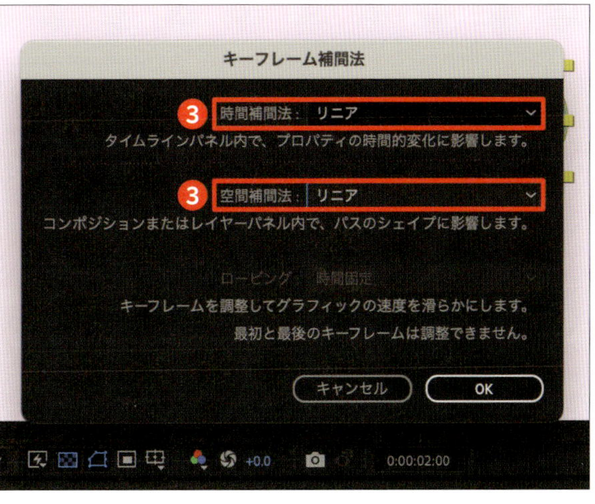

POINT

「時間補間法」は、速度など時間に対する動きの補間方法を選択できます。一方「空間補間法」は画面内に表示されたモーションパスに対して動きを滑らかにするなどの補間方法を選択できます。たとえば空間補間法を「ベジェ」に変更すると、カクカクした動きが滑らかになります。

◆キーフレーム速度

動きを作る際には、キーフレームに「入る速度」とキーフレームから「出る速度」を意識するとよいでしょう。

1 キーフレームを打つ

P.102のX軸「560.0」Y軸「540.0」から2秒後にX軸「1360.0」Y軸「540.0」、さらにその1秒後にX軸が「1360.0」→「560.0」に動く例の場合、中央のキーフレーム（2秒）を右クリックし❶、[キーフレーム速度]をクリックします❷。

2 キーフレーム速度を確認する

「キーフレーム速度」ダイアログが表示されます。「入る速度」にはそのキーフレームに到達するまでの速度「400」pixel/秒❸、「出る速度」ではそのキーフレームを過ぎたあとの速度「800」pixel/秒が表示されます❹。

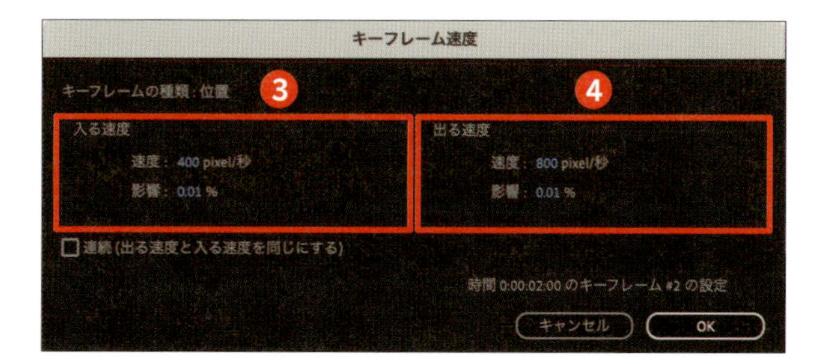

POINT

「Pixel/秒」とは、1秒間にどのくらい移動するかをピクセル数で表す数値です。

Check!
「影響」とは

「入る速度」と「出る速度」にある「影響」は、グラフのハンドルの長さを表す値となり、%が高いほどハンドルが長くなります。下の図の「影響」は黄色いハンドルの長さであり、この場合はすべて同じ長さ＝同じ影響　（33%程度）となっています。ここで「入る速度」と「出る速度」のpixel/秒を同じ値にすると、速度変化の違和感がなくなりスムーズな動きになります。キーフレーム上にカーソルを合わせることで「速度」と「影響」の数値を確認することができます。

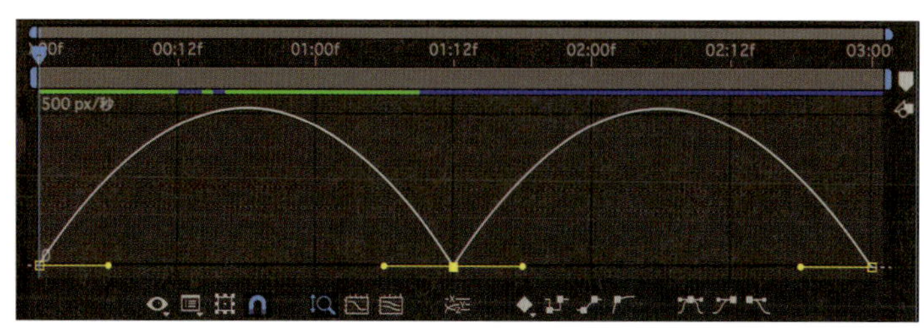

図はイージーイーズのグラフ

◆ グラフエディター

「タイムライン」パネルの［グラフエディター］(アイコン) をクリックすることで、動きをグラフで見ることができます。グラフエディターには、「速度グラフ」と「値グラフ」があります。速度グラフでは時間に応じて速度がどのように変化するかを表しており、「速度グラフ」は時間に応じて速度がどのように変化するかを表しています。ここでは具体的に代表的なグラフを5つ紹介します（左：速度グラフ、右：値グラフ）。特典動画を参照して下さい。

なお、ここではシェイプが点A（左端）から点B（中央）、そして再び点A（右端）に戻る動きをグラフにしています。また、わかりやすくするために、値グラフの動きは反転運動を入れた動き「0」%→「100」%→「0」%にしています（キーフレームを打った箇所はP.104のCheck!と同じです）。

●リニア

キーフレームを打つと、最初はリニアで補間されます。リニアは等速直線運動で、速度グラフは常に同じ速度なので横一線に表示され、値グラフは時間に比例して値が増減するので比例グラフの形になります。

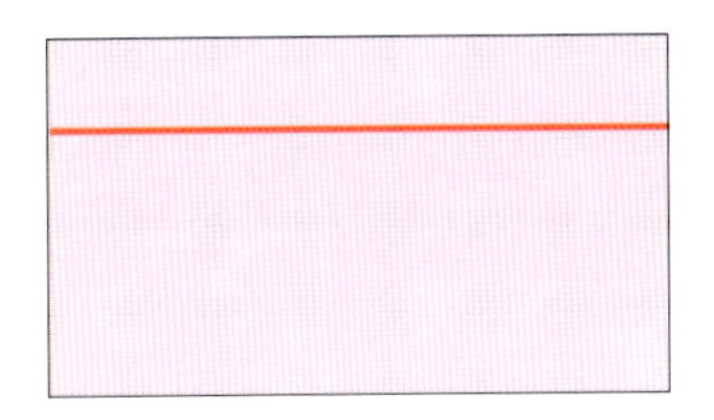
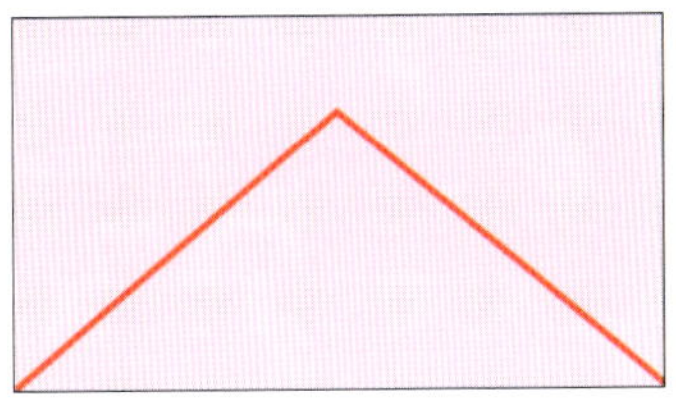

●イージーイーズ

徐々に加速してやがて減速する動きです。そのため速度グラフでは中央がもっとも速度が速く、値グラフでは中央の勾配が急になっています。

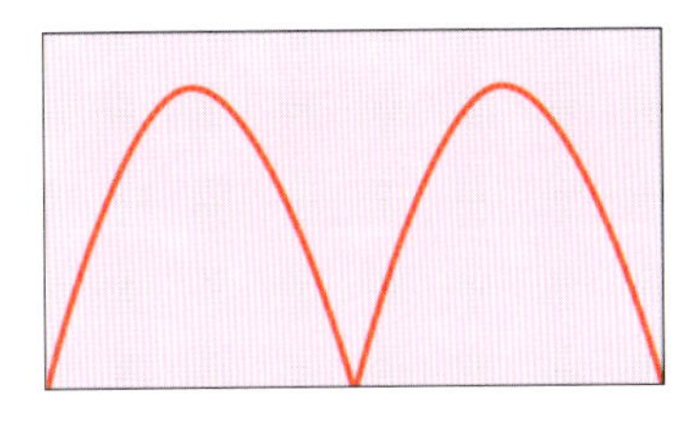
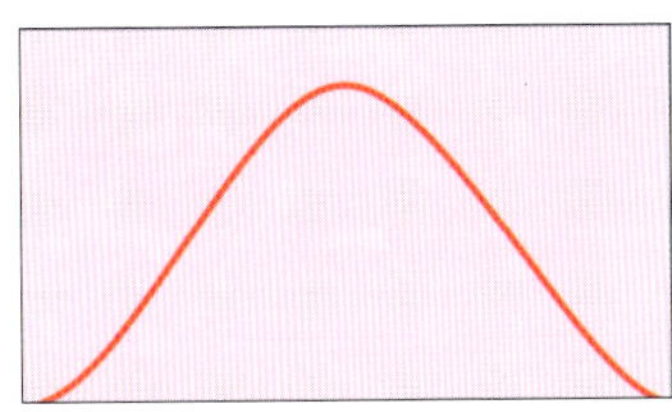

●イージーイーズイン

だんだんと速度が遅くなる動きです。そのため速度グラフでは前半で速度が速くなり後半で減速し、値グラフでは前半は勾配が急で後半は徐々に勾配が緩やかになります。

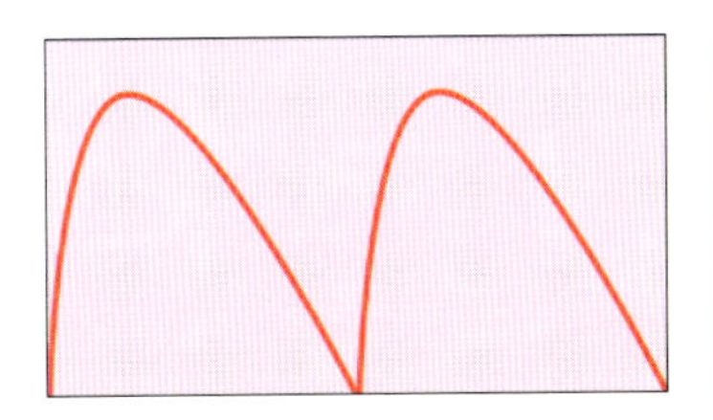
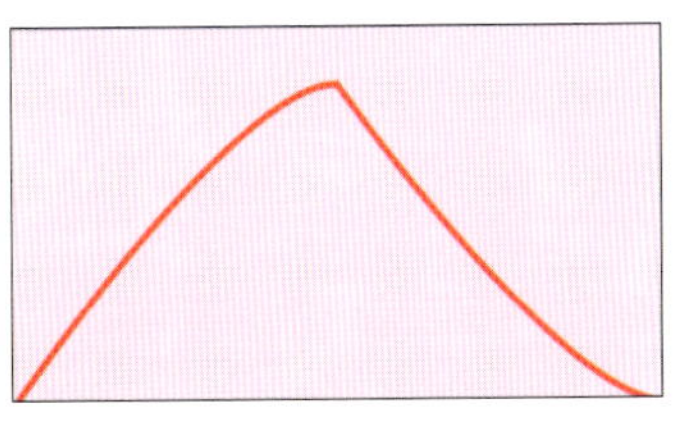

●イージーイーズアウト

だんだんと速度が速くなる動きです。そのため速度グラフでは前半で速度が遅くなり後半で加速し、値グラフでは前半は勾配が緩やかで後半は徐々に勾配が急になります。

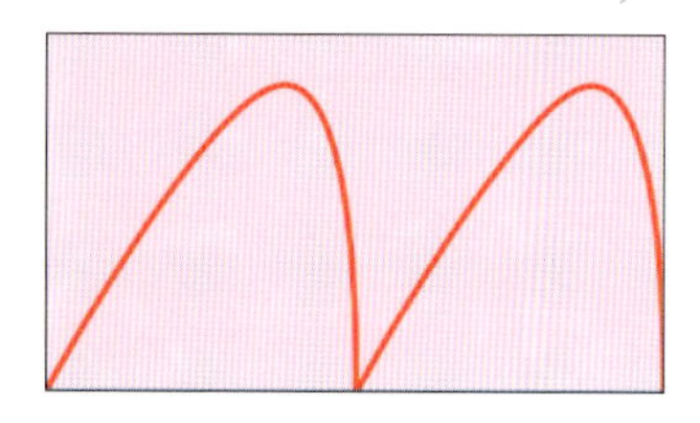
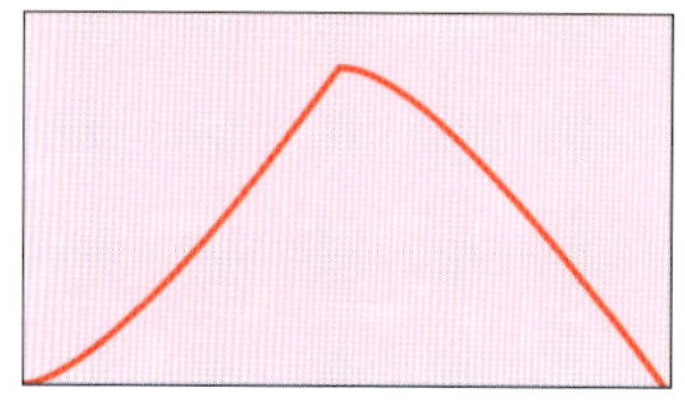

●停止したキーフレーム

次のキーフレームに到達するまで補間は行われず、前のキーフレームの数値が表示され続けます。速度グラフでは常に速度は「0」になり、値グラフでは次のキーフレームに到達した際にその値に切り替わります。

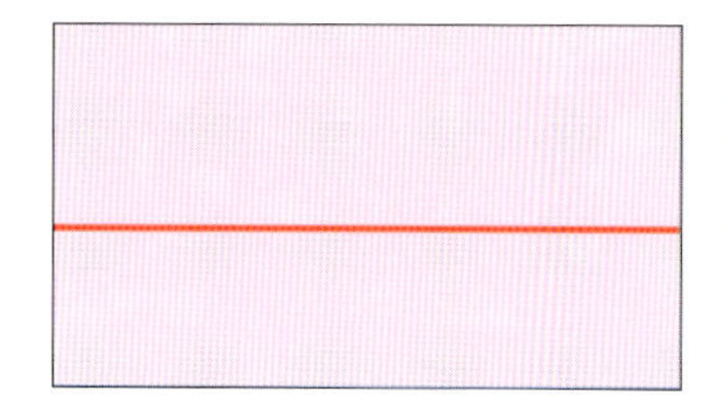
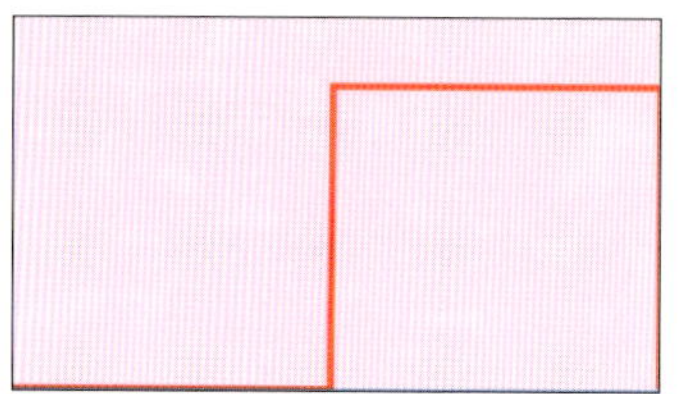

◆よく使われるキーフレームの動きの例

以下のように、日常の物理的な動きがどのようなグラフになるかを想像しながら作ると、理解が深まりやすくなります。

●バウンス

ボールを落とす動きを想像すると、速度も値も徐々に大きくなり地面に衝突した瞬間が速度も値も最大の数値になります。空中に投げ出されたボールは減速する動きになります。

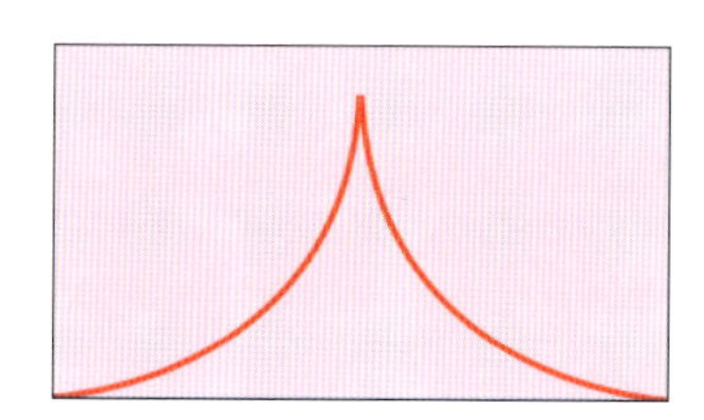

●ボールをヒットする

サッカーボールを蹴る際には、蹴った瞬間がもっとも速度が速く、値も急激に増加するグラフになります。しかし蹴ったボールはやがて減速し、値の増加量も徐々に減っていくグラフになります。

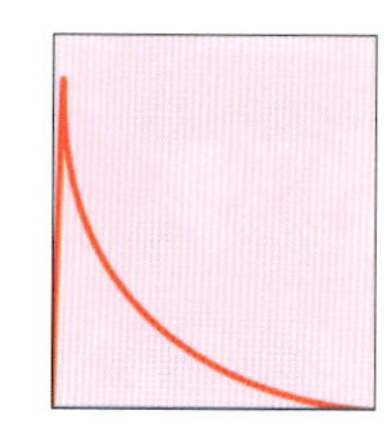
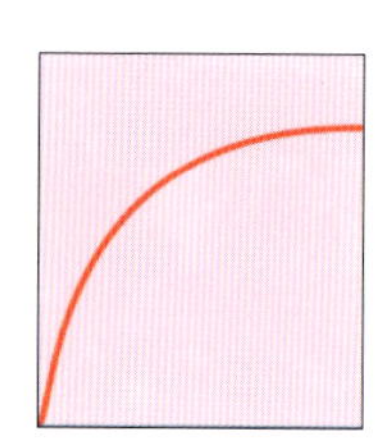

◆ 滑らかな動きにするには？

キーフレームの動きがカクカクしていると感じたらグラフをチェックし、不自然なカクつきや急なグラフの角度の変化がないかを確認しながら、自然な動きに調整しましょう。

1 カクカクした動きの箇所がある

0:12～1:12秒あたりでは回転する動きですが、速度グラフを見ると速度が「0」になる場所があるため、カクカクする動きになっています。

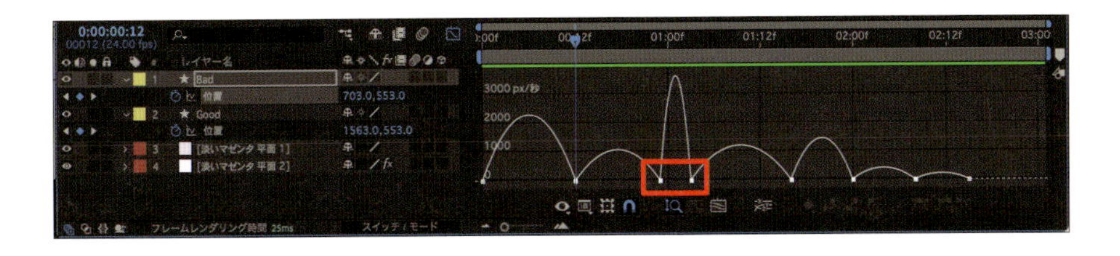

2 キーフレームを調整する

速度が「0」になった箇所のキーフレームのグラフを持ち上げることで、回転する動きをスムーズにすることができます。動きをイメージしながら調整しましょう。

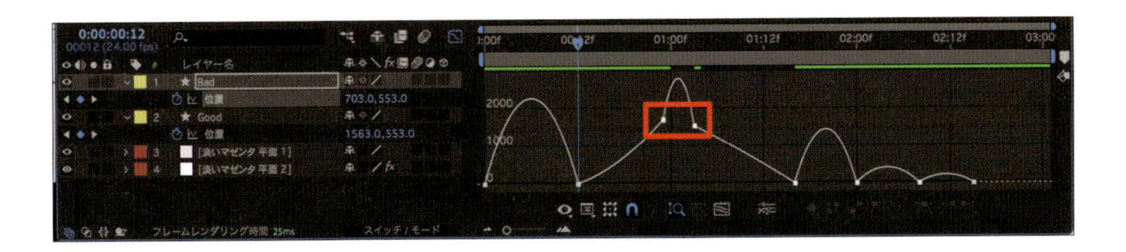

3 カクつく箇所を調整する

途中でグラフが切断されたかのように、表示されていると急に速度が変化してカクついて見えることがあります。正確な数値を入力する際には Command （control）＋ Shift ＋ K キーを押して「キーフレーム速度」ダイアログを開き、直接数値を入力するとよいでしょう。

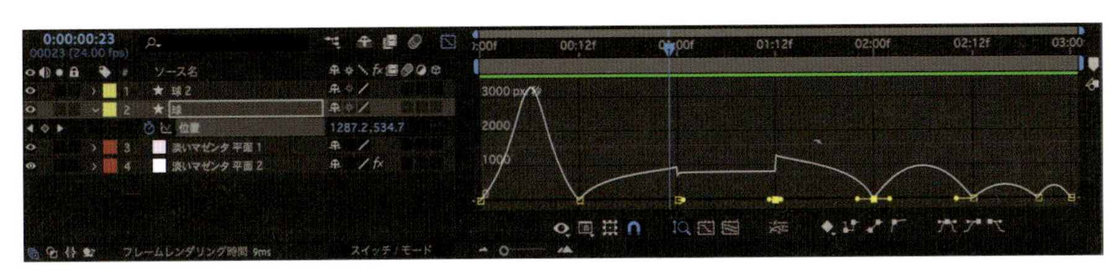

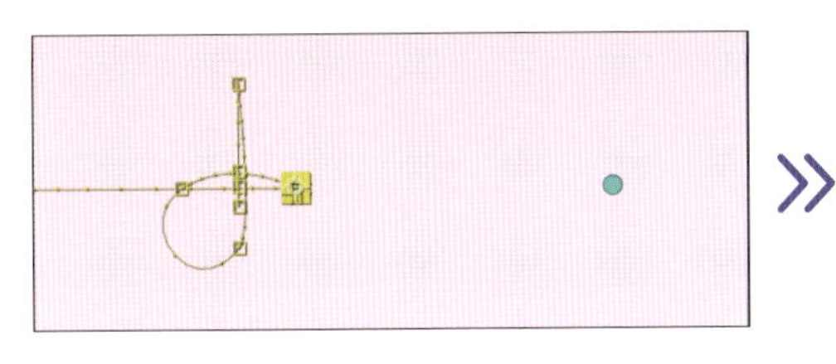

»

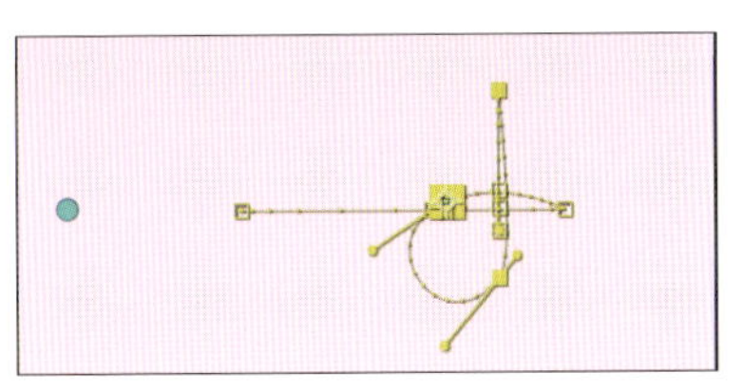

POINT

キーフレーム補間法の「連続ベジェ」は、中間のキーフレームの「入る速度」と「出る速度」が常に同じ値になります。この性質を活用するのもよいでしょう。

30 イージング

After Effectsでのアニメーションにおいて、動きの滑らかさを高めるためには、「イージング」が重要な役割を果たします。

◆イージングとは

「イージング」とは、オブジェクトの動きをより自然で滑らかに見せるために、速度の変化を調整する手法です。オブジェクトがただ一定の速度で動くのではなく、イージングを適用し、動き始めや止まる瞬間に自然な加速・減速を加えることで、よりリアルで視覚的に心地よいアニメーションを作り出すことが可能です。

◆イージングを適用する

1 ポイントごとにボールを配置する

あらかじめ準備した線に沿って円のシェイプを動かします。円の「位置」にキーフレームを打ちます❶。ここでは、線の中間となる点を予想しながら位置をその都度動かしていきます。キーフレームの間隔が狭いほど速度が速くなるため、ここでは最初のキーフレームから10フレーム後に線の頂点に円を動かし、再び10フレーム後に線のカーブの箇所に円を動かします。最後に、1秒後に線の終わりへ円を動かします。

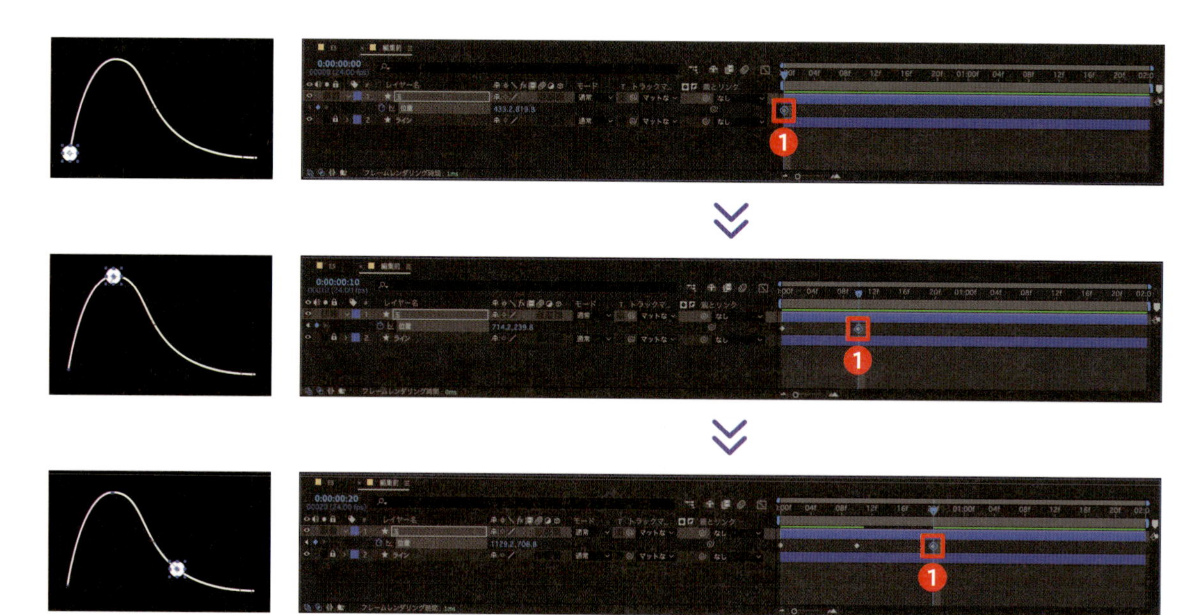

2 円を曲線的な動きにする

「位置」のキーフレームの設定が「リニア」の場合、円が直線的な動きになります。そこで［ペンツール］(✒)を選択し❷、パスのポイントをクリックすると❸、ハンドルを動かすことができるようになります。ここでは、ハンドルを動かしてシェイプのパスが白い線の上に重なるように調整します。Ⓥキーの［選択ツール］(▶)で❹、パス自体を動かすこともできます。

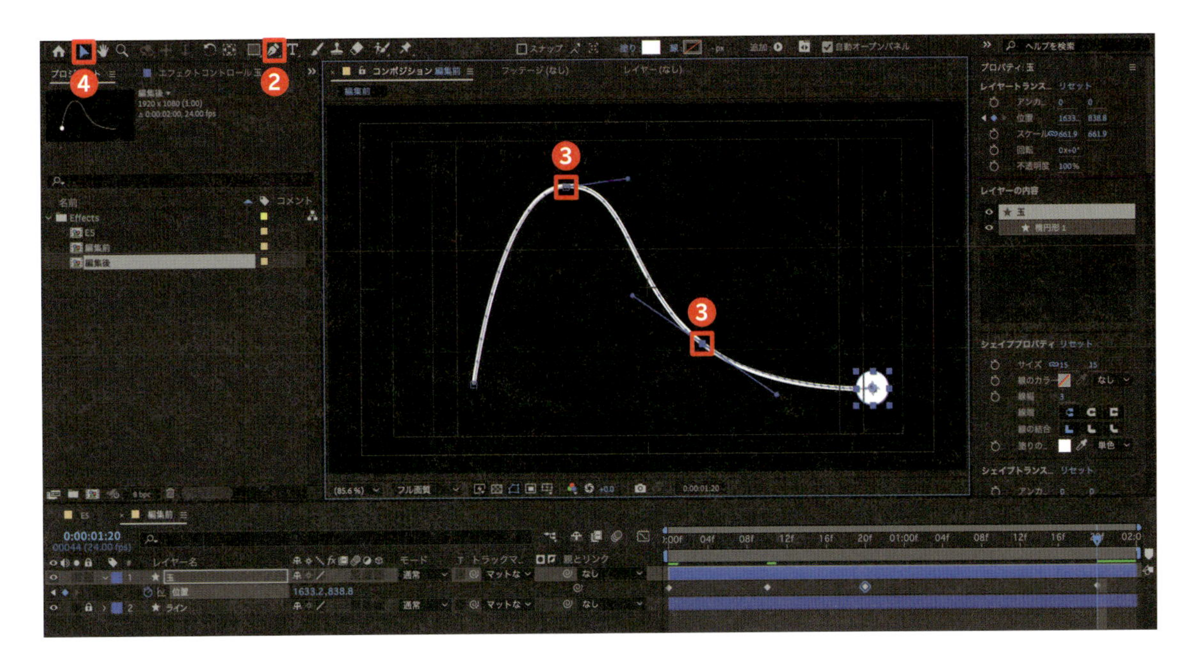

3 キーフレームにイージーイーズを適用する

キーフレームをすべて選択し❺、F9 キーを押すことで、すべてのキーフレームがイージーイーズの滑らかな動きになります。

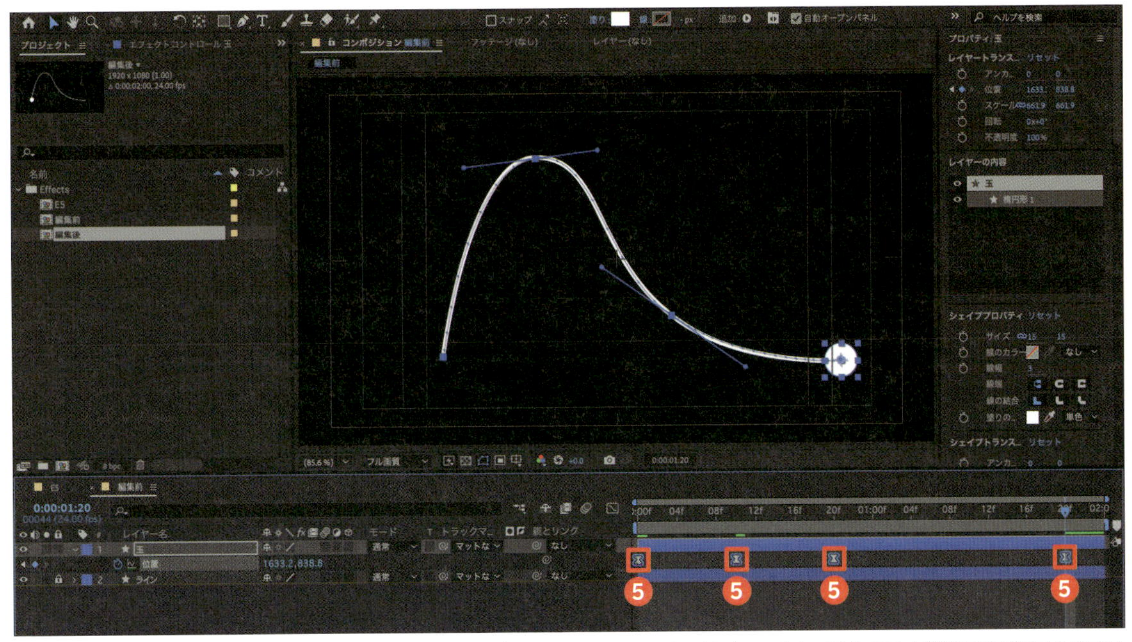

※ F9 キーなどファンクションキーについて：Mac の場合、ファンクションキーはデフォルトではシステム機能に割り当てられているため、Fn キーを押しながらファンクションキーを使用します。Windows の一部のキーボードでも同様です

4 グラフエディターを開く

［グラフエディター］（）をクリックし❻、「グラフエディター」（速度グラフ）を開きます❼。

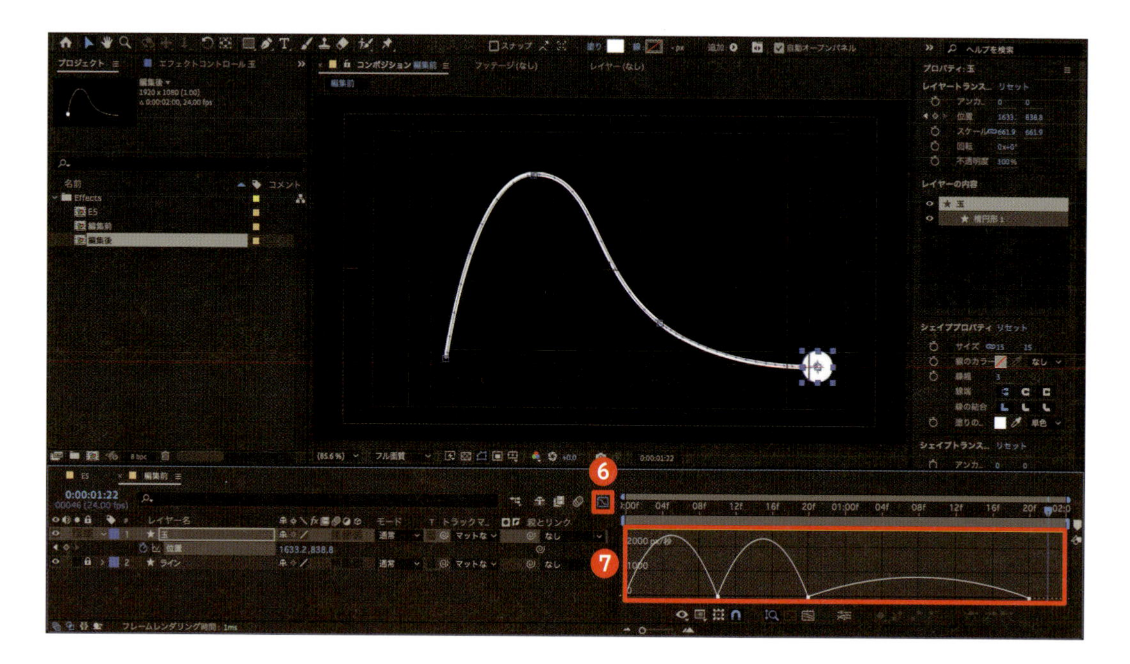

5 グラフを調整する

キーフレーム間では速度が滑らかですが、全体としてはまだ滑らかではありません。そのため、グラフを調整していきます。グラフの中のキーフレームやハンドルをドラッグすると❽、グラフの形を変えることができます。全体的にグラフの形が滑らかになるように設定することで、動きもまた滑らかに見えるようになります。

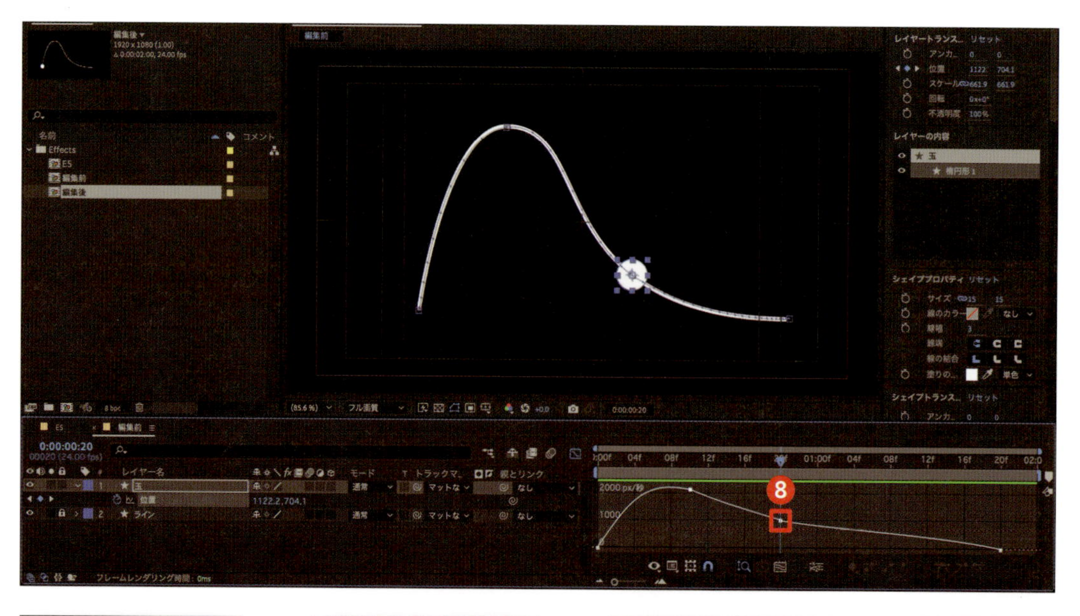

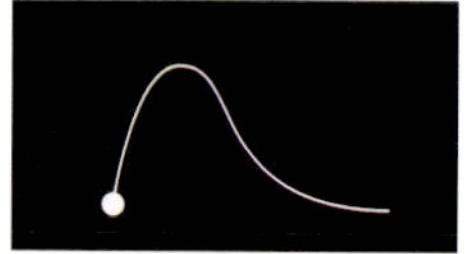

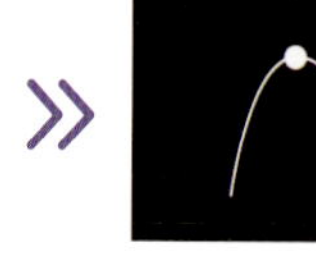

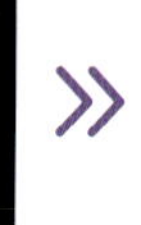

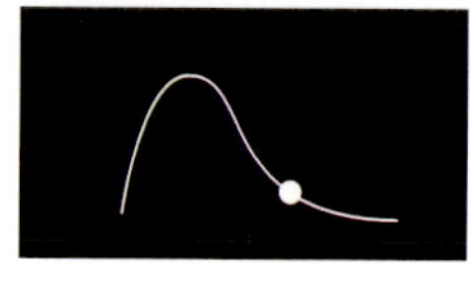

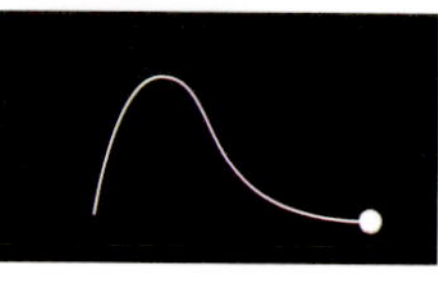

Chapter 4

アニメーターの活用

Chapter 3では「トランスフォーム」機能による基本的なモーションの作成方法を解説しました。本章では、より自由に動きをカスタマイズできる「アニメーター」機能を使ってみましょう。アニメーターは、テキストの1つ1つに細かな動きを加えることができる機能です。また、「アニメーター」と同様の機能として「追加」があります。「アニメーター」は文字に対する操作、「追加」は図形に対しての操作が行えます。まずは基本的な機能を紹介し、そのあとに具体的なモーションの作り方を解説します。

- テキストの「アニメーター」：テキストレイヤーを作成した際に、テキストに対して専用のアニメーションを適用する機能です。たとえば、文字ごとに移動や回転、サイズの変更を行うことができ、テキストアニメーションを効率的に作成できます。

- シェイプの「追加」：シェイプレイヤーを作成した際に、シェイプの設定や色や塗り、パスの設定などの図形を描く際に使用する機能です。シェイプレイヤーは、図形のパスや塗り、線のアニメーションを作成する際に使用されます。

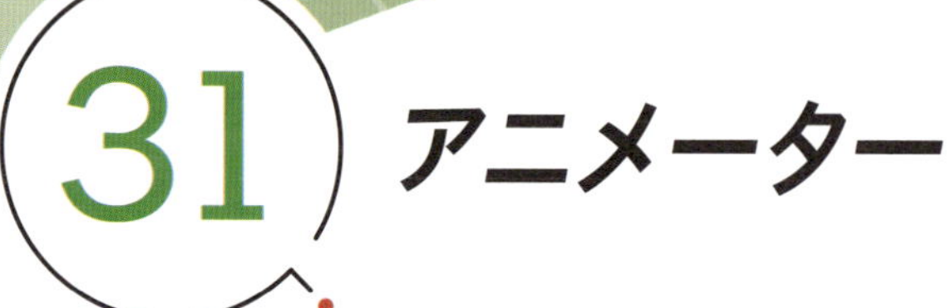

31 アニメーター

「アニメーター」を使用することで、P.82で解説したトランスフォームによる動きにはない、細かい表現を作ることができます。

◆アニメーションプリセットを適用する

アニメーター機能により、オブジェクトや文字に効果的な動きを追加することができます。アニメーションプリセットを利用すると、素早く動きを追加することができます。ここではまず、テキストレイヤーを用意しましょう。

1 アニメーションプリセットのみ表示する

Command（control）+5キーを押して、「エフェクト＆プリセット」パネルを表示します。パネルを右クリックし❶、[アニメーションプリセットを表示] のみチェックを入れている状態にすると❷、アニメーションプリセットの項目だけがパネルに表示されるようになります。

2 プリセットが表示される

「Presets」フォルダには、After Effectsにあらかじめ準備されているプリセットが表示されます❸。

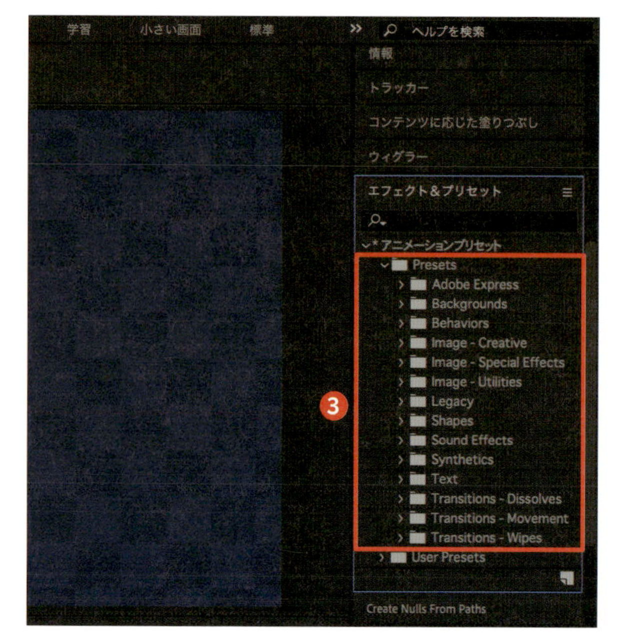

POINT

「User Presets」フォルダには、自作したりダウンロードしたりしたプリセットを追加することができます（P.116参照）。

3 アニメーションプリセットを追加する

テキストレイヤーをクリックして選択し❹、アニメーションプリセット（ここでは「Animate In」フォルダにある［文字ごとにスライドアップ］）をドラッグ＆ドロップすると❺、テキストレイヤーに適用されます。

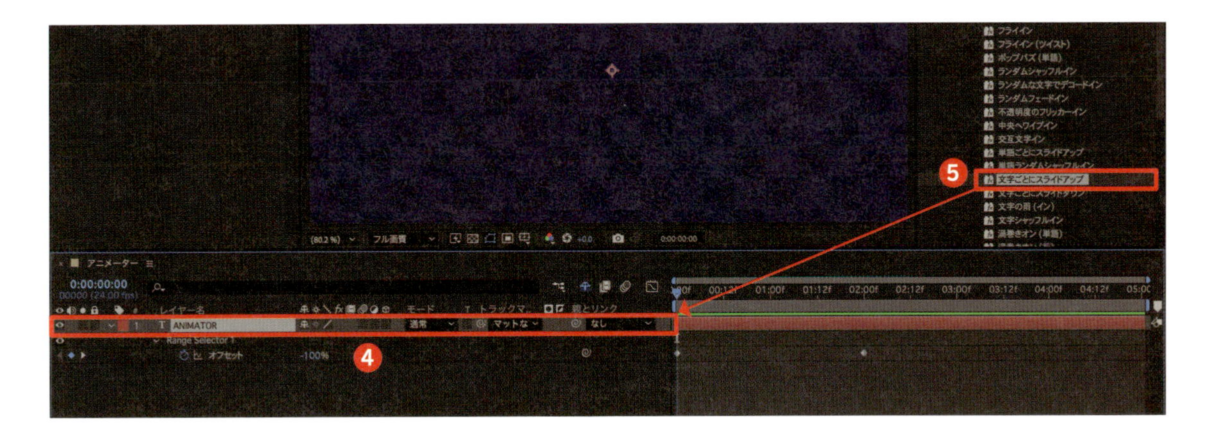

4 キーフレームが追加される

アニメーションプリセットを適用すると、レイヤーに対してキーフレームアニメーションが追加されます❻。

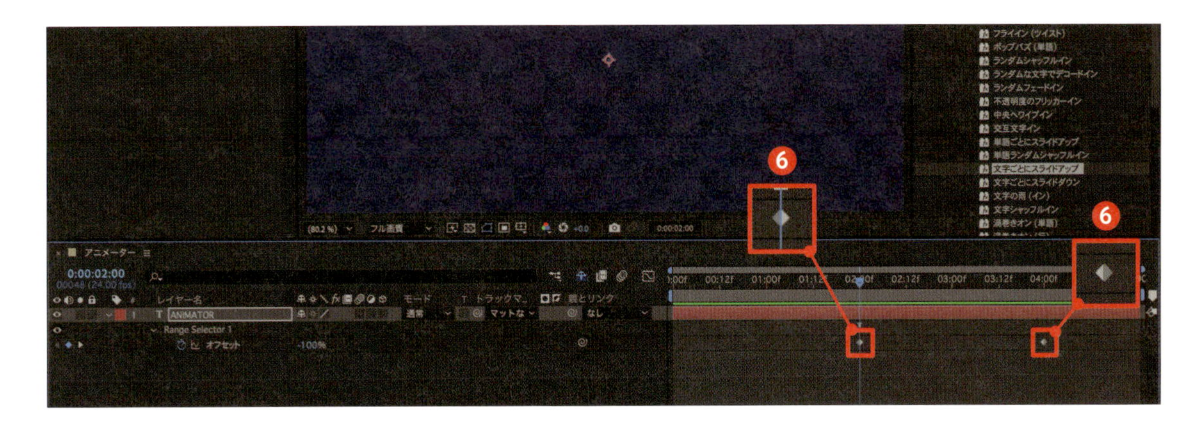

5 キーフレームを調整する

この際に注意することは、現在のインジゲータがある地点からアニメーションが始まるように適用されるということです。通常のキーフレームと同じように間隔を変更したり、F9キーを押してイージーイーズを適用したりすることもできます。

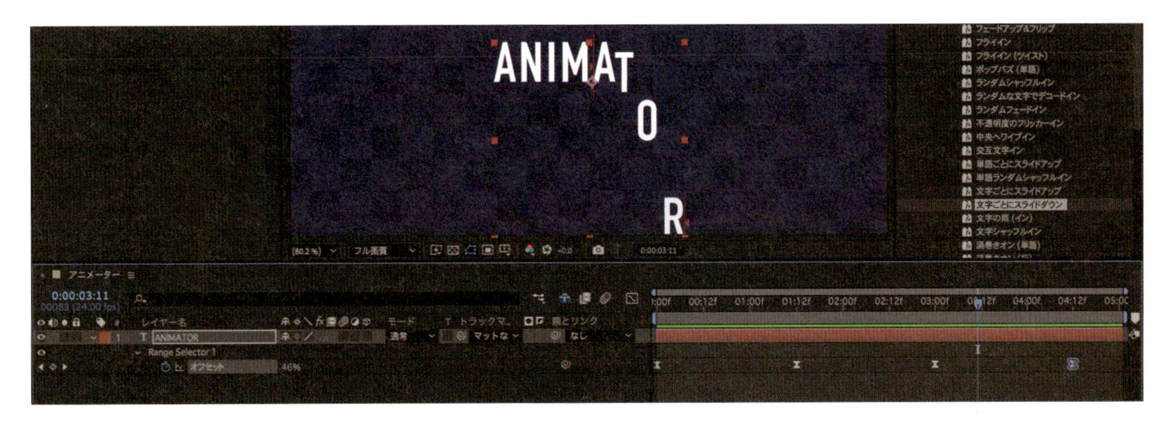

◆アニメーターを作成する

プリセットを使わずに、アニメーターを1から作成することもできます。テキストレイヤーの場合、テキストの横にあるアニメーターのメニューを展開すると、ここから様々なアニメーターを追加できます。ここでは例として、「位置」を追加し、文字が上から1字ずつ降りてくるアニメーションを作成します。

1 アニメーターのメニューを開く

テキストレイヤーの▶をクリックして展開し❶、「アニメーター：」の右にある▶をクリックします❷。

2 ［位置］を選択する

アニメーターのメニューが表示されます。ここでは［位置］をクリックします❸。

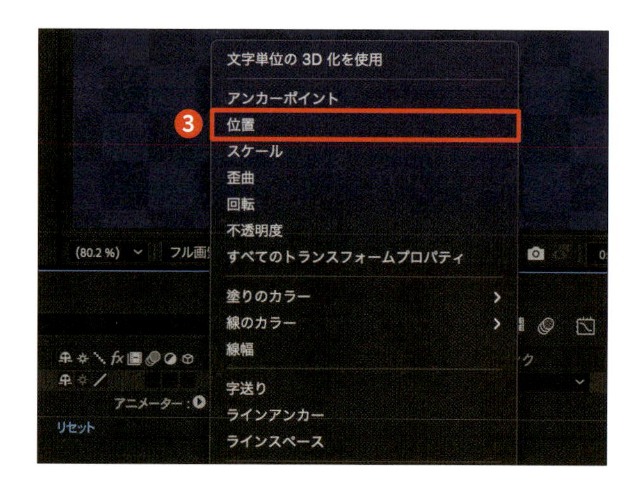

POINT

テキストレイヤーの場合はアニメーターを追加することになりますが、シェイプレイヤーにアニメーションを作る場合は、コンテンツの「追加」からアニメーターと似た機能を追加することができます。

3 「位置」が追加される

テキストレイヤーに「アニメーター1」が追加され、その中の「範囲セレクター1」内に「位置」が追加されます❹。この「位置」はトランスフォームと同じように、X軸とY軸を動かすことができます。

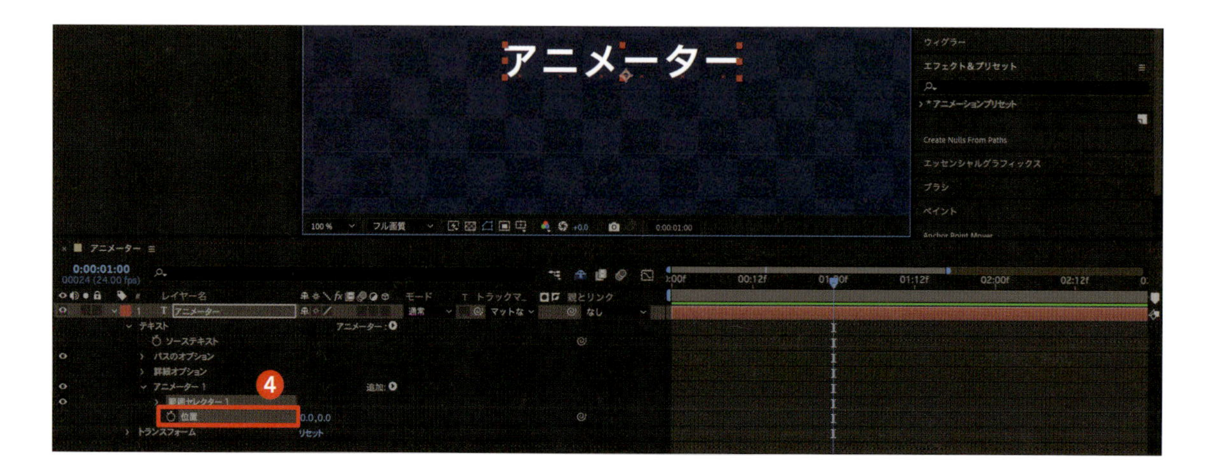

4 テキストを画面上部に出す

ここでは「位置」のY軸に「-600.0」と入力し❺、テキストを画面上部に出します❻。

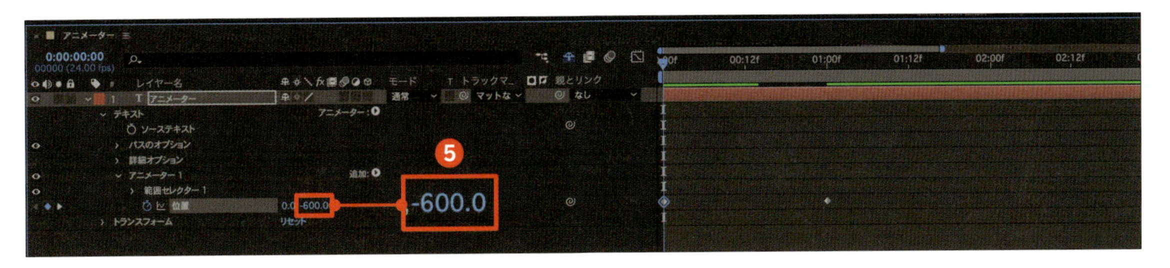

5 1文字ずつ降りるよう設定する

テキストレイヤー内にある「範囲セレクター1」の〉をクリックして展開すると❼、テキストアニメーションを行う範囲の指定ができます。「オフセット」を「0」%から「100」%になるようにキーフレームを設定すると❽、テキストが上から1文字ずつ降りてくるようなアニメーションが作成できます。

POINT

ほかにも開始や終了で範囲を指定したり、高度のところからは文字ごとや行ごと、アニメーションの滑らかさなどを調整したりすることができます。

Check!
キーフレームに動きを追加する

手順5のキーフレームに対しても「イージーイーズ」を追加したり、さらに複数のアニメーターを追加したりすることもできるので、組み合わせながらオリジナルの動きを作ってみましょう。

アニメーションをプリセットとして保存する

作成したアニメーターは、プリセットとして保存できます。保存したプリセットは、通常のエフェクトやプリセットと同じように適用できます。

◆アニメーションプリセットを保存する

テキストにアニメーターを追加し、キーフレームアニメーションを作成したら、この動きを保存しましょう。

1 保存したい項目を選択する

テキストレイヤーの〉をクリックして展開し❶、保存したい項目（ここでは動きのみを保存していきたいので、［アニメーター1］と［アニメーター2］）をクリックして選択します❷。

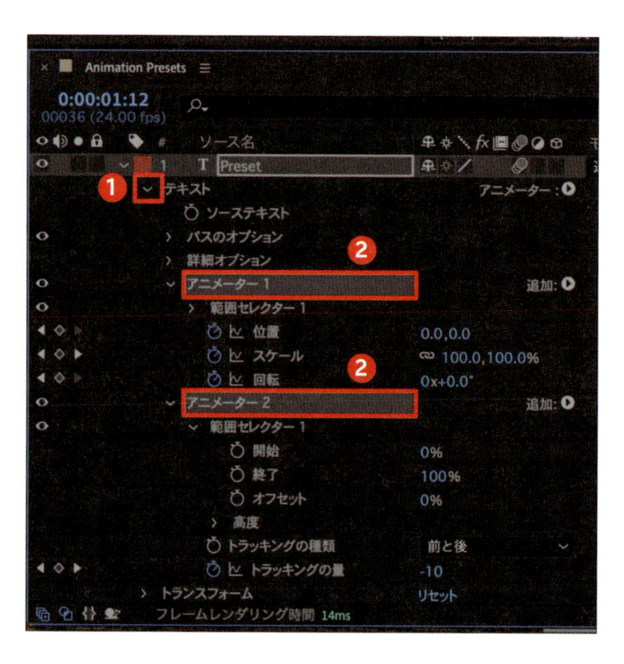

POINT

［詳細オプション］やテキスト自体を選択すると、テキストのサイズやフォントまで保存されるようになります。この場合は、あらかじめ準備したテキストのフォントや大きさなども適用した際に上書きされて変わってしまうため、注意が必要です。

2 名前をつけて保存する

メニューバーの［アニメーション］をクリックし❸、［アニメーションプリセットを保存］をクリックします。「アニメーションプリセットに名前を付けて保存」ダイアログが表示されるので、ファイル名を入力し❹、保存先を設定して❺、［保存］をクリックします❻。

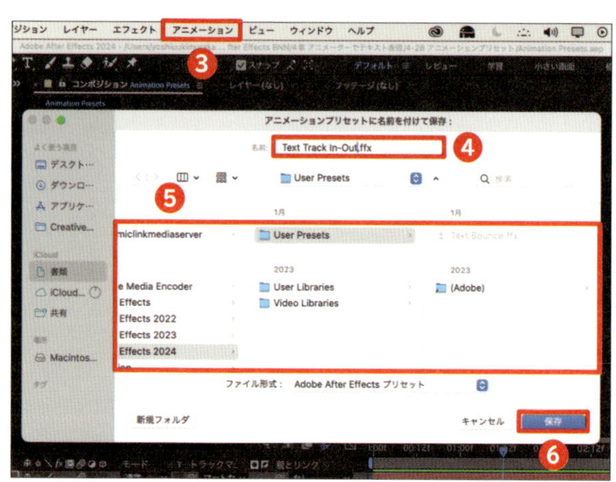

POINT

保存したい項目を選択し、「エフェクト＆プリセット」パネルの右下の［新規アニメーションプリセットを作成］（□）をクリックすることでも、アニメーションプリセットの保存ができます。

◆シェイプレイヤーのアニメーションを保存する

テキストレイヤーだけでなく、シェイプレイヤーからも保存することができます。

1 保存したい項目を選択する

シェイプレイヤー内の［コンテンツ］をクリックして選択します❶。

2 保存するメニューを選択する

メニューバーの［アニメーション］をクリックし❷、［アニメーションプリセットを保存］をクリックします❸。

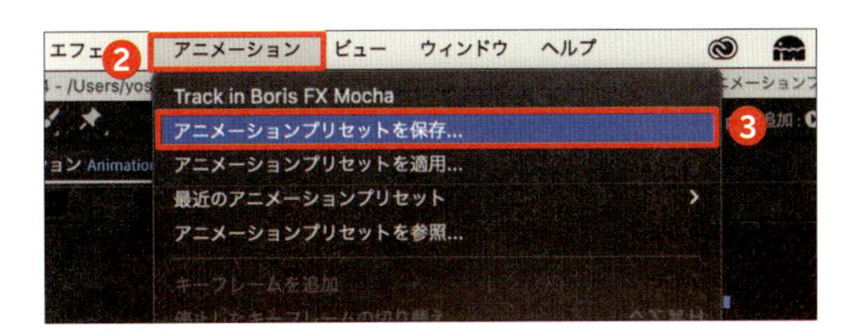

3 アニメーションプリセットを保存する

「アニメーションプリセットに名前を付けて保存」ダイアログが表示されるので、ファイル名を入力し❹、保存先を設定して❺、［保存］をクリックします❻。

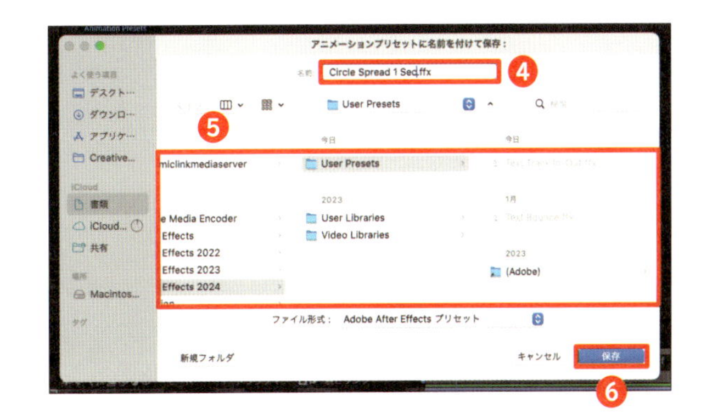

POINT

作成したプリセットは「エフェクト＆プリセット」パネルに表示されますが、何も選択していない状態でダブルクリックを行うと、新たにアニメーションが追加された状態でシェイプレイヤーが作成されます。

◆ファイルの保存先を管理する

プリセットの保存先は、Macの場合は［書類］→［Adobe］→［After Effects］→［User Presets］（Windowsの場合は［ドキュメント］）の中になります。「User Presets」の中にさらにフォルダを分け、プリセットを保存するとわかりやすく管理できます。
保存したプリセットは、「エフェクト＆プリセット」パネルから通常のプリセットと同じように適用できます。

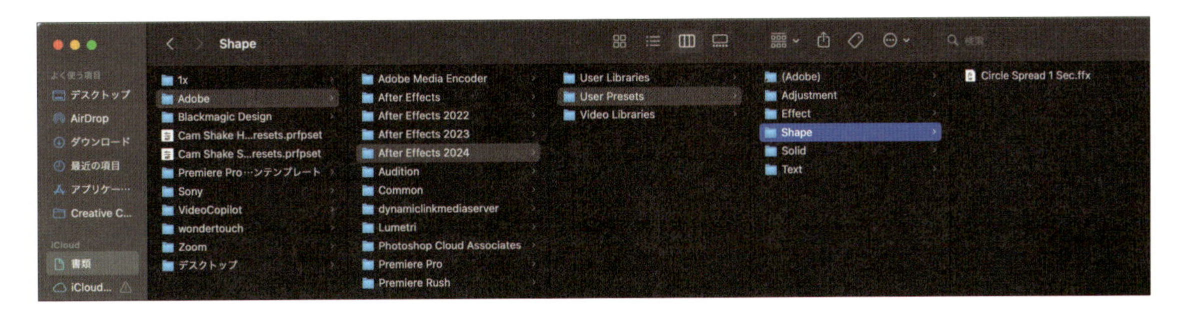

33 パスのトリミング

パスのトリミングは、シェイプやパスの描画を始まりから終わりまで直感的にコントロールでき、複雑なアニメーションやシンプルなラインアートにも活用できます。

◆ 線描画のアニメーション

1 [パスのトリミング]を選択する

前準備としてペンツールを使って線を描き、シェイプレイヤーを作成します❶。「追加：」の右にある▶→[パスのトリミング]の順にクリックします❷。

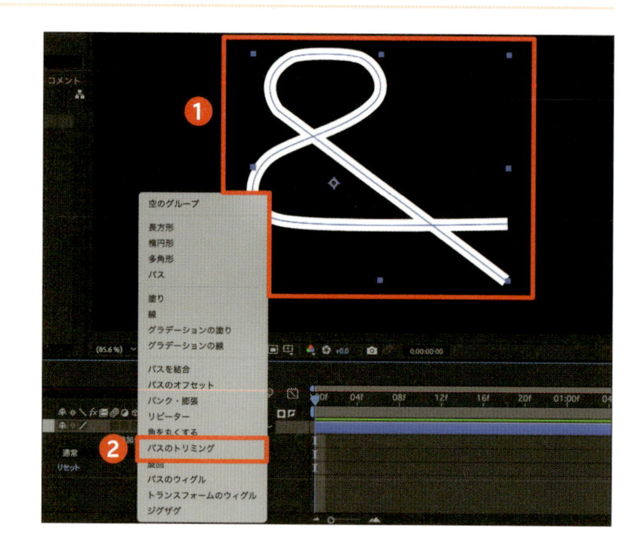

2 終了点の数値を下げる

「パスのトリミング」を追加すると、デフォルトでは「開始点」が「0.0」%、「終了点」が「100.0」%、「オフセット」が「0」x「+0.0」°と設定されています。「終了点」の数値を「開始点」と同じ「0.0」%にすることで❸、線がパスに沿って開始点までさかのぼって非表示になります。アニメーションを始めたいところで、「終了点」にキーフレームを打ちます❹。

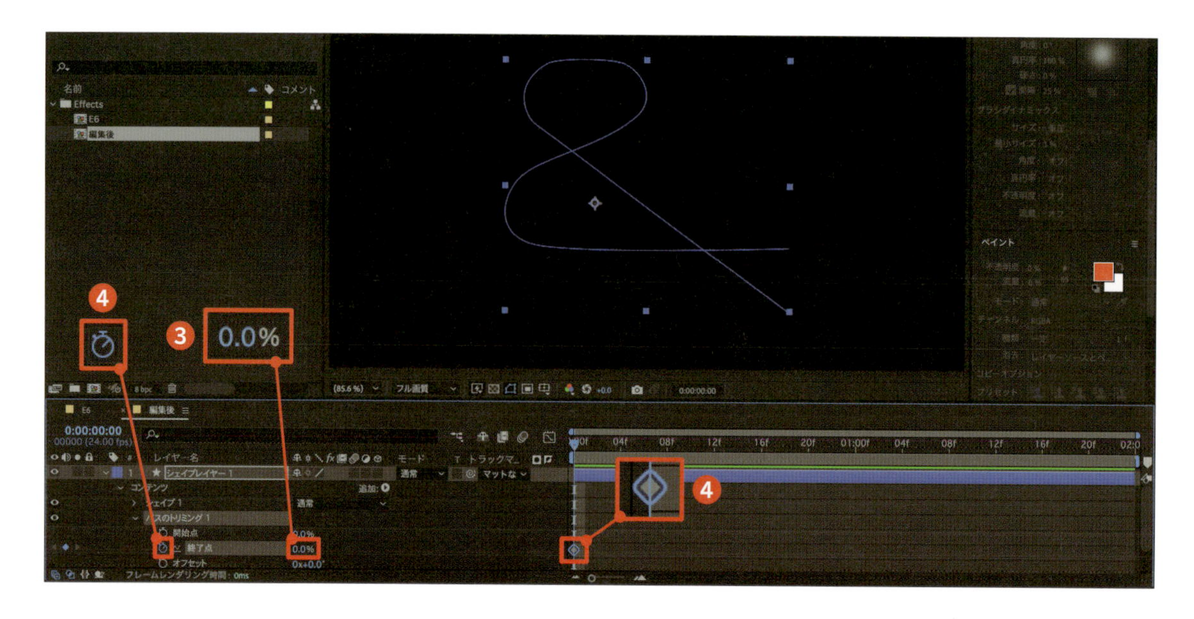

3 線を描画するアニメーション

時間を進めて「終了点」の数値を「100.0」%にすることで❺、元の線が出現する線描画のアニメーションを作ることができます。

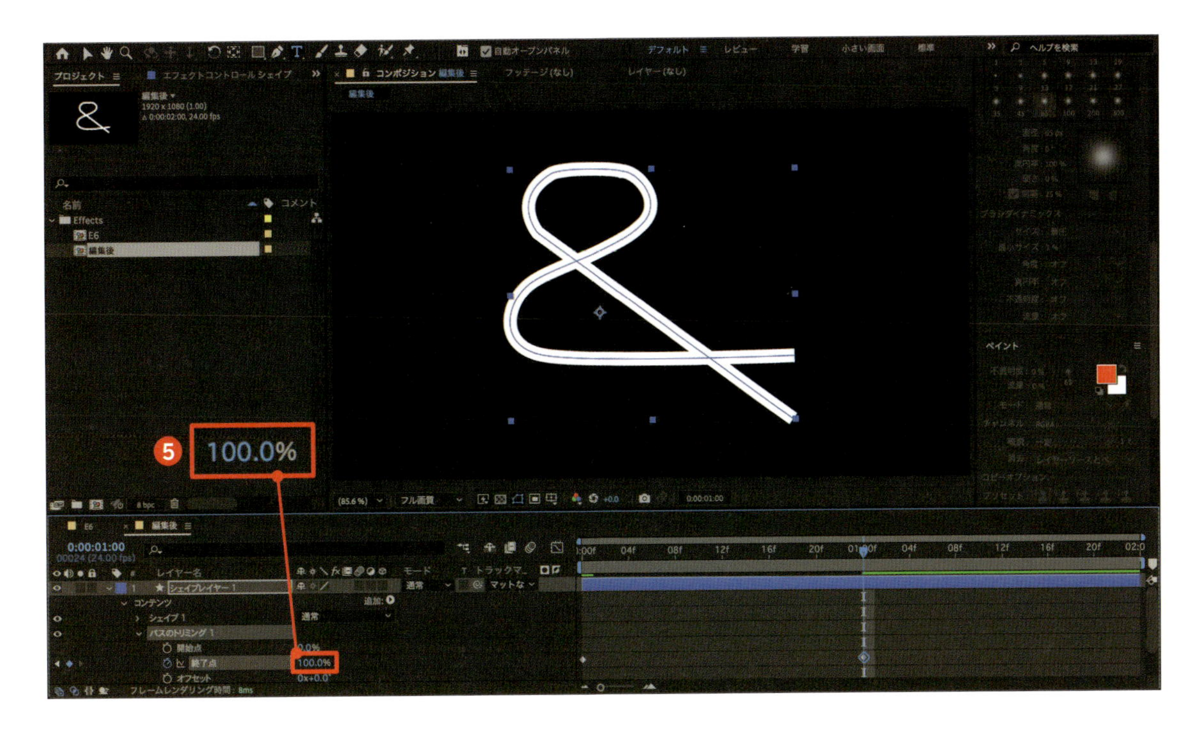

POINT

「開始点」の数値を「100.0」%に上げることで、さらに線が消える動きも作ることができます。

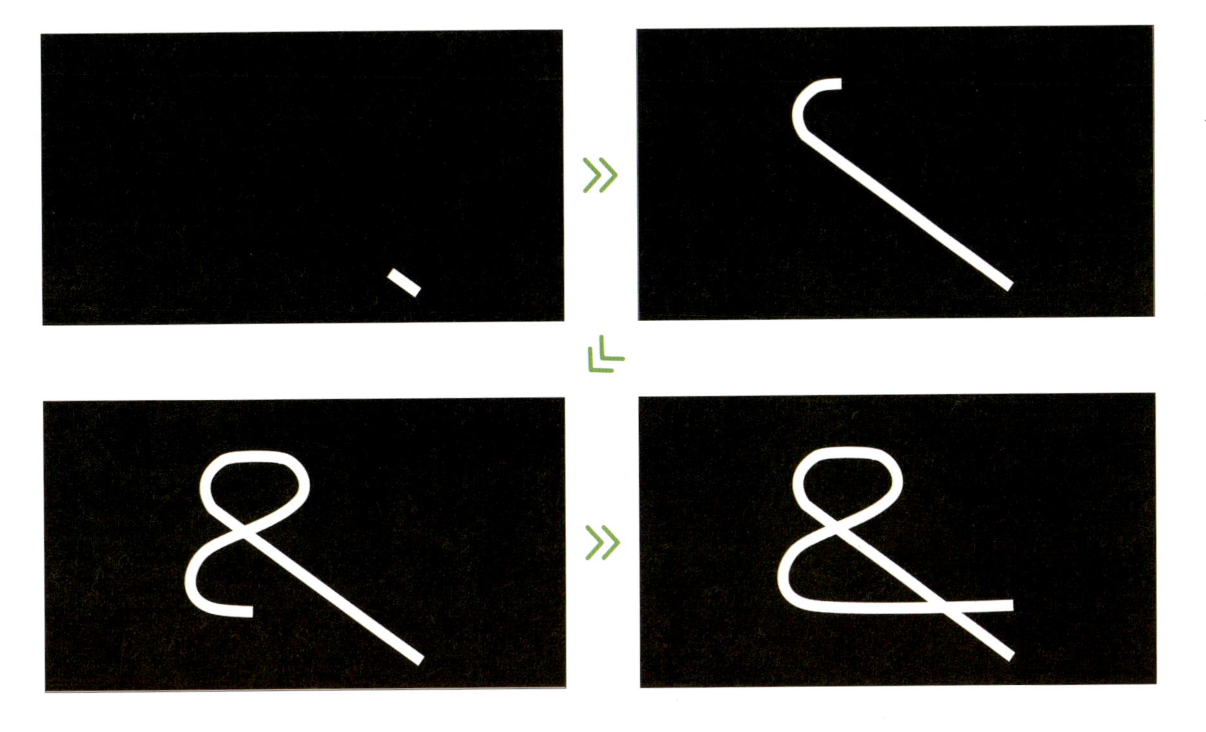

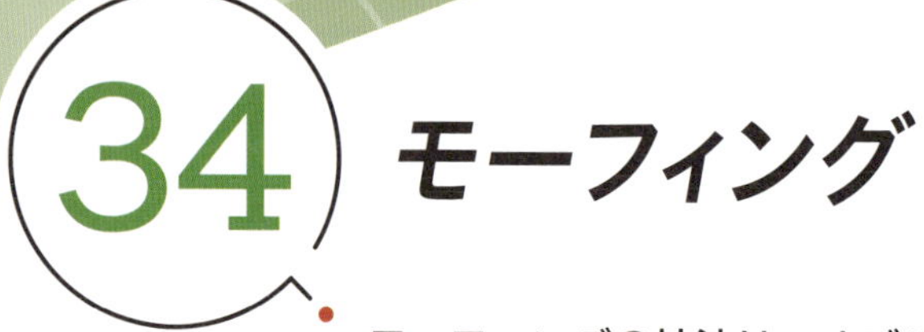

34 モーフィング

モーフィングの技法は、オブジェクトが別の形状へと滑らかに変化するアニメーション効果を指します。ここではシェイプを使用して、パスの変形を行います。

◆ 形状が変わるアニメーション

1 ［シェイプレイヤー］を選択する

メニューバーの［レイヤー］❶→［新規］→［シェイプレイヤー］❷の順にクリックします。

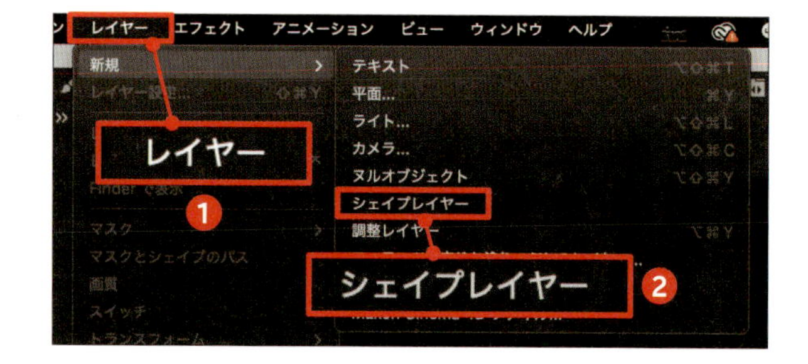

2 「塗り」を設定する

「コンテンツ」の「追加：」の右の▶→［多角形］をクリックして追加します❸。さらに▶→［塗り］をクリックし❹、色を「白」にします❺。

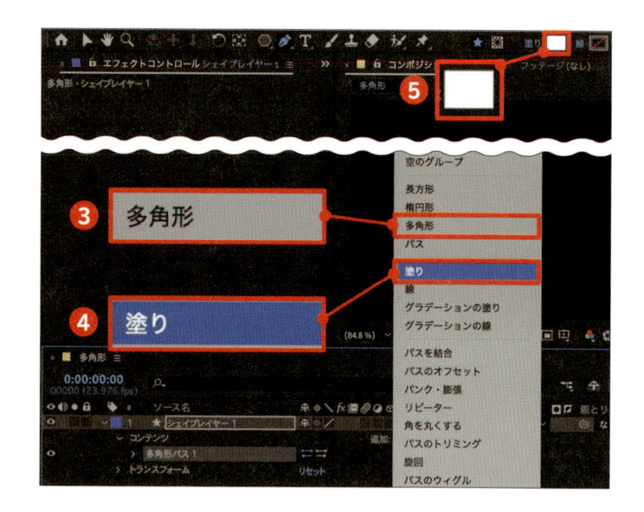

3 三角形を用意する①

「多角形パス 1」の「種類」から［多角形］を選択すると❻、シェイプを五角形にすることができます❼。

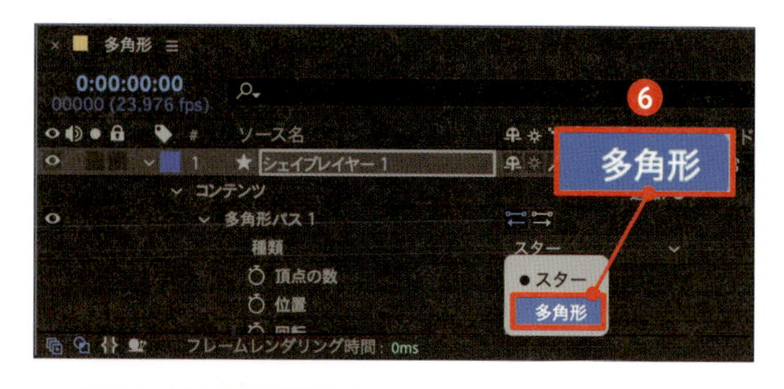

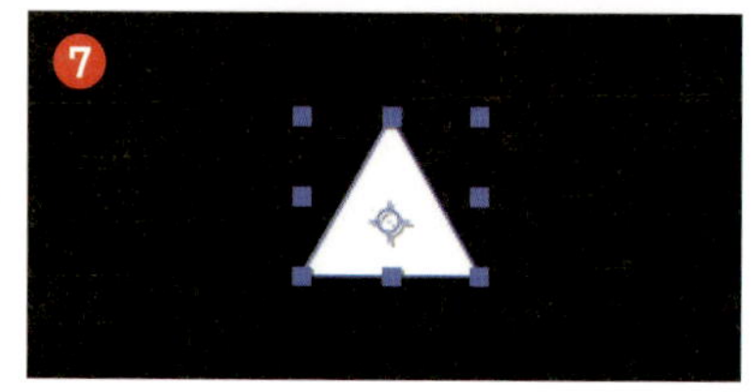

4 三角形を用意する②

三角形を作りたいので、「多角形パス 1」を開き、「頂点の数」を「5.0」→「3.0」に変更します❽。五角形が三角形に変更します❾。

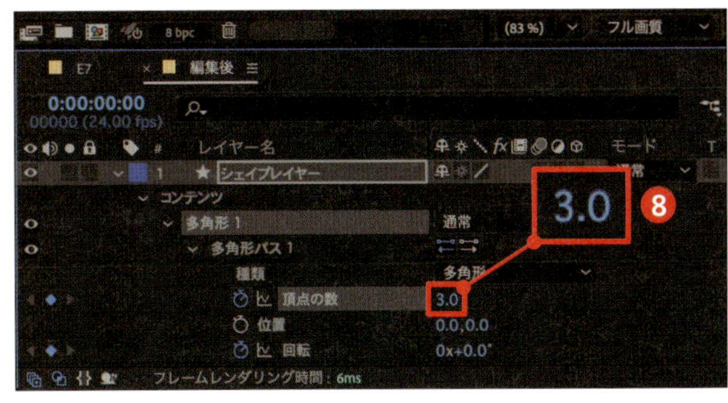

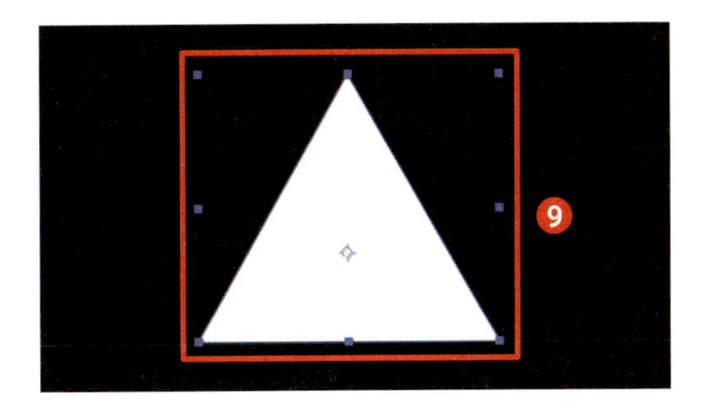

5 「頂点の数」にキーフレームを打つ

「頂点の数」にキーフレームを打ち❿、「3.0」→「5.0」にすることで⓫、三角形から五角形にシェイプが変形するアニメーションを作ることができます⓬。

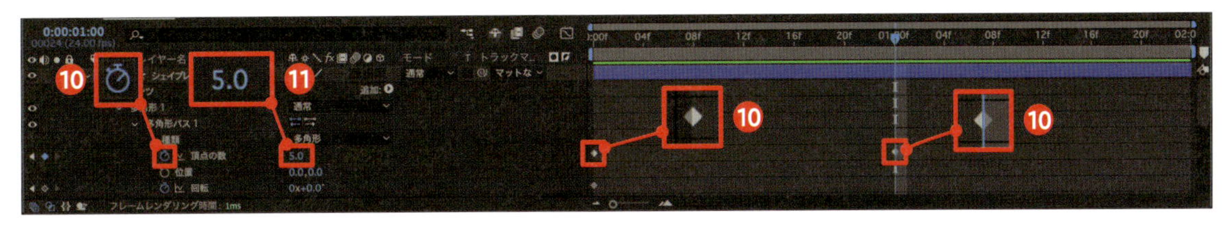

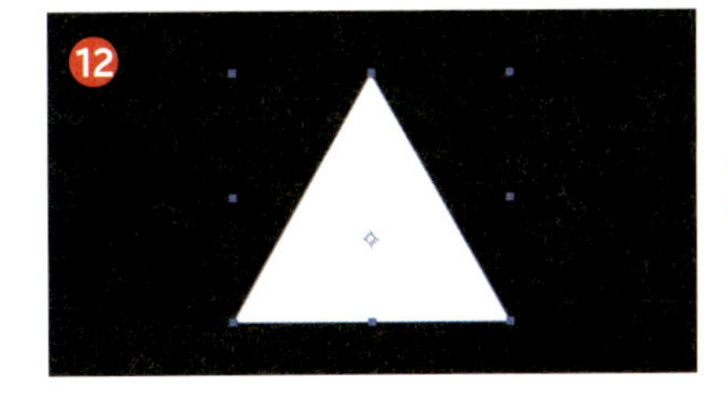

6 「回転」にキーフレームを打つ

ここでは、さらにシェイプが変形する方向に合わせて「回転」にもキーフレームを打ちます⓭。「0.0」°→「-145.0」°に変更し⓮、変形するようにしています。

POINT

キーフレームをクリックして選択し、F9キーを押すと、イージーイーズが適用され、動きがさらに滑らかになります。

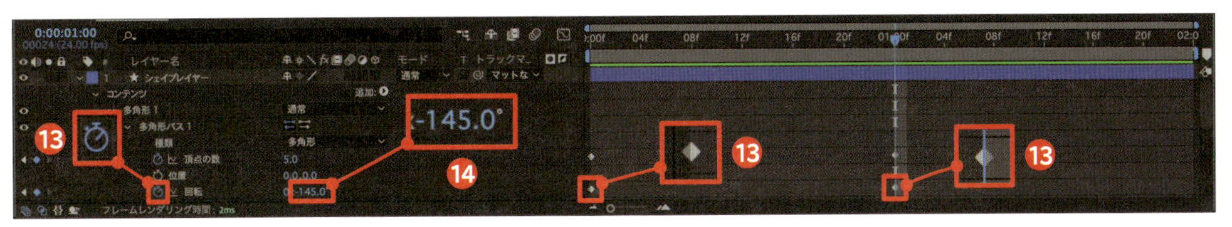

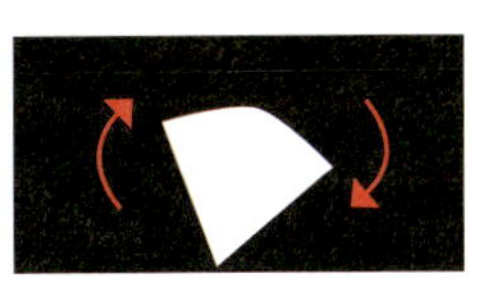

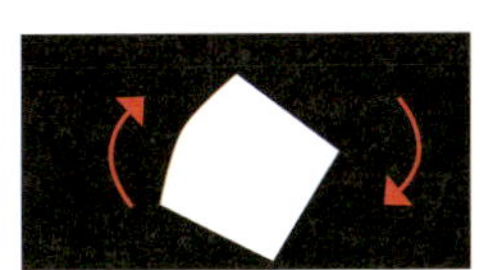

色

「色」にキーフレームを打つことで、オブジェクトやシェイプの色が徐々に変わっていくアニメーションを作ることができます。

色が徐々に変わるアニメーション

1 変更前のキーフレームを打つ

前準備として、色のついたオブジェクトを用意します(ここでは赤色のハート)❶。オブジェクトのレイヤー(ここでは「アウトライン」)を展開して「塗り1」を開き❷、「カラー」にキーフレームを打ちます❸。

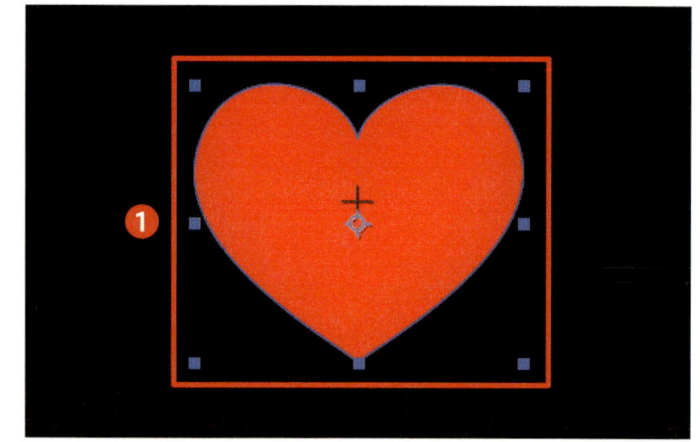

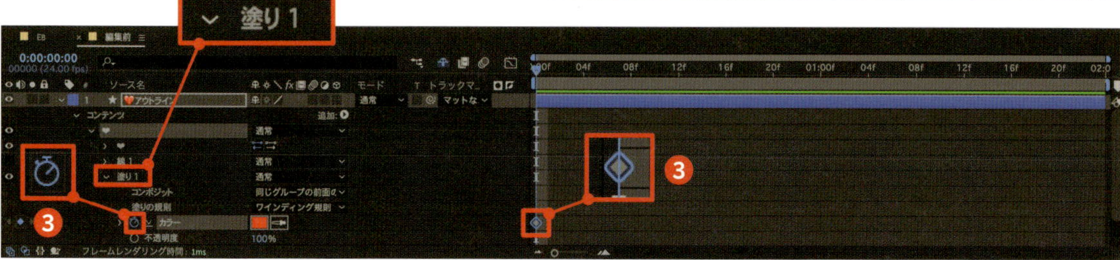

2 変更後のキーフレームを打つ

時間を進めてハートの色を緑色にし❹、「カラー」にキーフレームを打ちます❺。

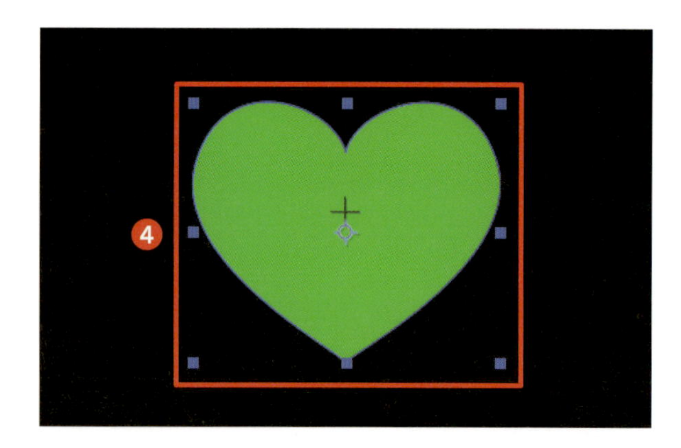

POINT

色が変化する途中の色があまり好ましくない場合は、中間で別の色を設定しましょう。

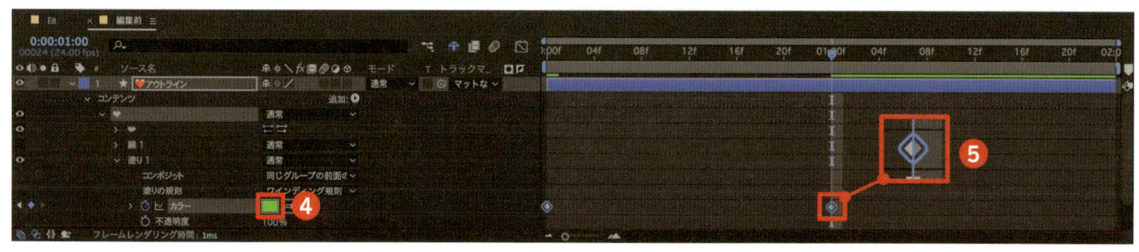

Check!
グラデーションで色を変えていく

「追加：」の右の▶をクリックし、[塗り] や [グラデーションの塗り] を選択することで、単色ではなくグラデーションを使うこともできます。

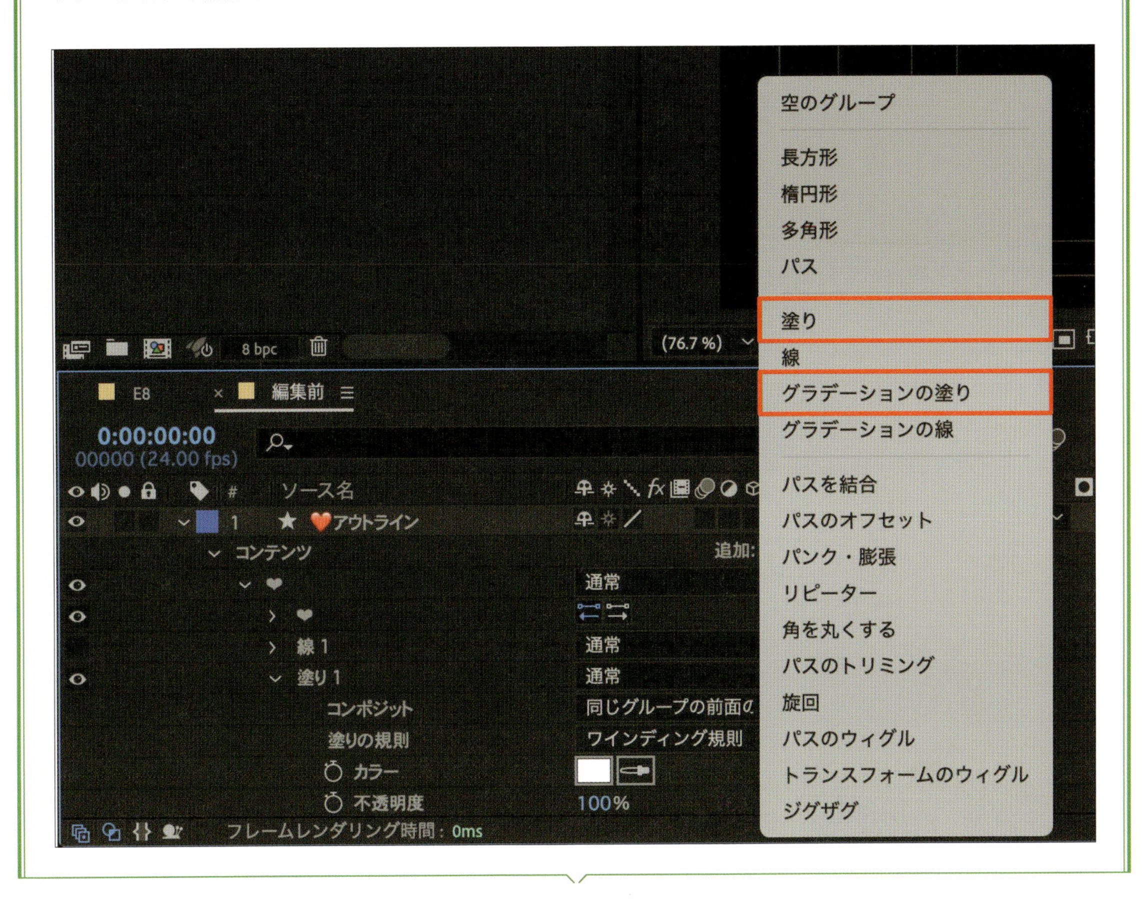

基本
レイヤー
モーション基本
アニメーター
エフェクト
モーション応用
エクスプレッション

テキスト

テキストアニメーションを使うことで、インパクトのある動きをつけることができます。ここでは「文字のオフセット」を使い、アニメーションを作成します。

◆ 文字のランダム表示のアニメーション

1 テキストを用意する

前準備としてテキストツールを使って、文字を配置します❶。

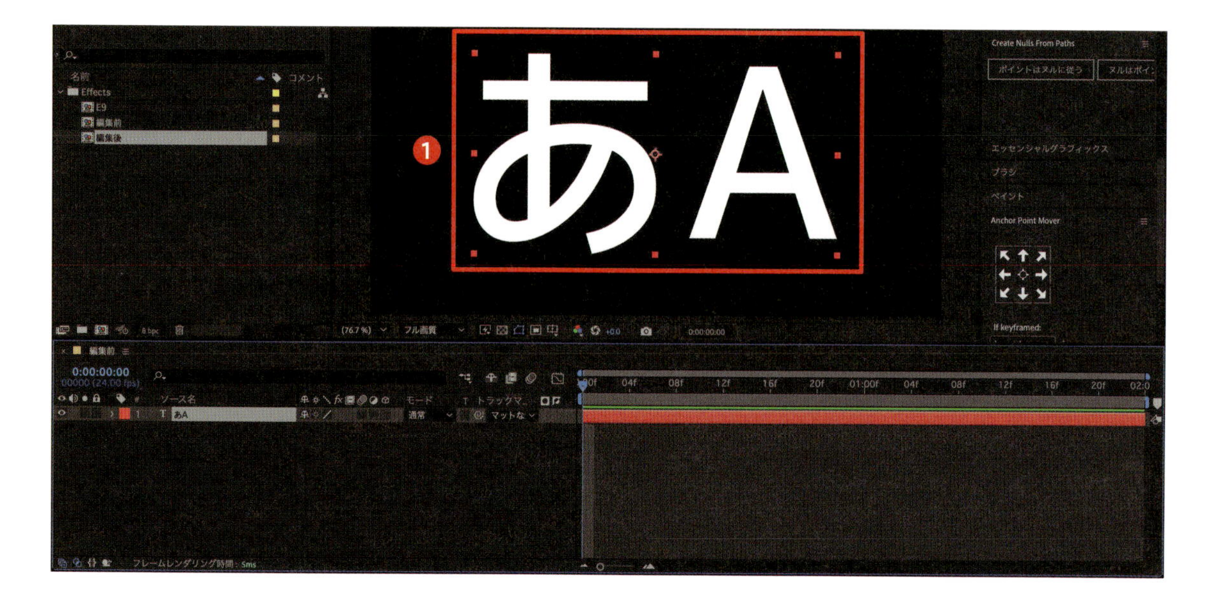

2 [文字のオフセット] を選択する

「アニメーター：」の右の▶❷→[文字のオフセット] の順にクリックします❸。

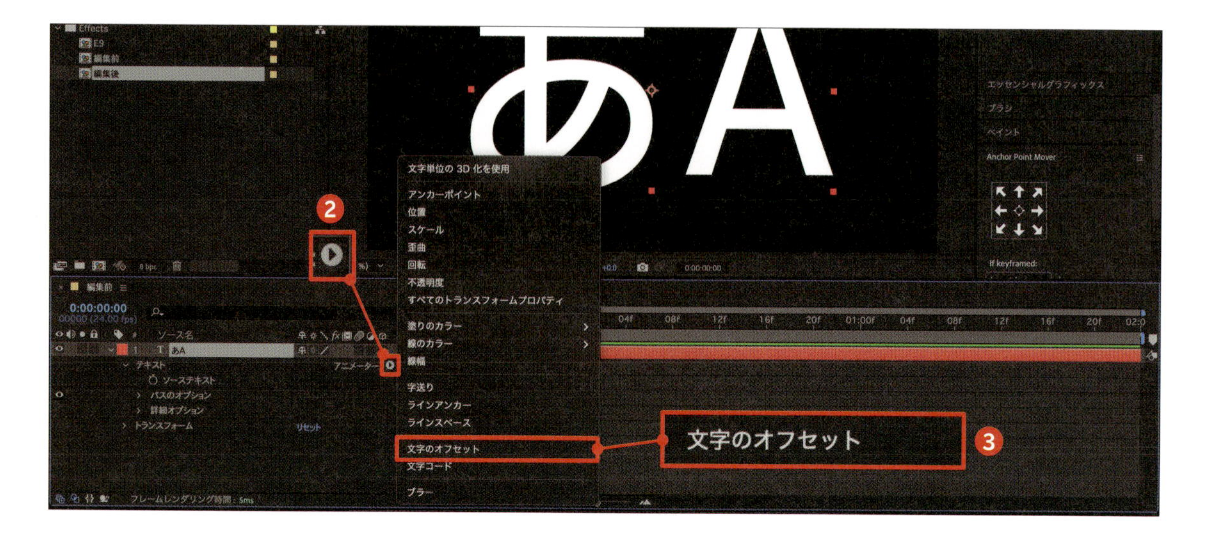

3 「文字のオフセット」にキーフレームを打つ

入力した文字を見せるので、1秒の地点で「文字のオフセット」にキーフレームを打ちます❹。

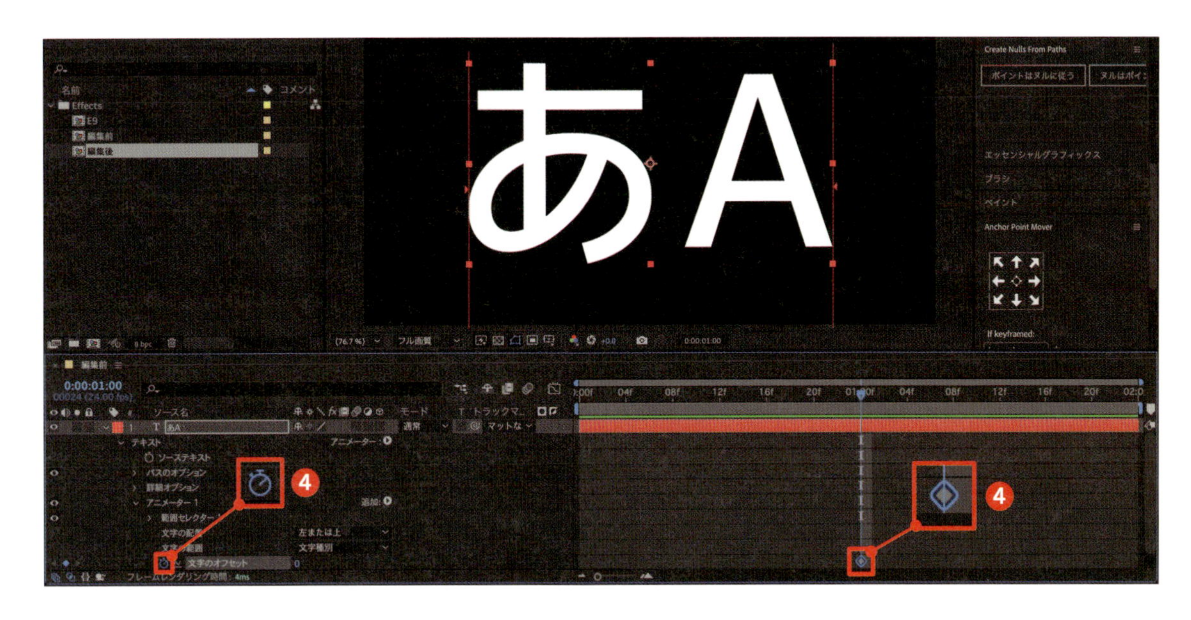

4 「文字のオフセット」の数値を上げる

0秒の地点で「文字のオフセット」の数値を上げると❺、ランダムにテキストが表示され、最終的に見せたい文字が表示されるアニメーションができます。

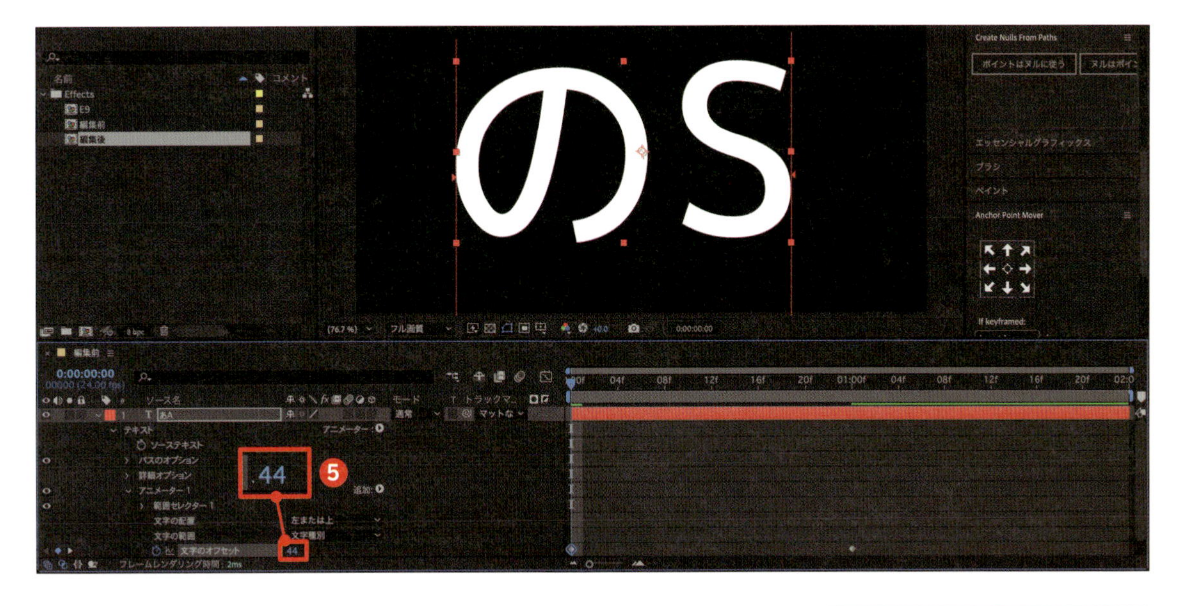

文字がランダムに表示される

37 広がり

2-15で解説したテキストの間隔を調整する方法とは別に、字送り、またはトラッキングを利用して、文字間を変化させるアニメーションを作ることができます。

◆ テキストの間隔を広げるアニメーション

1 テキストを用意する

前準備としてテキストツールを使って、テキストを配置します❶。

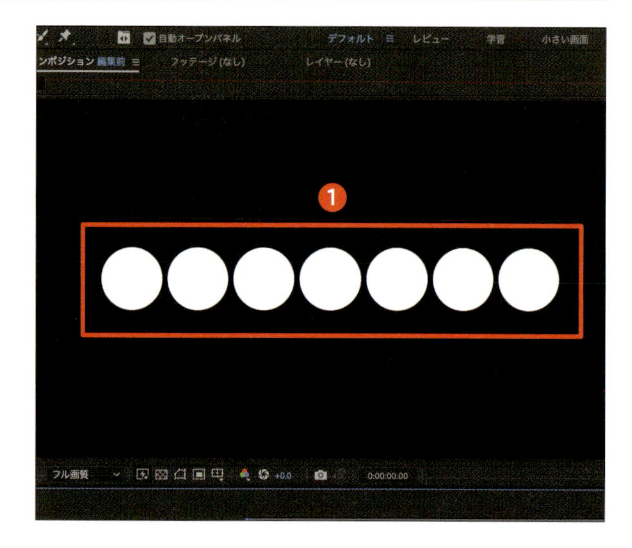

2 [字送り] を選択する

テキストレイヤーの「アニメーター：」の右の▶❷→ [字送り] の順にクリックします❸。

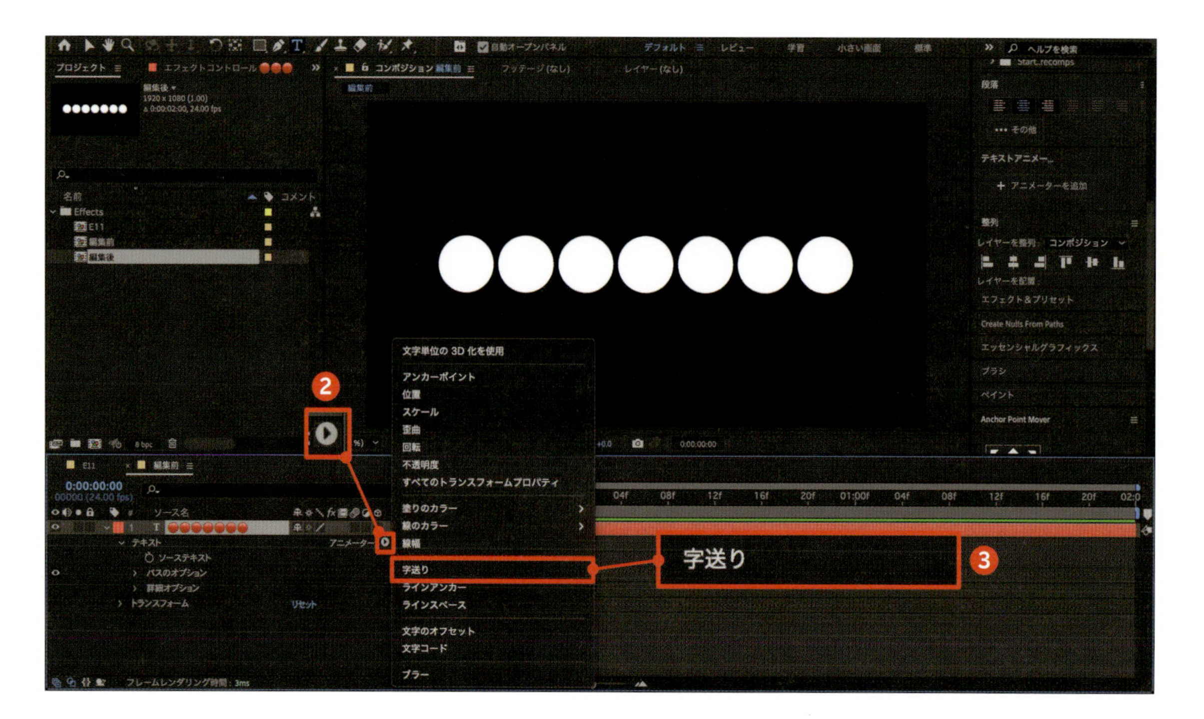

3 「トラッキングの量」にキーフレームを打つ

テキストレイヤーにある「アニメーター1」内の「範囲セレクター1」に、「トラッキングの種類」と「トラッキングの量」が表示されます。「トラッキングの量」にキーフレームを打ちます❹。数値を「100」に上げると❺、テキストの間隔が徐々に広がるアニメーションができます。

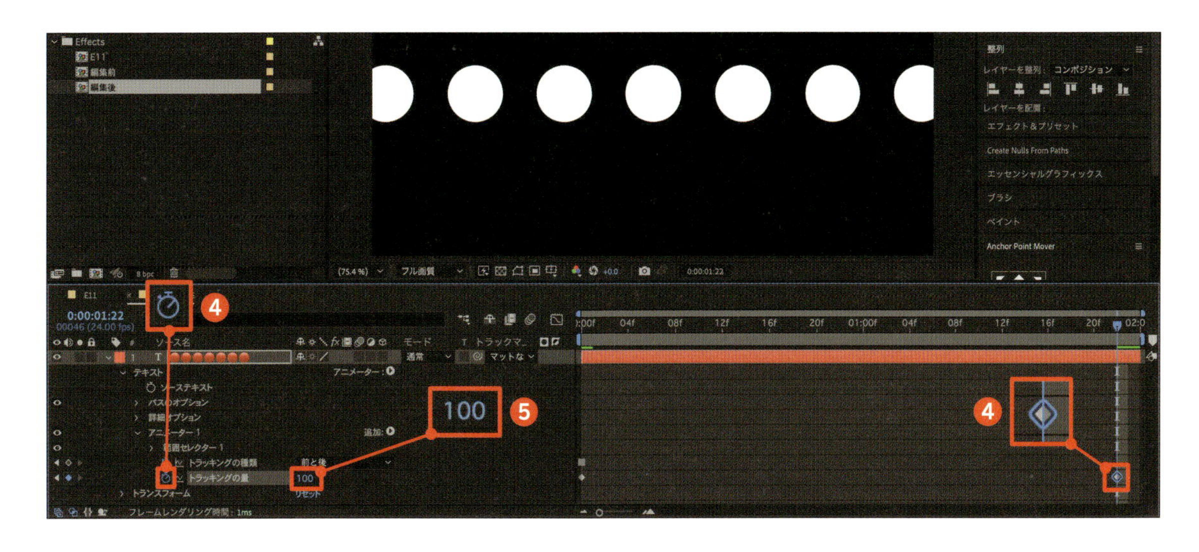

4 広がり方のバリエーションを設定する

「整列」パネルで［テキストの中央揃え］(▣)をクリックして設定すると❻、テキストが中央から広がるアニメーションになります。 段落を［左揃え］(▣)❼や［右揃え］(▣)❽に設定して、端からテキストを広げることもできます。

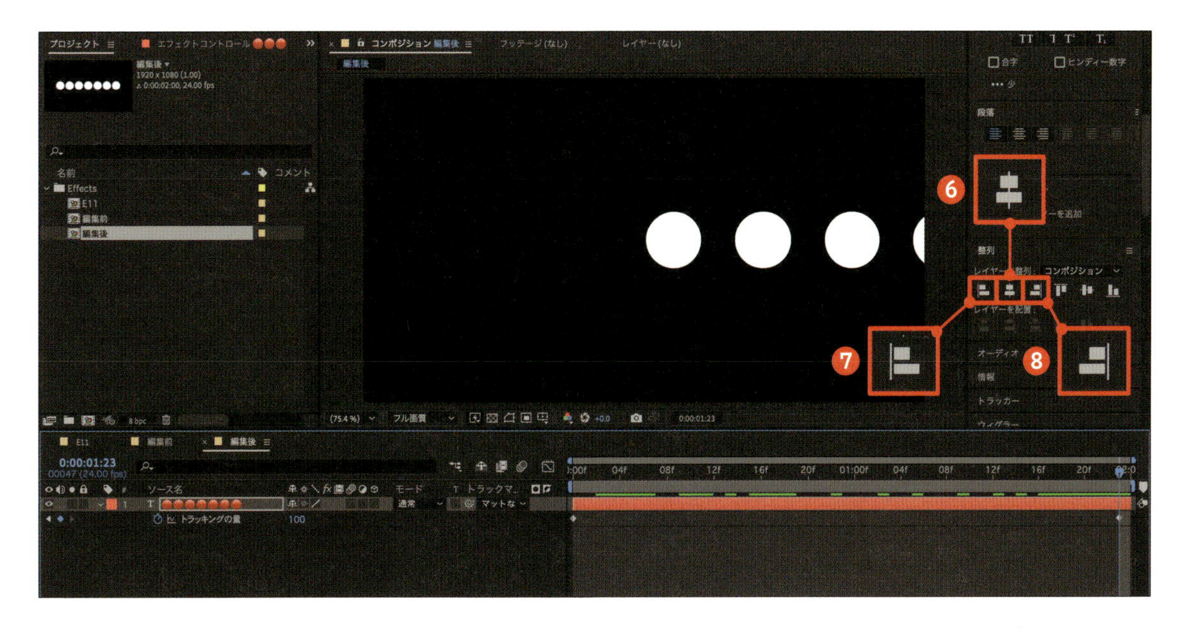

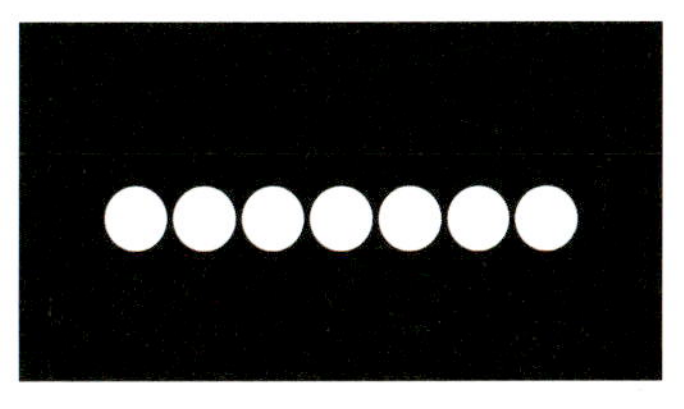

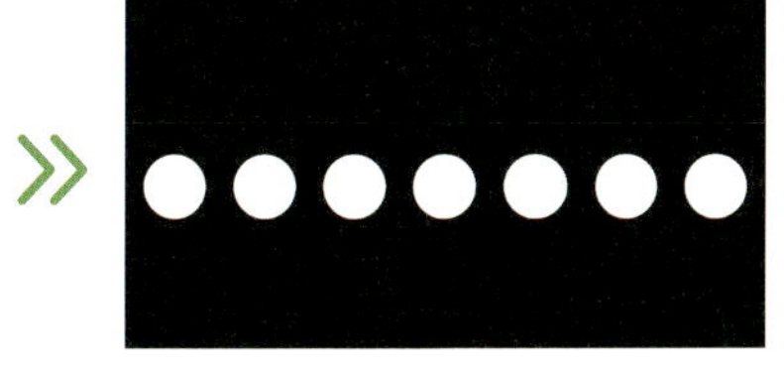

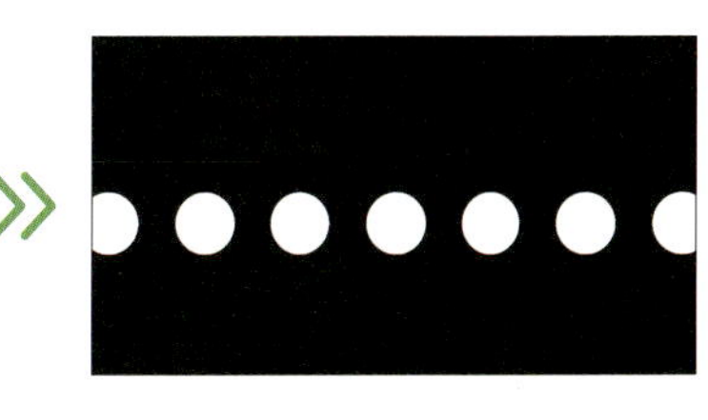

38 リピーター

リピーターは、アニメーションを繰り返し複製するための機能です。単純な動きを複数回繰り返す、複雑なアニメーションを簡単に作成することができます。

◆ 輪が徐々に右へ複製されるアニメーション

1 「リピーター」を選択する

前準備として楕円形ツールを使って、線のみの円形を配置します❶。シェイプレイヤーの「追加：」の右の◘→［リピーター］の順にクリックします❷。

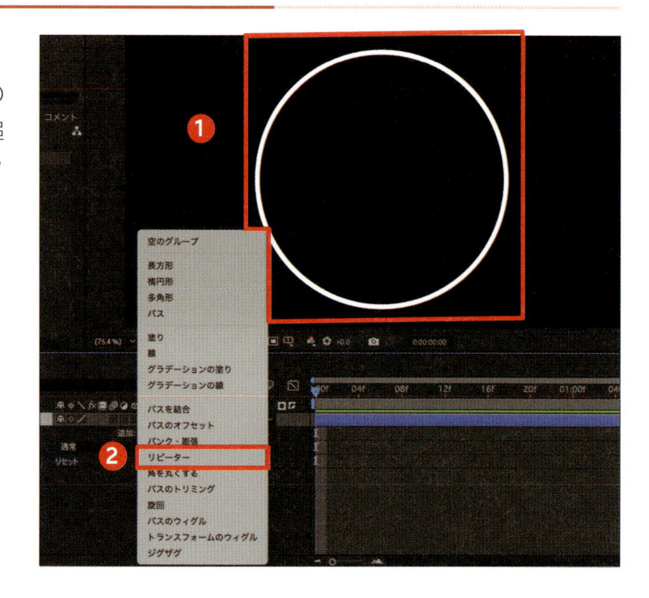

2 「コピー数」を設定する

「リピーター1」の項目が追加されます❸。「コピー数」に「5.0」と入力すると❹、シェイプが5つに複製されます❺。

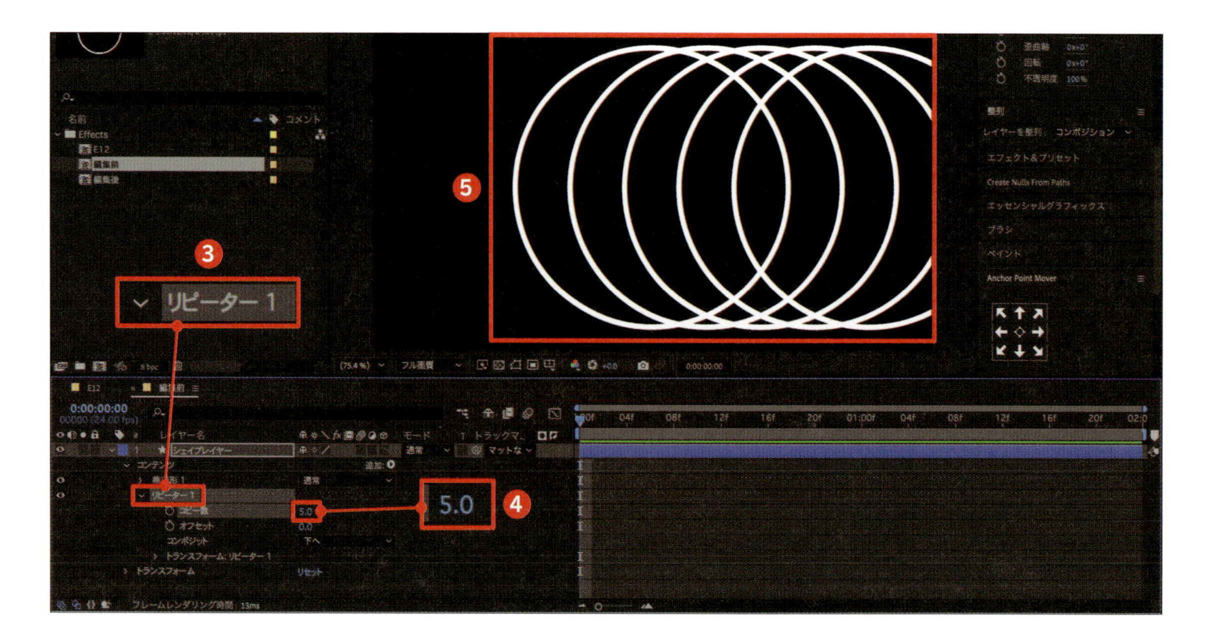

3 「位置」を設定する

「トランスフォーム：リピーター1」内の「位置」は、デフォルトではX軸に「100.0」と入力され、コピーされたシェイプが100ずつズレて表示されています。ここでは「位置」のX軸に「0.0」と入力します❻。

4 「位置」にキーフレームを打つ

シェイプがすべて重なったところで、「位置」にキーフレームを打ちます❼。時間を進め、「位置」のX軸に「60.0」と入力すると❽、シェイプが徐々にズレていくアニメーションができます。

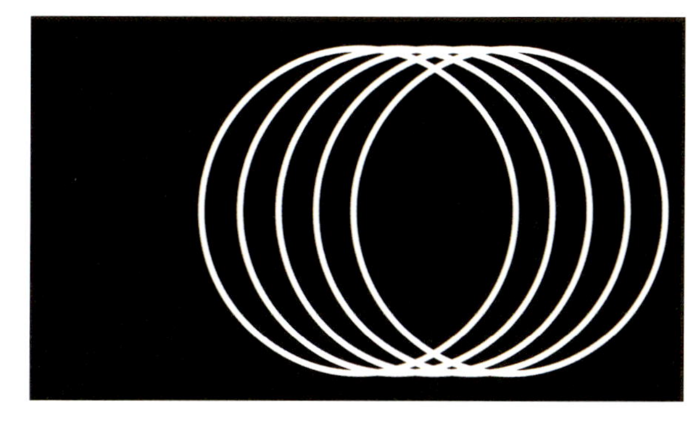

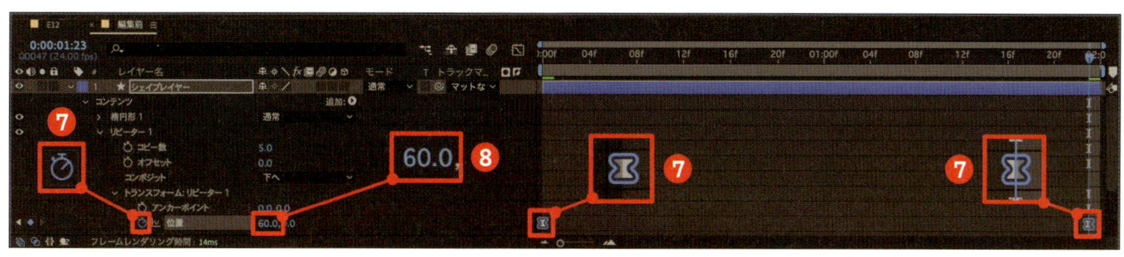

POINT

キーフレームをクリックして選択し、F9キーを押すと、イージーイーズが適用され、動きがさらに滑らかになります。

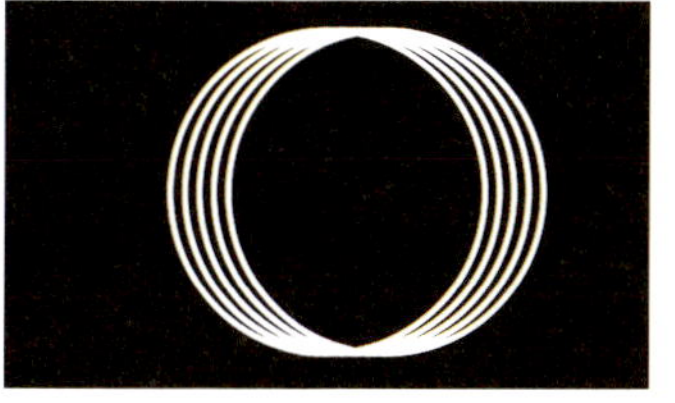

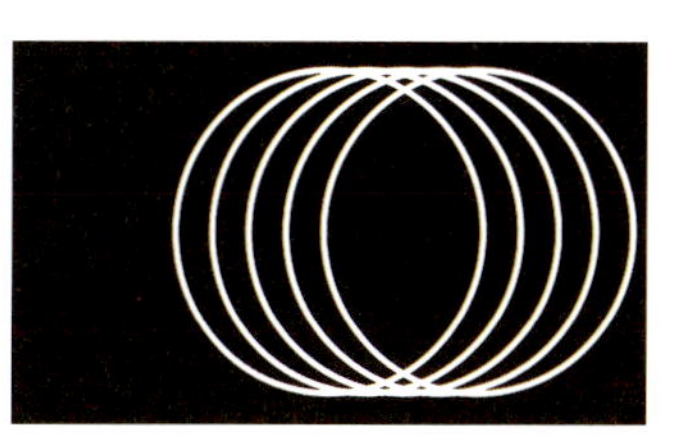

基本　レイヤー　モーション基本　アニメーター　エフェクト　モーション応用　エクスプレッション

オフセット

オフセットの機能を使い、破線がぐるぐる回転するアニメーションを作成します。テキストでも使用した「オフセット」とは、「何かをずらすこと」を意味します。

◆ 破線が動くアニメーション

1 四角形を用意する

前準備として長方形ツールを使って、枠線のみの四角形を配置します❶。

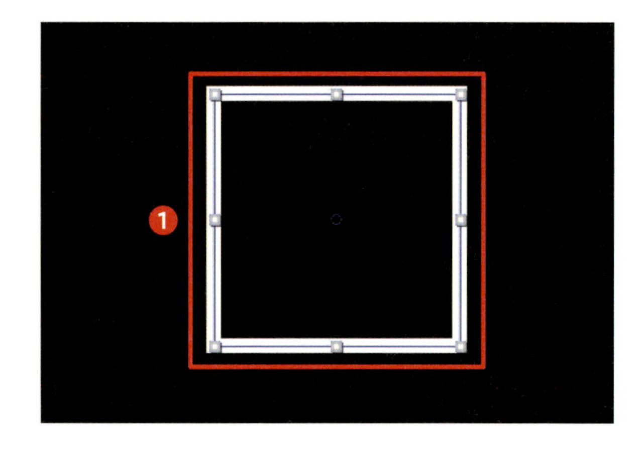

2 四角形の枠線を破線にする

シャイプレイヤーの「線 1」を開き❷、「破線」の［線分または間隔を追加］（+）をクリックすると❸、線が破線になります❹。

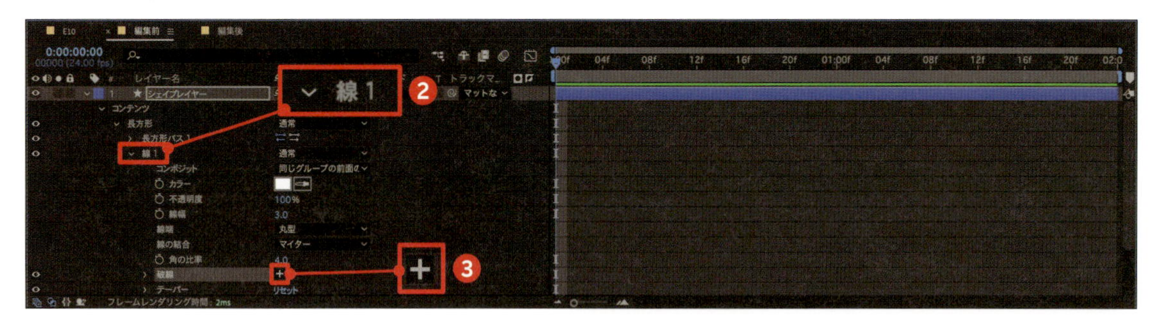

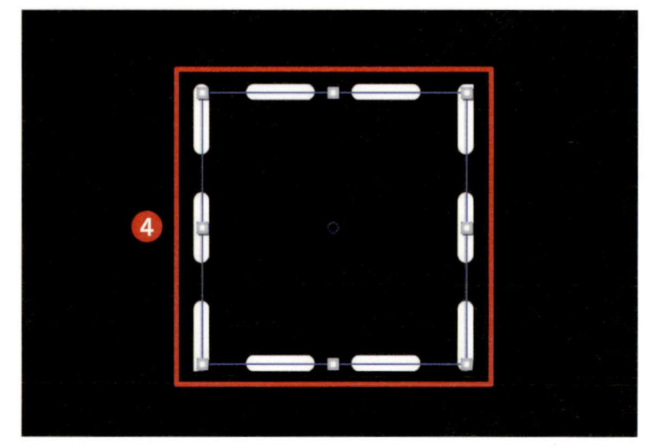

POINT

「線分または間隔を追加」では、線の間隔である線分の調整と、オフセットの調整が行えるようになります。

3 「オフセット」にキーフレームを打つ

「破線」に下に表示される「オフセット」にキーフレームを打ちます❹。

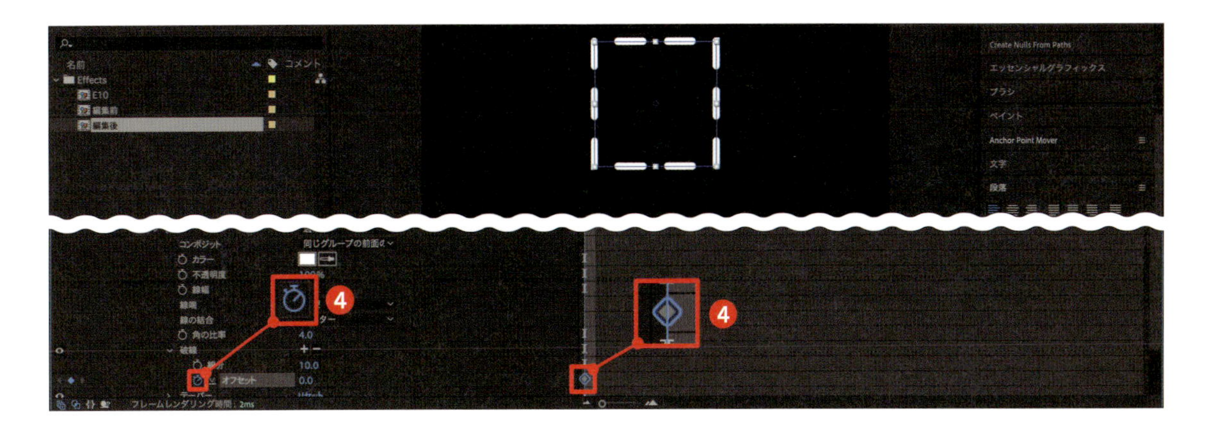

4 「オフセット」の数値を上げる

時間を進めて「オフセット」の数値に「50.0」と入力し❺、キーフレームを打つと❻、破線がぐるぐると回転するようなアニメーションができます。

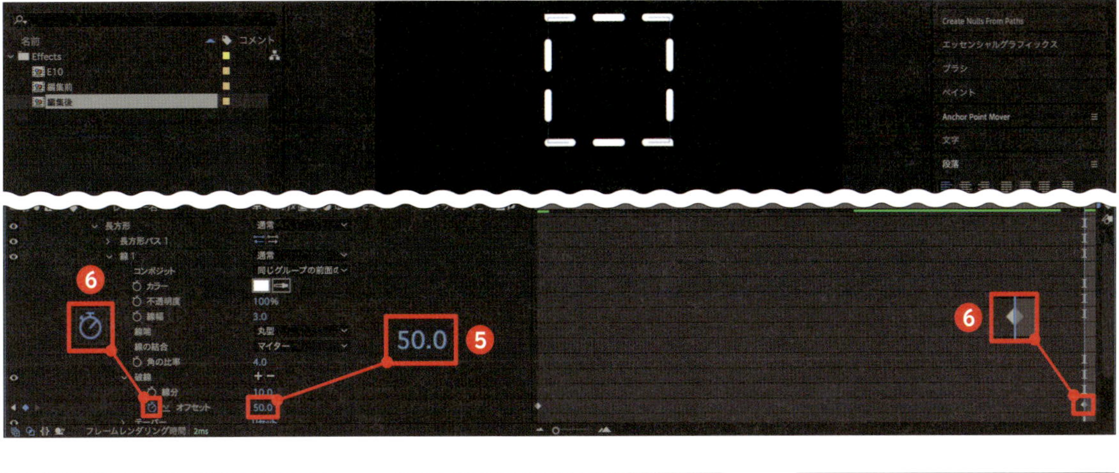

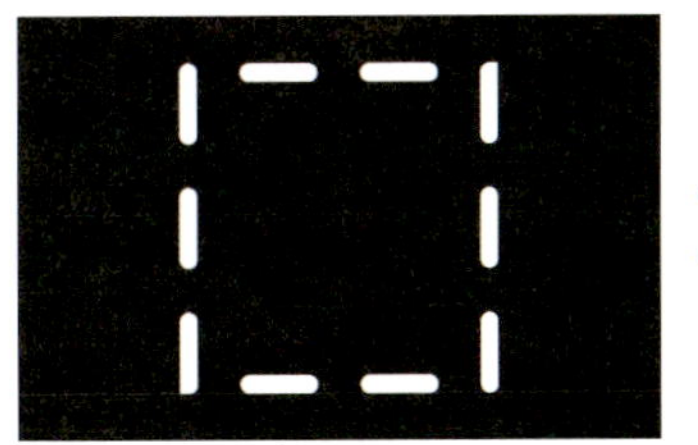

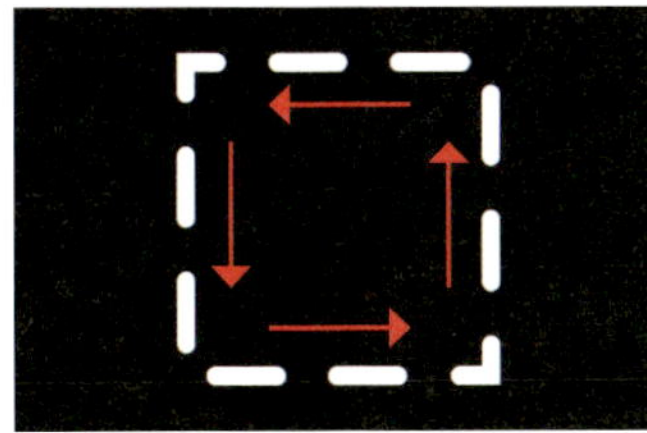

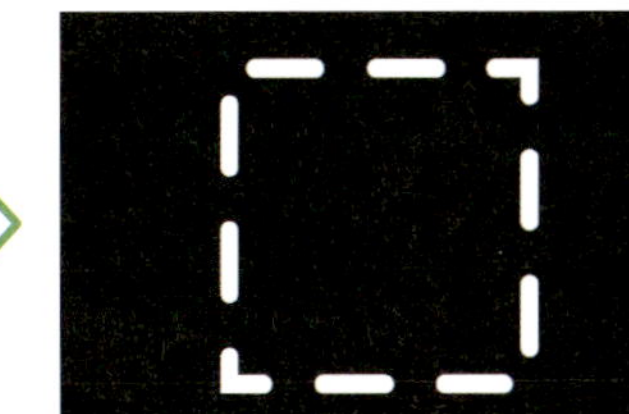

破線が反時計回りに動き、ぐるぐる回転する

Check!
「オフセット」で表示される項目

「オフセット」では、これまで解説したアニメーターと比べ、表示される項目が少し特殊です。たとえば「リピーター」というアニメーターを追加すると、オフセットもリピーターを制御する項目として追加されます。上の破線も、追加したときにオフセットが項目として出現しました。

アニメーターの項目

アニメーターを追加すると、様々な項目が表示されます。その概要について知っておきましょう。

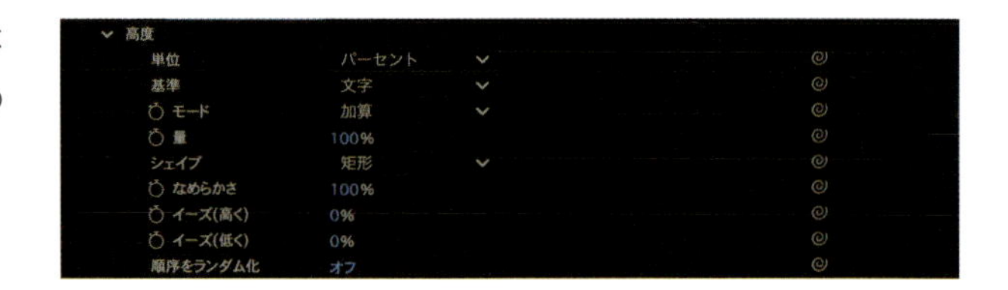

単位：

「パーセント」か「インデックス」を選ぶことができます。パーセントでは0～100%の数値を設定でき、インデックスでは文字の場合は文字ごとの数値を意味しています。

基準：

テキストの場合は、一度に動く文字量を示しています。文字では1文字ごと、スペースを除いた文字ではスペース以外の文字を順番に、単語は単語ごと、行では行ごと動かしていきます。

モード：

デフォルトでは加算になっていますが、減算に変更すると逆向きに動きます。

量：

アニメーターの影響量を%で示しています。100の移動に対して50%の量に設定すると、50しか移動しなくなります。

シェイプ：

開始から終了までの形を示しています。

なめらかさ：

シェイプが短形の場合に使用できます。0にすると、移動する間を飛ばしたような動きになります。

イーズ（高く）：

数値が高いと動き始めが緩やかになる分、動き終わりが急激になります。マイナス方向は、その反対になります。

イーズ（低く）：

イーズ（高く）とは逆に、数値が高いと動き始めが急激になり、動き終わりが緩やかになります。

順序をランダム化：

オンにすると、動きの順序を変えることができます。

エフェクトを使いこなそう

After Effectsのエフェクトには、「適用するだけで効果が出るもの」と「適用後に調整が必要なもの」の2種類があります。前者は手軽で初心者にも扱いやすく、すぐに映像を引き立てます。後者は細かな設定が求められますが、思い通りの表現ができるため、活用することで作品の完成度が高まります。本章でそれぞれの特徴と使い方を学んでいきましょう。

40 エフェクトの適用

エフェクトは、レイヤーに視覚効果を追加できる機能です。「適用するだけで効果があるもの」と「適用して調整する必要があるもの」があると知っておきましょう。

エフェクトを適用する

レイヤーにエフェクトを適用するには、次の3パターンがあります。

●「エフェクト＆プリセット」パネルから適用する

右側の「エフェクト＆プリセット」パネルから、エフェクトを展開して適用することができます。また、検索窓にエフェクト名を入力し、検索することもできます。

●メニューバーから適用する

メニューバーの［エフェクト］をクリックして、メニューからエフェクトを適用することができます。

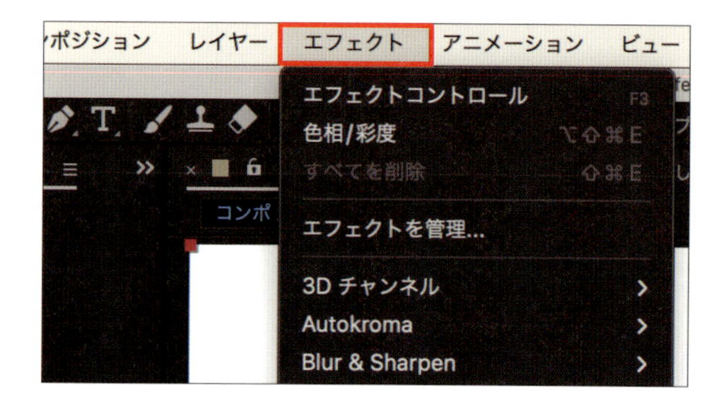

●レイヤーから適用する

レイヤーを右クリックし❶、［エフェクト］にマウスポインターを乗せ❷、メニューからエフェクトを適用することができます。

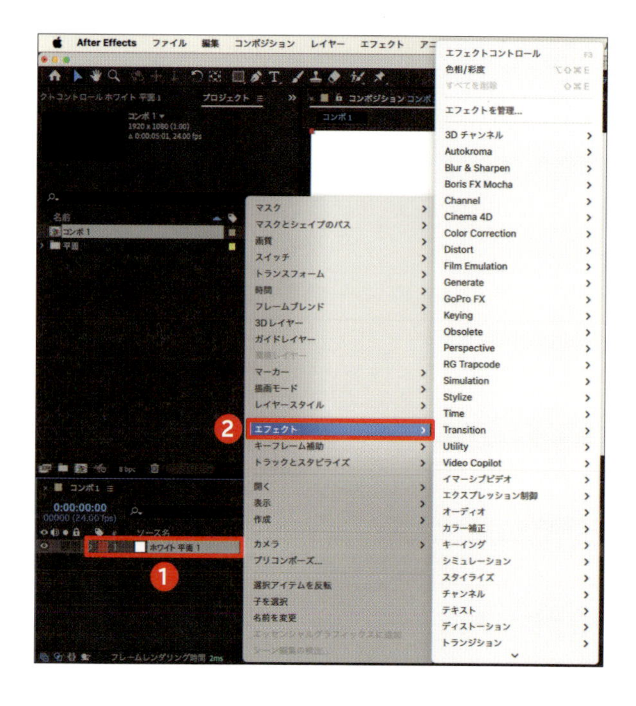

POINT

FX Consoleなどのサードパーティのプラグインをダウンロードすると、キーボードショートカットを使ったエフェクトの適用が行えます。

Check! エフェクトの詳細を確認する

適用したエフェクトの詳細は、「エフェクトコントロール」パネルから確認、調整が行えます。また、調整したあとのエフェクトは、［リセット］をクリックすると元に戻すことができます。

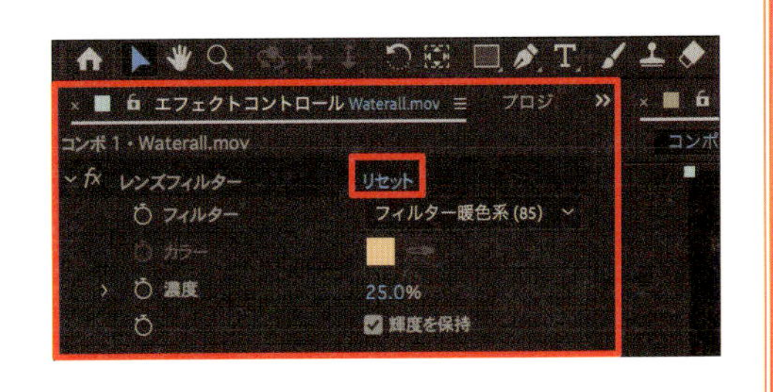

Check! エフェクトを非表示にする

「タイムライン」パネルのエフェクトスイッチ（fx）をクリックすると、エフェクトを非表示／表示に切り替えることができます。

エフェクトを調整レイヤーに適用する

エフェクトを適用する場合は、エフェクトを加えたいレイヤーに対して直接適用してもよいですが、同じエフェクトを何度も適用する場合は処理に時間がかかります。そこで、複数レイヤーにまとめてエフェクトを追加したい際には「調整レイヤー」を適用すると、調整レイヤーより下のレイヤーすべてにエフェクトを適用することができます（P.58参照）。

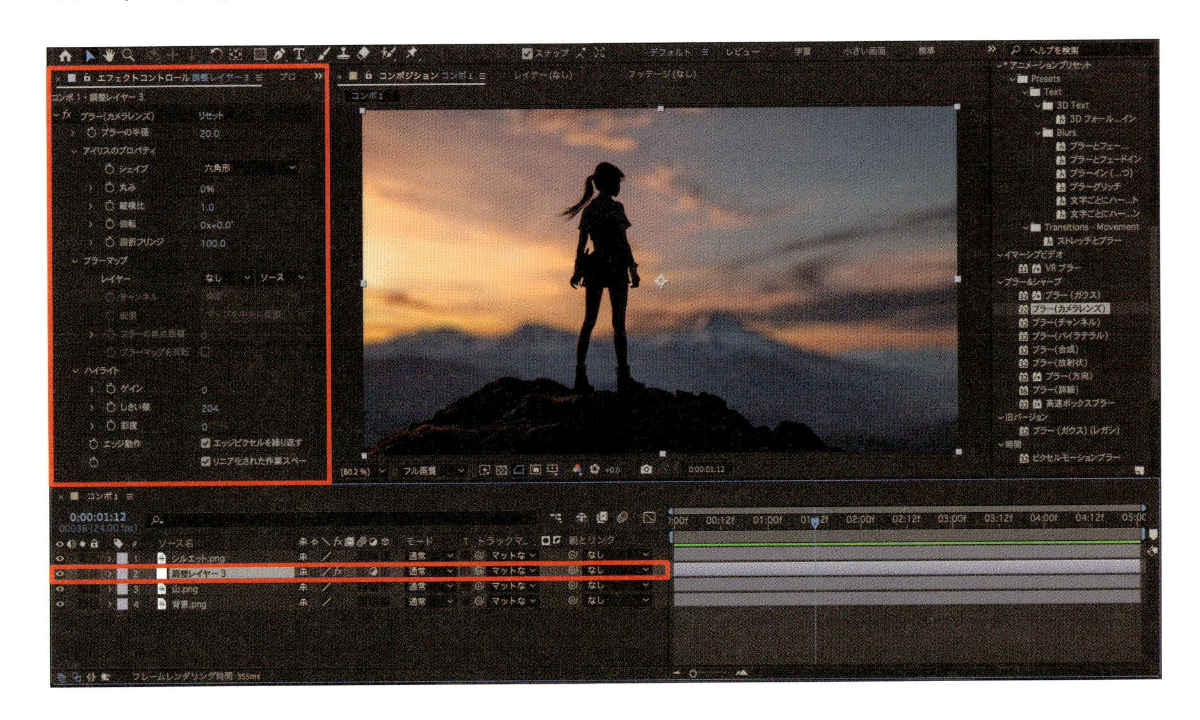

◆適用するだけで効果があるエフェクトの例

レイヤーに対してエフェクトを適用するだけで、簡単に効果が現れるエフェクトは使いやすいです。
P.137～141は具体例です。そのほか、下記があります。

●**カラー補正**
・**レンズフィルター**：画像に暖色や寒色などの色を乗せたフィルターを追加できます。
・**コロラマ**：画像の色をフェーズごとに変更します。
・**白黒**：画像を白黒にします。
・**色かぶり補正**：画像を明るい箇所と暗い箇所の２色で表示します。

●**スタイライズ**
・**モザイク**：画像にモザイクを追加します。
・**カートゥーン**：ベタ塗りやアニメのような描写になります。
・**輪郭検出**：輪郭部分を検出して白黒で表示します。
・**グロー**：適用したレイヤーを発光させます。

●**チャンネル**
・**反転**：指定したチャンネルを反転して表示します。

●**ディストーション**
・**タービュレントディスプレイス**：画面に歪みを加えます。

◆適用して調整する必要があるエフェクトの例

レイヤーに対してエフェクトを適用するだけでは、あまり効果が見られないエフェクトがあります。
その場合は、多少の調整を行うことで効果が出ます。P.142～161は具体例です。そのほか、下記があります。

・**Keylight (1.2)**：適用したあとに色を選択することで、その色を透明にすることができます。グリーンバックなどを使用した合成で使われます。
・**Transition**：「CC Glass Wipe」や「CC Grid Wipe」など、様々なトランジション（画面切り替え）用のエフェクトが入っています。適用したあとに数値を変化させるキーフレームを作ることで、トランジションに使うことができます。
・**エクスプレッション制御**：エクスプレッションを追加した際に使うためのエフェクトが含まれています（P.178参照）。
・**Lumetriカラー／トーンカーブ／レベル補正／色相／彩度**：適用したあとにグラフや数値を調整することで、画像の色を調整することができます。明るさやコントラスト、彩度などを調整します。
・**マット設定**：マットとして指定する際に使うため、別のレイヤーでマットとしての画像を作成する必要があります。
・**ノイズ**：適用して数値を上げることで、ノイズの量を増やすことができます。

電波

電波のエフェクトを適用すると、中心から放射状に広がる線形のシェイプアニメーションを作ることができます。

◆ 中心から波紋が広がるアニメーション

1 「電波」を適用する

平面レイヤーを作成し、エフェクトから「電波」を適用すると、中心から電波のような線形シェイプが広がるアニメーションが作成されます❶。

「エフェクトコントロール」パネルの「電波」から、「カラー」で色を変更することができます❷。ほかにもここから、アニメーションやシェイプの形などを細かく調整することができます。

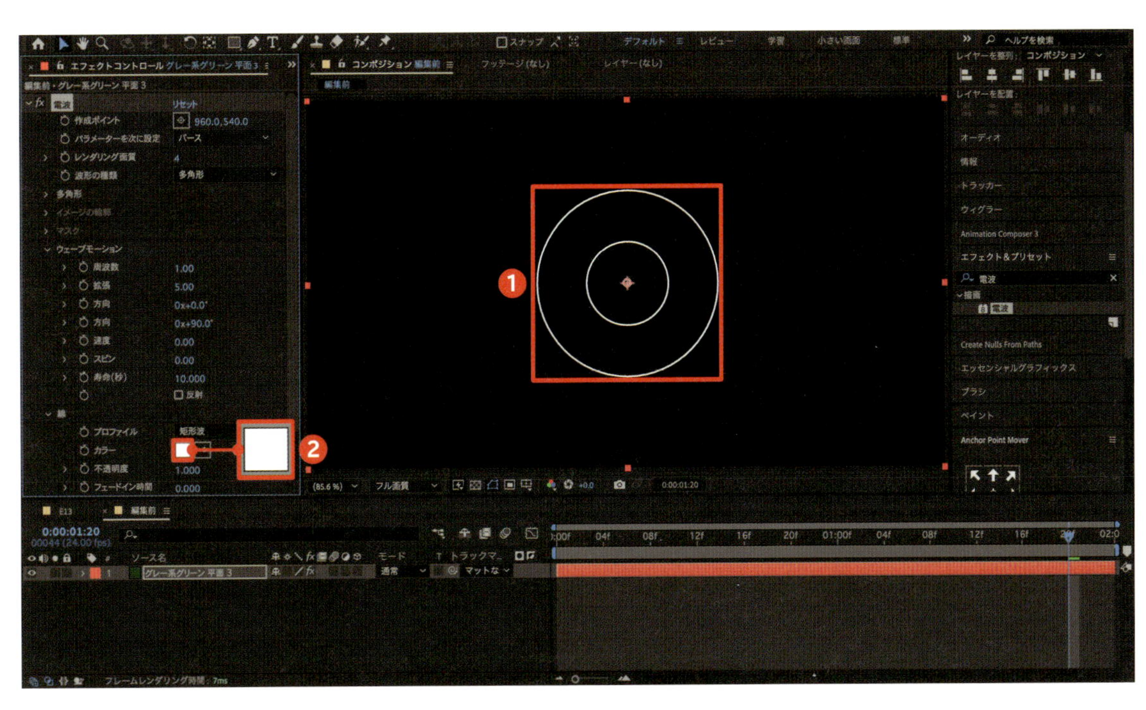

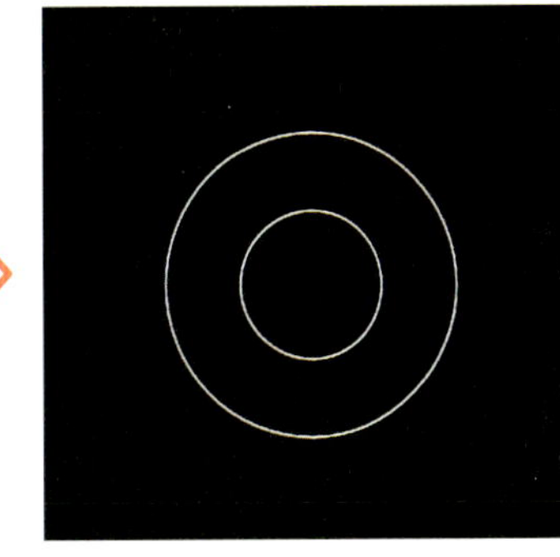

42 落書き

落書きのエフェクトを適用すると、マスクパスに対して落書きのような質感の線アニメーションを加えることができます。

◆ 手書き風の線が動くアニメーション

1 マスクパスを作成する

平面レイヤーに対してペンツールを使って線を描くと、マスクパスが作成されます❶。線を描き終わったところでVキーを押すと、ツールの切り替えができます。

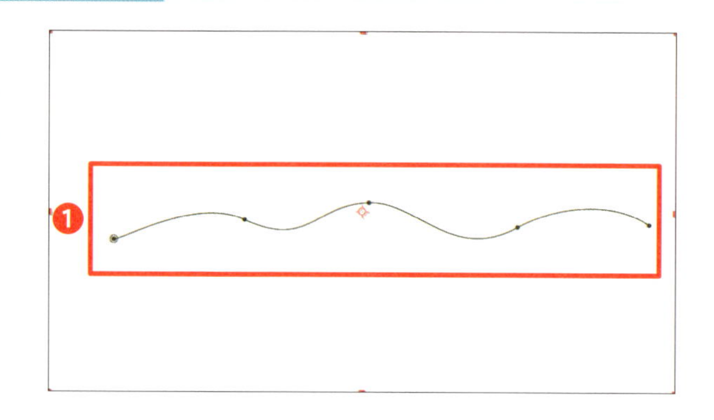

2 「落書き」を適用する

エフェクトから「落書き」を適用すると、パスに合わせて落書きの質感を持ったアニメーションが作成されます❷。また、「エフェクトコントロール」パネルの「落書き」から、「塗りの種類」を「内側」から「エッジ中心」などに変更することで❸、パスに沿ったアニメーションを作成することもできます。

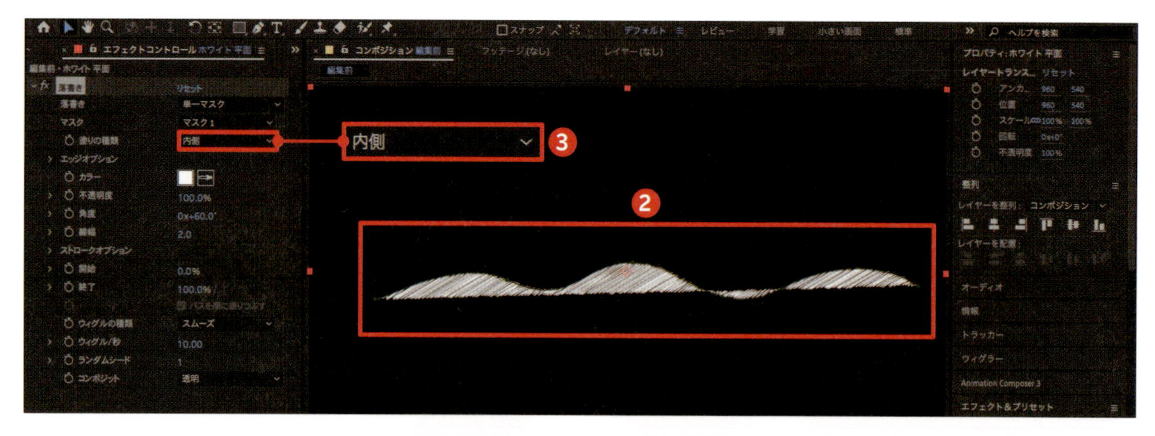

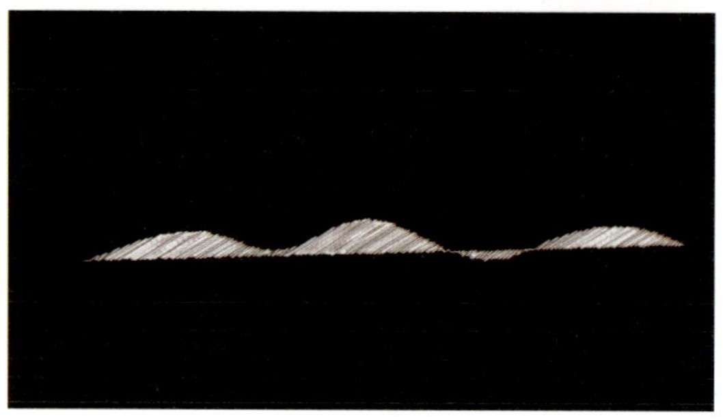

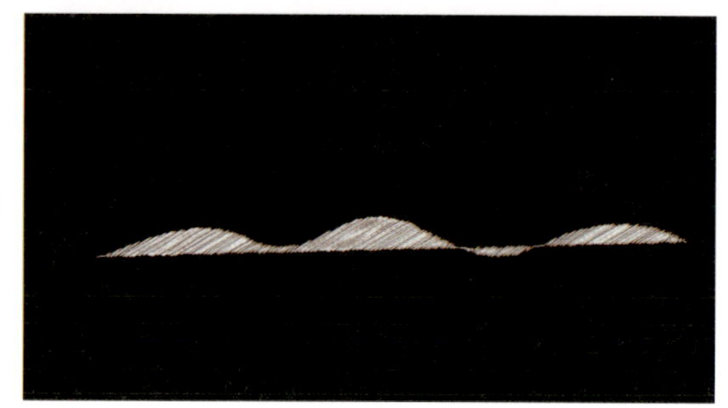

手書き風の線がジリジリと細かく動く

43 波形

波形ワープのエフェクトを適用すると、レイヤーを波状に歪めるアニメーションが作れます。背景やフラットなモーションデザインでよく使用される手法です。

線が波打つように歪むアニメーション

1 直線を作成する

前準備としてペンツールを使い、Shiftキーを押しながら水平方向に一直線の線を引いています❶。

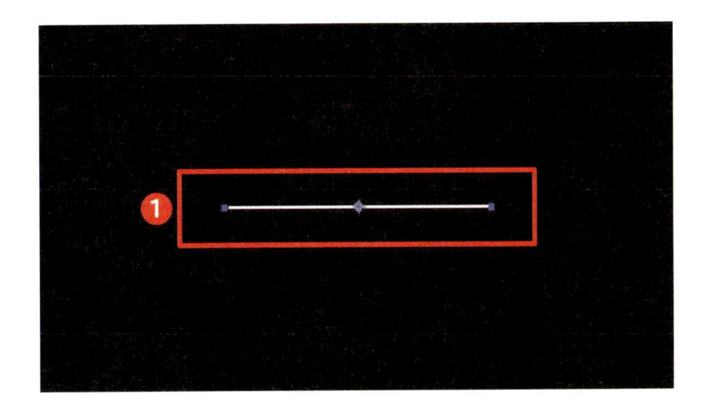

2 「波形ワープ」を適用する

この線にエフェクトの「ディストーション」から「波形ワープ」を適用することで、線が一定の間隔で波打つアニメーションが作成されます❷。「エフェクトコントロール」パネルの「波形ワープ」から、「波形の高さ」❸や「波形の幅」❹などを調整することもできます。

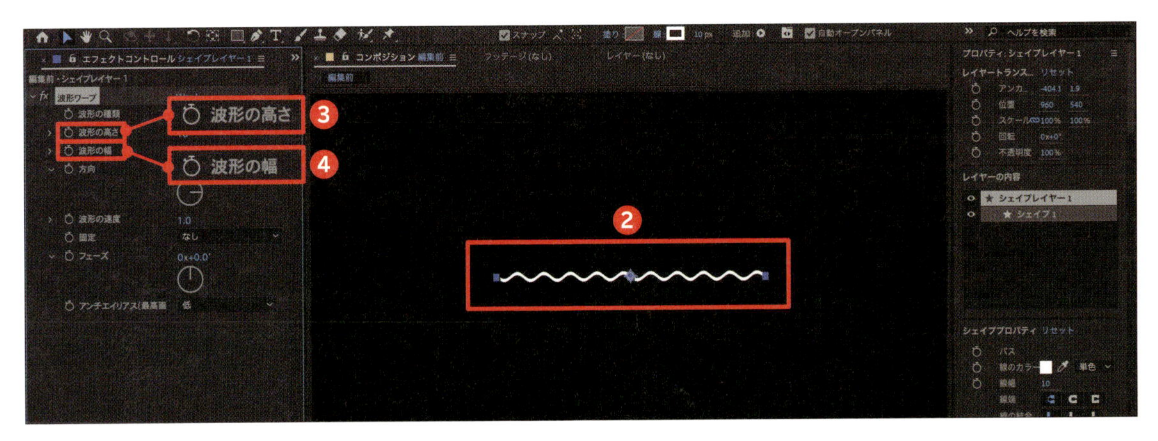

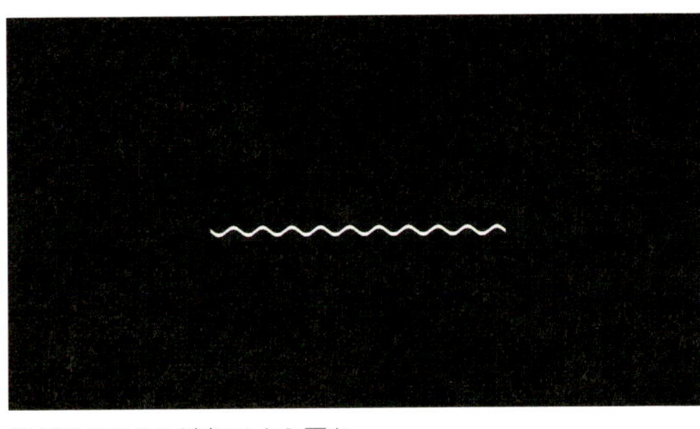

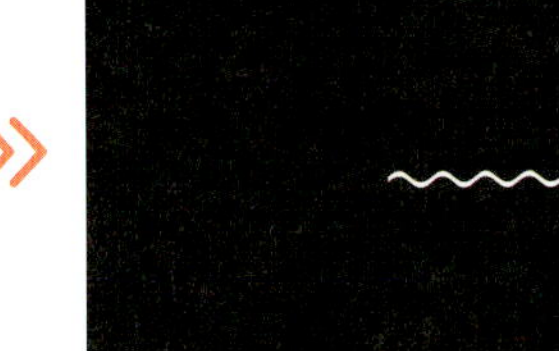

線がうねうねと波打つよう歪む

星の爆発

シミュレーションのエフェクトでは流体やパーティクルの動きを作れます。ここではCC Star Burstを使い、星が爆発する宇宙空間風のアニメーションを作ります。

中心から粒子が放射線状に飛び散るアニメーション

1 平面に「CC Star Burst」を適用する

平面レイヤー❶に対してエフェクトの「シミュレーション」から「CC Star Burst」を適用します。目の前に向かって粒子が向かってくるようなアニメーションが作成されます❷。

さらに「エフェクトコントロール」パネルから「Grid Spacing」❸や「Size」❹を調整し、粒子の空間配置や大きさを調整したり、「Speed」❺から速度を調整するとよいでしょう。

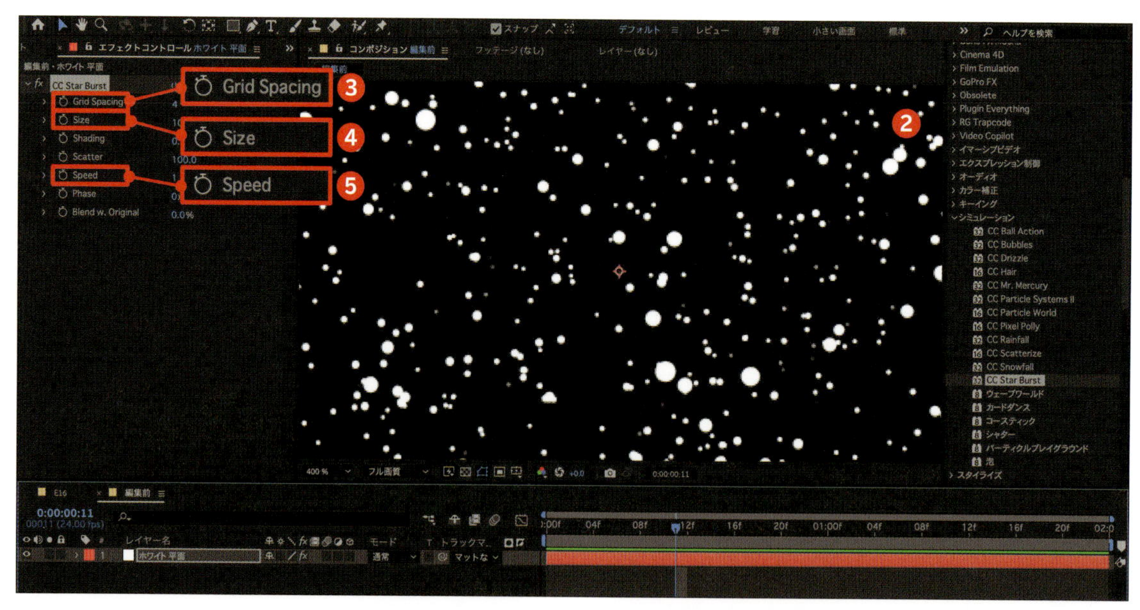

目の前に粒子が向かってくる

パーティクル

パーティクル機能で埃や炎、煙などの流体を作り、立体的なアニメーションの作成が可能です。ここではCC Particle Systems IIを使った流体の動きを解説します。

◆ 粒子が自由に散らばるアニメーション

1 平面に「CC Particle Systems II」を適用する

平面レイヤーに対してエフェクトの「シミュレーション」から「CC Particle Systems II」を適用します。中央から噴き出すパーティクルのアニメーションが作成されます❶。

さらに「エフェクトコントロール」パネルからパーティクルを調整できます。「Birth Rate」ではパーティクルが生成される度合い❷、「Longevity (sec)」ではパーティクルが消えるまでの時間❸、「Producer」ではパーティクルの位置や半径❹、「Physics」では物理的な性質❺、「Particle」ではパーティクルの見た目などを設定できます❻。ここでは「Birth Color」と「Death Color」の色を白に変更します❼。

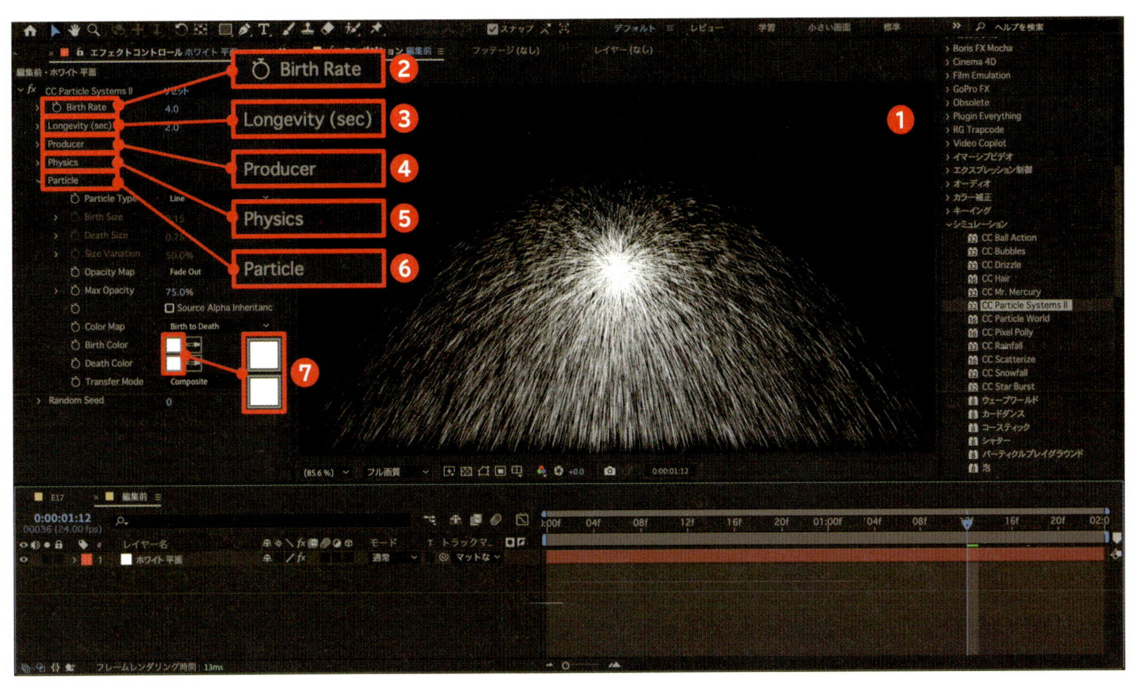

»

»

46 ブラー

ブラーは、映像や画像にぼかしを加え、深みや焦点調整を行うエフェクトです。視線誘導にも使えます。ここではブラー（ガウス）を例に解説します。

◆ ぼかし効果のアニメーション

1 シェイプレイヤーを作成する

前準備としてシェイプレイヤーを作成します❶。

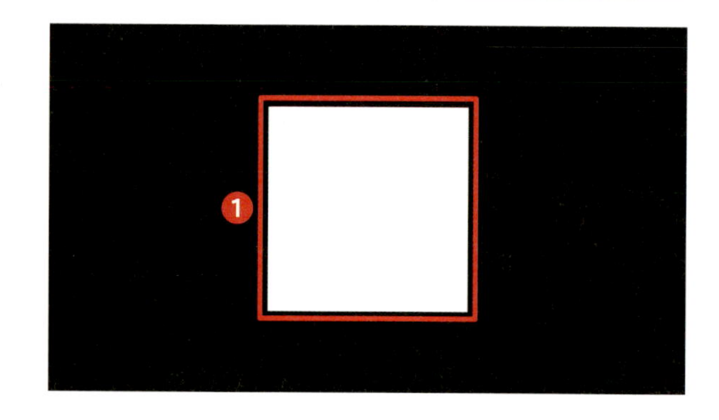

2 調整レイヤーを配置する

さらにその上に調整レイヤーを配置します❷。この調整レイヤーにエフェクトの「ブラー（ガウス）」を適用することで、調整レイヤーよりも下に配置したレイヤーがぼかされて表示されます❸。

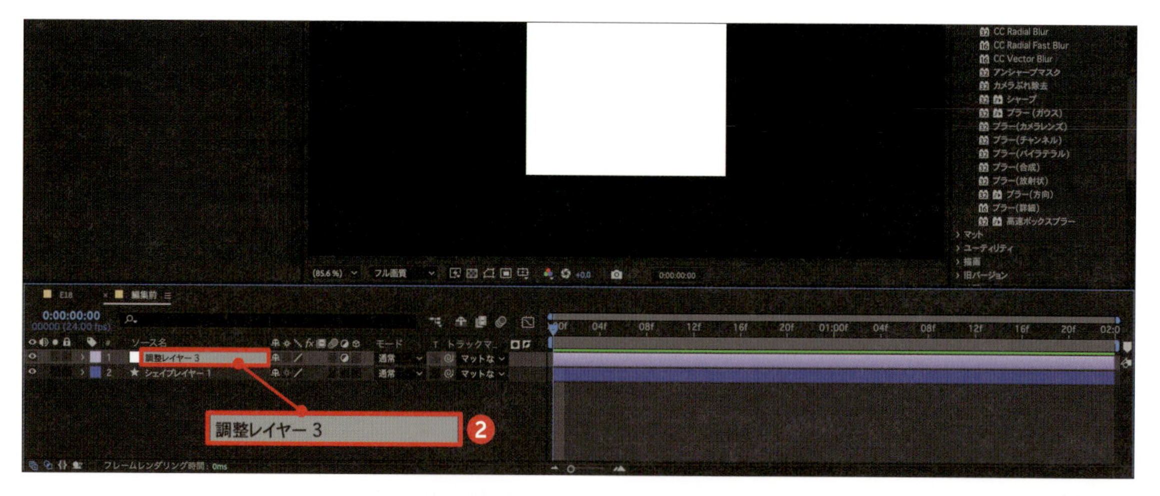

3 「ブラー」にキーフレームを打つ①

「ブラー（ガウス）」を適用しただけでは変化がないため、0秒の地点でキーフレームを打ち❹、1秒の地点で「ブラー」の数値を「60.0」に上げます❺。このときに「エッジピクセルを繰り返す」にチェックが入っていると、エッジがはっきりと映る設定になり変化が見られないため、チェックを外しておきます❻。

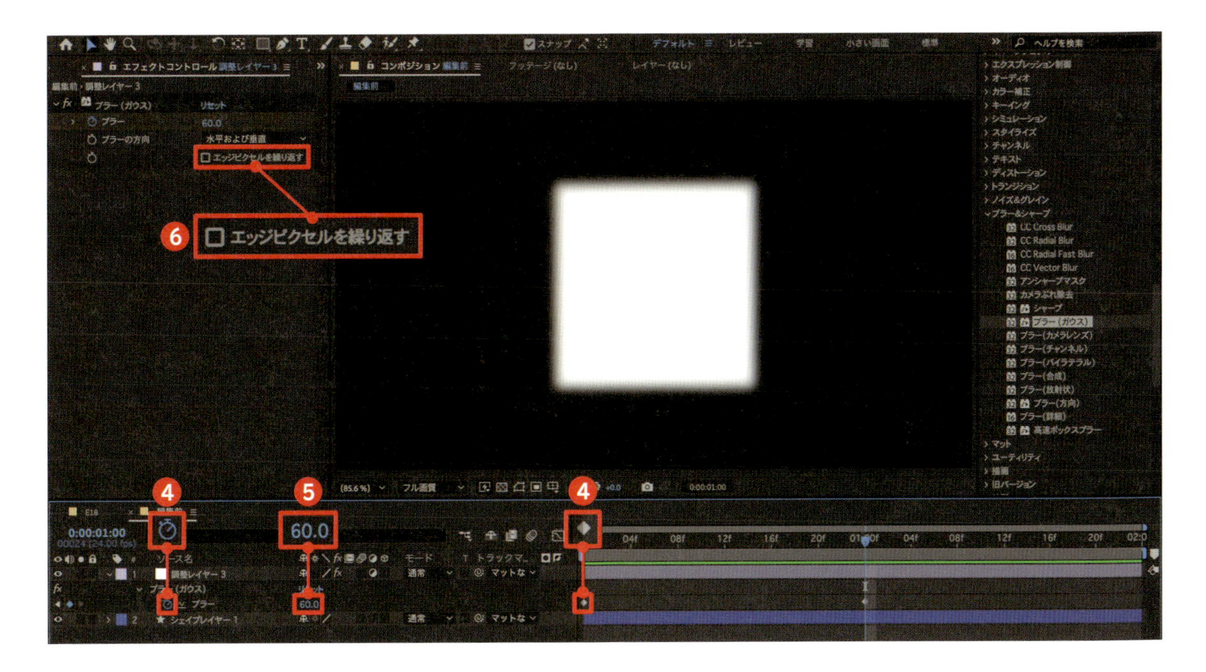

4 「ブラー」にキーフレームを打つ②

さらに2秒の地点で再び「ブラー」が「0.0」になるようにキーフレームを打つと、カメラのフォーカスを合わせるときのようなボケ感のあるアニメーションができます。

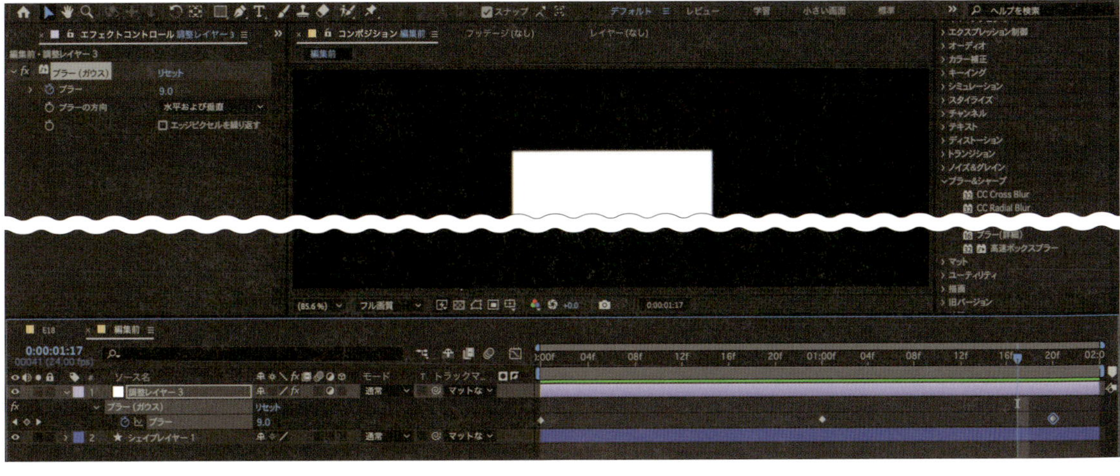

ノイズ

フラクタルノイズは、抽象的なテクスチャや背景の作成、雲や煙などの自然現象のシミュレーションをする際に広く使われる、ノイズエフェクトの1つです。

◆ランダム模様が変化し続けるアニメーション

1 平面に「フラクタルノイズ」を適用する

平面レイヤーに対し、エフェクトの「ノイズ&グレイン」から「フラクタルノイズ」を適用します。霧のようなノイズが平面上に作成されます❶。

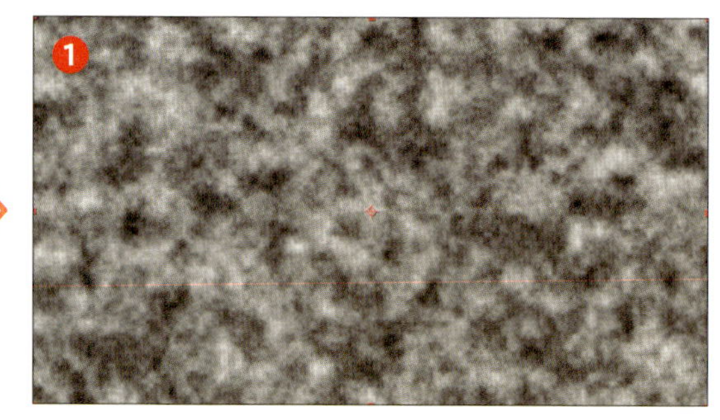

2 コントラストと明るさを調整する

「エフェクトコントロール」パネルから「コントラスト」❷や「明るさ」を調整し、明るい箇所と暗い箇所の表示を変更できます。ここでは「明るさ」の数値を「-50.0」に設定し❸、暗い箇所を多くしてみます。

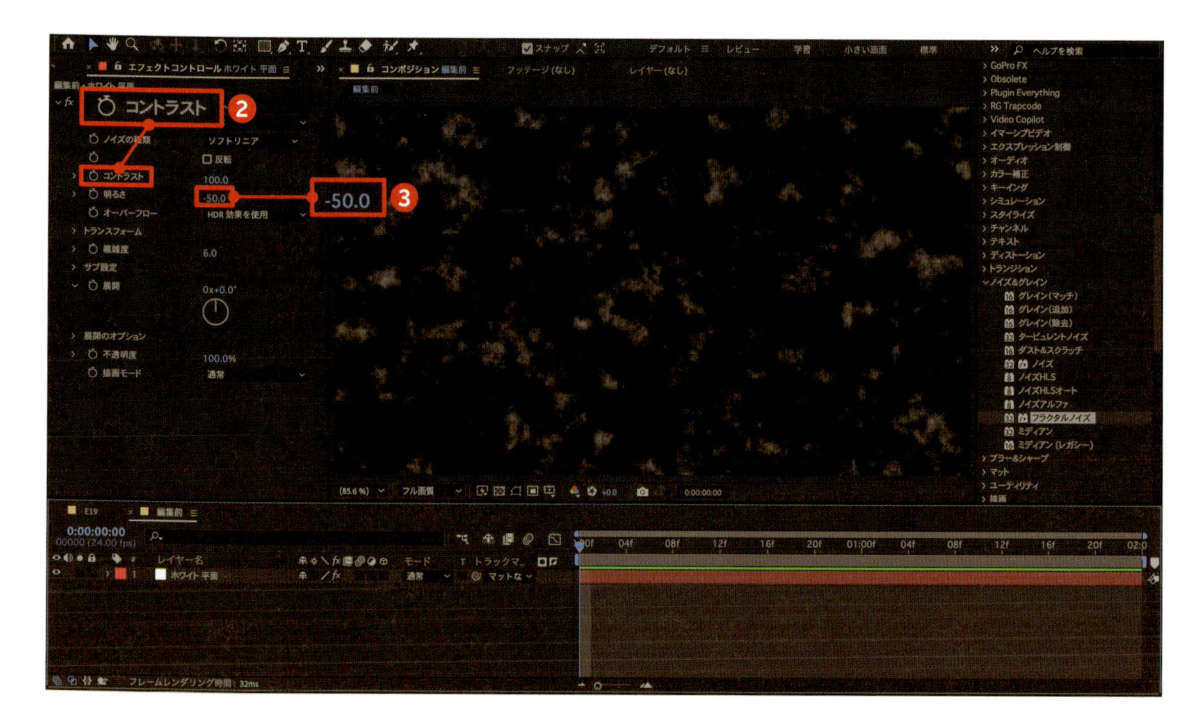

3 ランダムシードで動きをつける

「展開のオプション」を開き❹、「ランダムシード」にキーフレームを打ちます❺。「ランダムシード」が「0」から「10」に移行するようキーフレームを打つと❻、ノイズがパラパラと画面上に動くようになります。

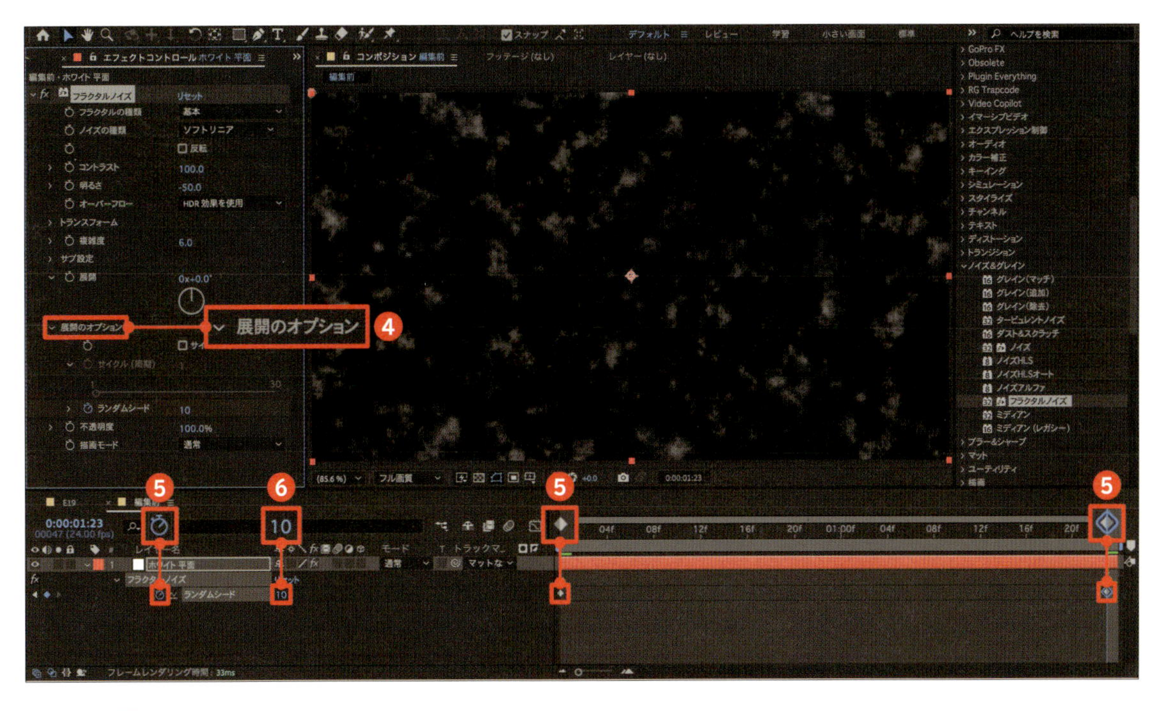

POINT

「ランダムシード」とは、ランダムな動きをするための数字のことをいいます。

Check! タービュレントノイズ

似たようなエフェクトに、「タービュレントノイズ」があります。タービュレントノイズはフラクタルノイズよりもレンダリングの時間が短く、フラクタルノイズの場合は展開のループが可能なため、映像によって使い分けるとよいでしょう。

ランダムな模様が有機的に変化し続けるように動く

ドット

CC Ball Actionは、映像やテキストをドット状に分解、変形させるのに便利です。ドット化されたアニメーションや特殊効果を作成する際に便利です。

◆ 小さなドットが大きくなるアニメーション

1 「CC Ball Action」を適用する

前準備として平面レイヤーを作成し❶、エフェクトの「シミュレーション」から「CC Ball Action」を適用します。

2 ドットのサイズを調整する

ボールのサイズが大きい状態だと変化が見られないため、「エフェクトコントロール」パネルから「Ball Size」の数値を「25.0」に下げます❷。さらに「Grid Spacing」ではボールを配置する際に密に配置できますが、ここでは数値を「3」に設定します❸。細かいドットが画面上に表示されます❹。

3 ドットが広がる設定をする

「Grid Spacing」にキーフレームを打ち❺、「3」→「30」になるように数値を上げると❻、ドットが広がるアニメーションが作成されます❼。
ドットはパターン背景やピクセルアート風のデザインなどにも活用することができます。

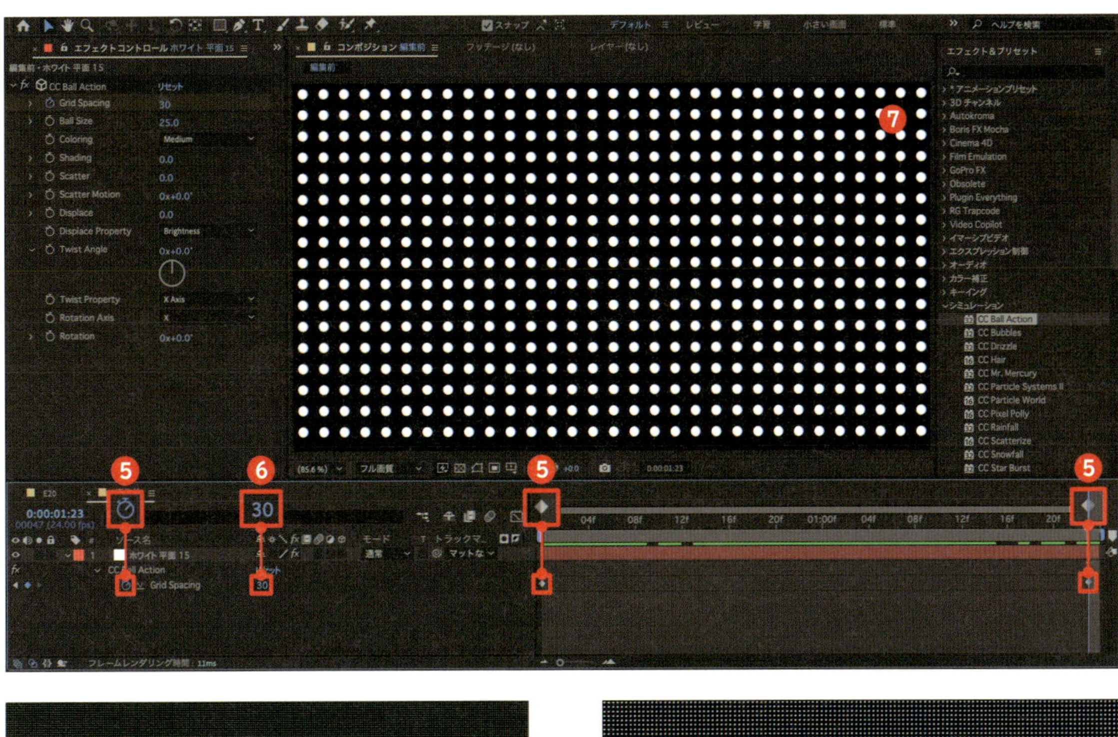

稲妻

稲妻（高度）エフェクトを使えば、簡単に雷のアニメーションが作れます。テキストやタイトルに加えるほか、血管やひび割れなどの網状表現にも活用できます。

◆ 電流がジグザグに走るアニメーション

1 「稲妻（高度）」を適用する

前準備として平面レイヤーを作成します。エフェクトの「描画」から「稲妻（高度）」を適用すると、画面上に稲妻が表示されます❶。「稲妻（高度）」に対して「稲妻の種類」から［双方ストライク］に変更すると❷、原点と方向の両方の点から稲妻が向かっていく表示に切り替わります。

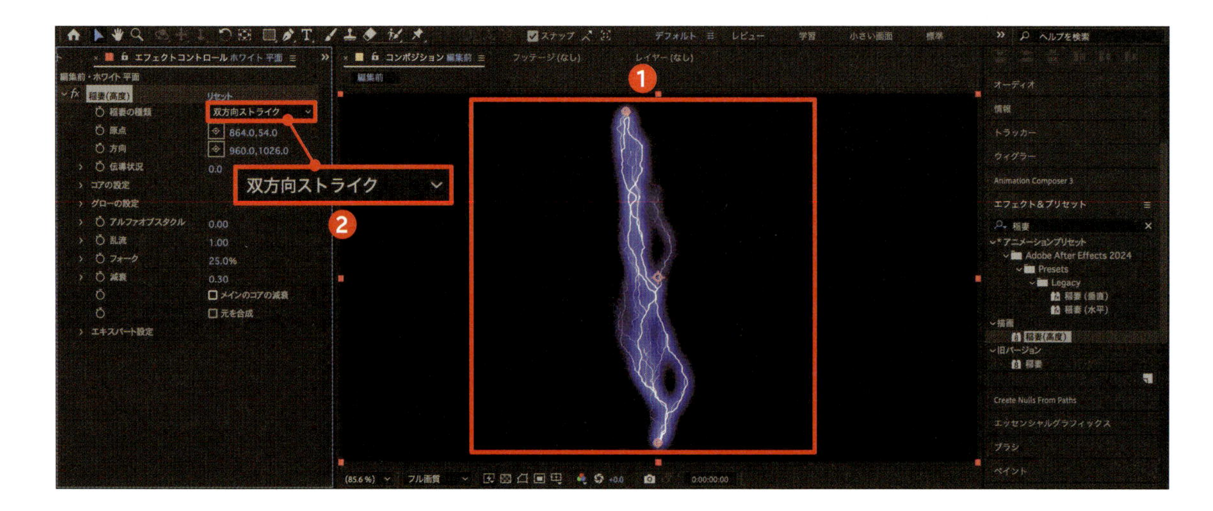

2 「グローの設定」を変更する

「エフェクトコントロール」パネルから「グローの設定」を開き❸、「グローのカラー」を［白］に変更し❹、「グローの不透明度」に「0.0」％と入力すると❺、稲妻のコアの部分だけを表示することができます。

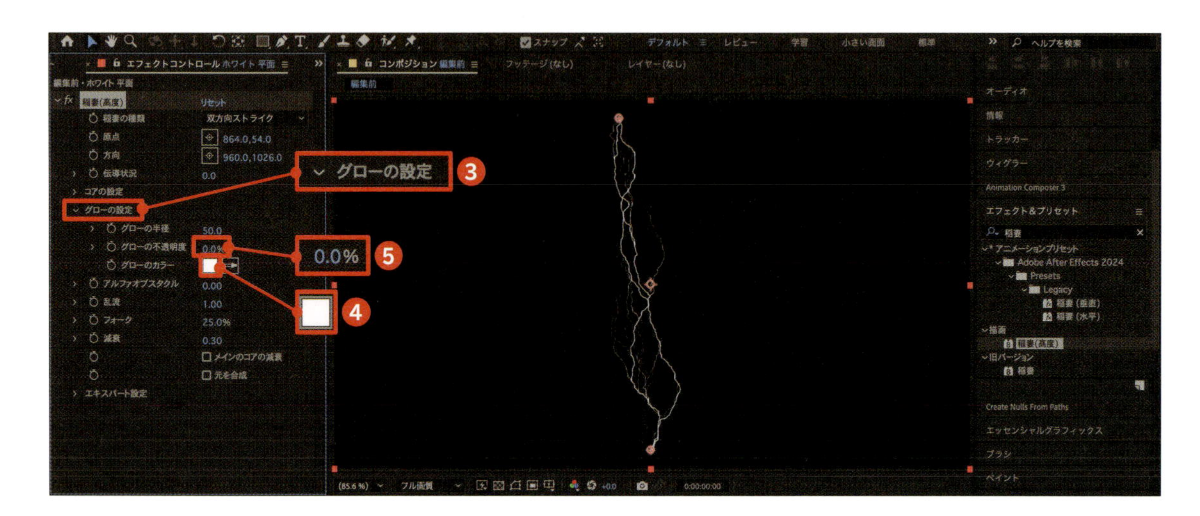

3 「原点」と「方向」を変更する

「原点」と「方向」の数値を調整すると、稲妻に動きをつけることができます。
ここでは「原点」に「0.0,1000.0」と入力して左下に点を配置し❻、「方向」には「1920.0,1000.0」と入力して右下に点を配置します❼。この「原点」と「方向」は、画面内の点をドラッグすることでも動かすことができます。

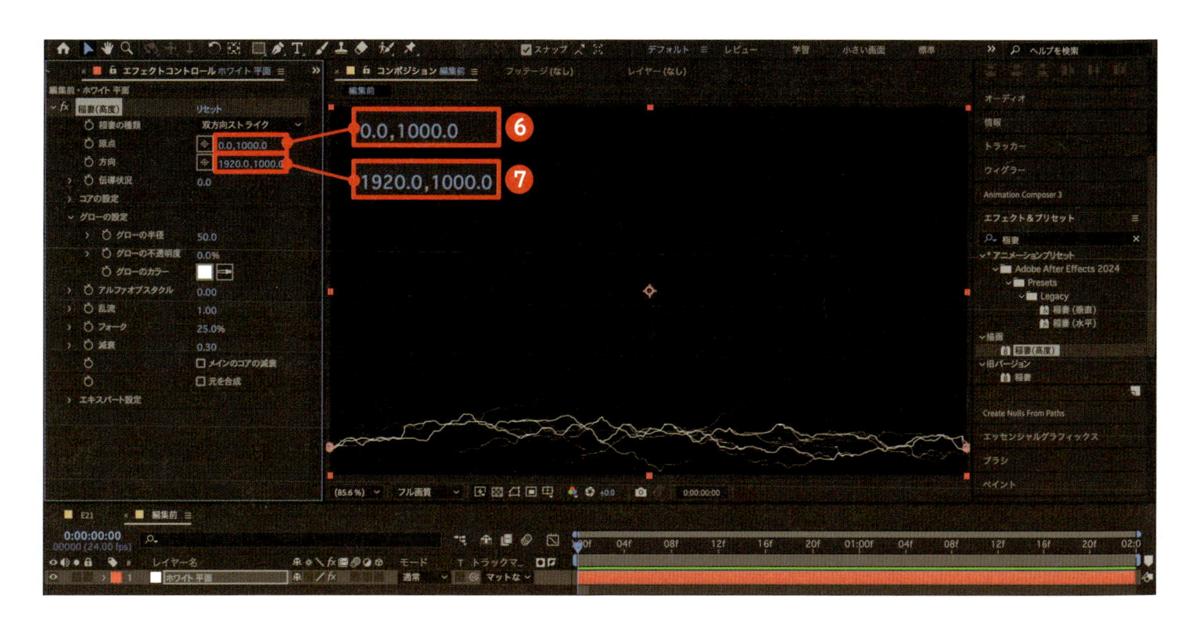

4 「原点」と「方向」にキーフレームを打つ

「原点」と「方向」にキーフレームを打ち❽、画面上部へと動くように「原点」と「方向」のY軸を「100.0」に設定すると❾、稲妻のアニメーションが加わりながら上に移動する動きができます。

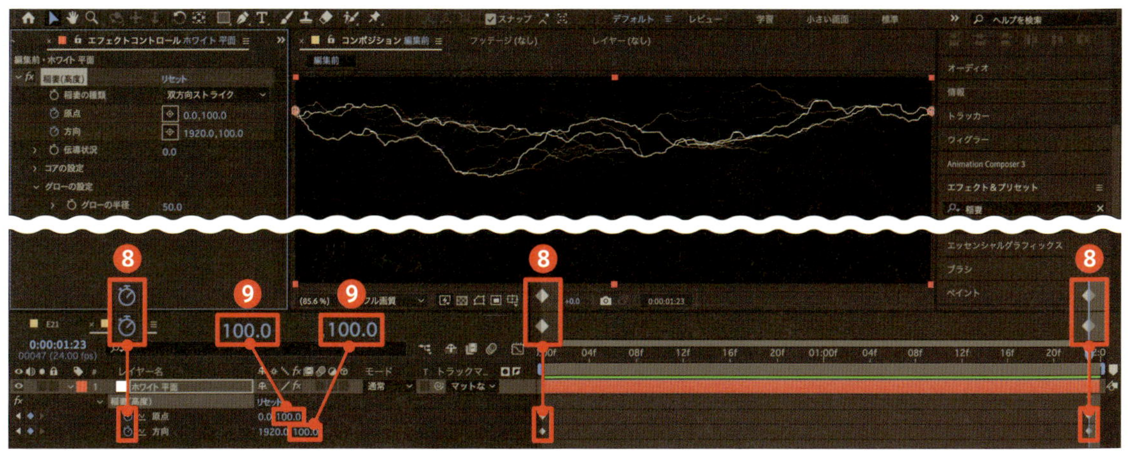

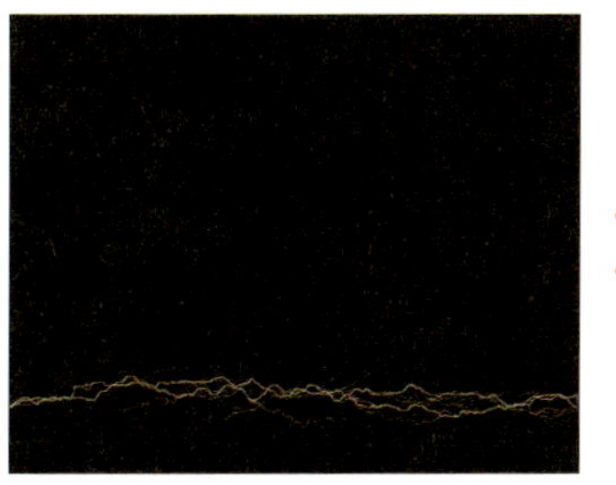

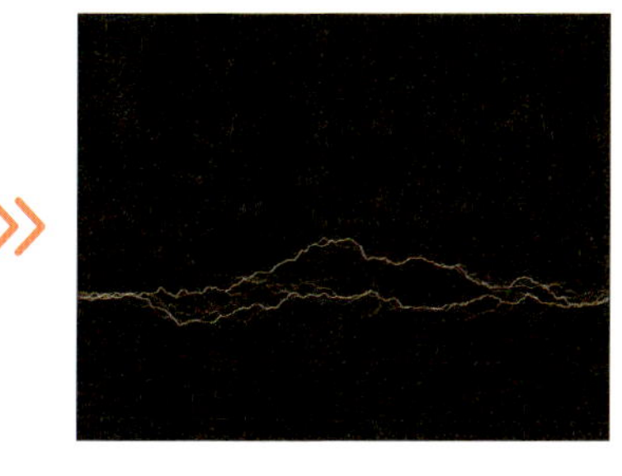

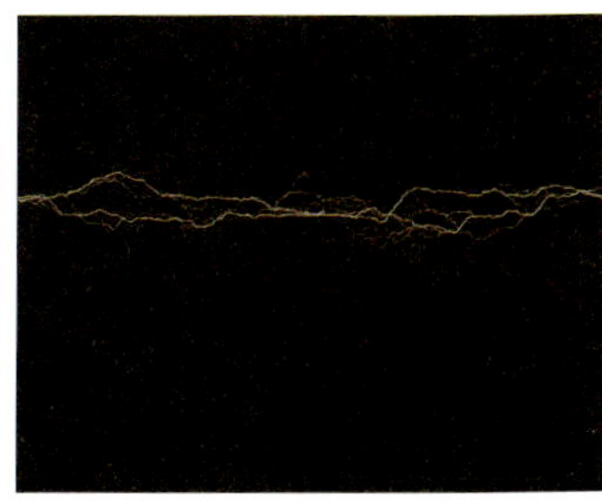

50 グロー

グローエフェクトを使えば、オブジェクトやテキストに輝きを加えられます。周囲に光の輪やぼかしを作ることで、映像にインパクトや幻想的な輝きを演出できます。

◆周囲が柔らかく光るアニメーション

1 シェイプレイヤーを作成する

前準備として楕円形ツールで円形のシェイプを作成します❶。

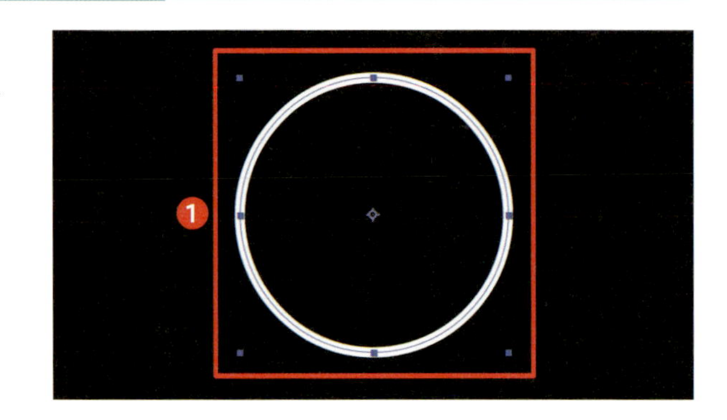

2 「グロー」を適用する

エフェクトの「スタイライズ」から「グロー」を適用します。シェイプの周りにぼかしのかかった光の輝きが出現します❷。「グロー半径」の数値を「0.0」→「50.0」になるようにキーフレームを打つことで❸、徐々にシェイプの光が強くなるアニメーションができます。

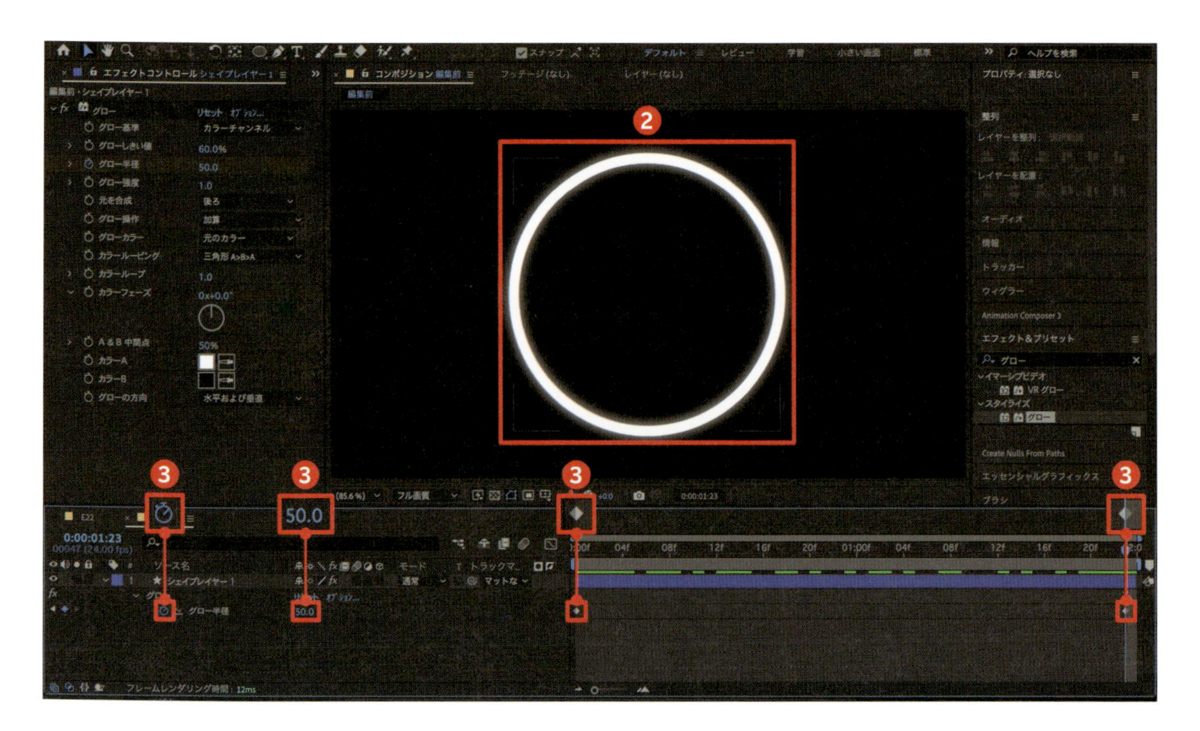

Check!
レイヤースタイルから光彩を加える

シェイプやテキストにグローを加える方法として、「レイヤースタイル」→[光彩（外側）]をクリックして加える方法もあります（P.73参照）。この場合もグローと同様に「サイズ」にキーフレームを打つことで光を強めることができます。

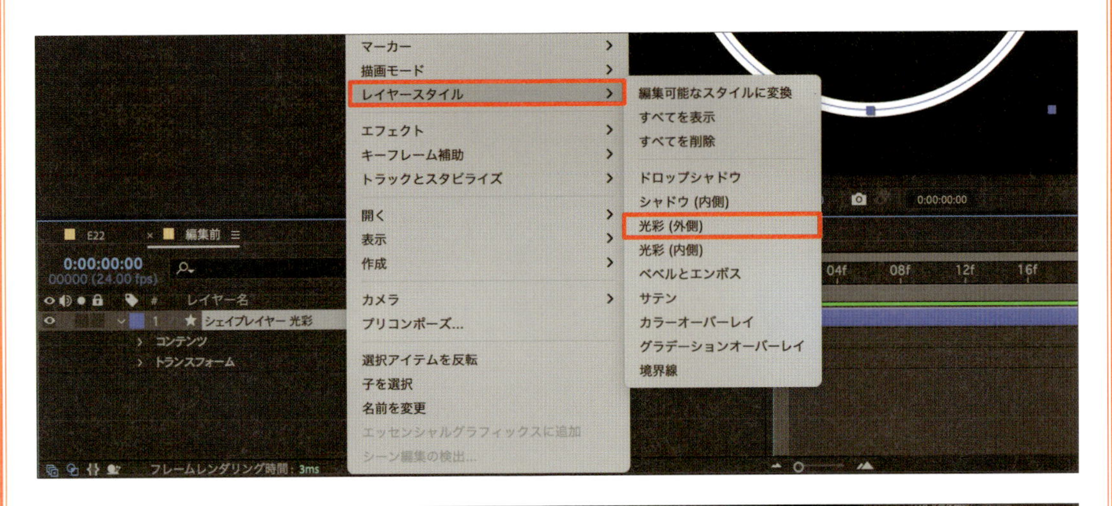

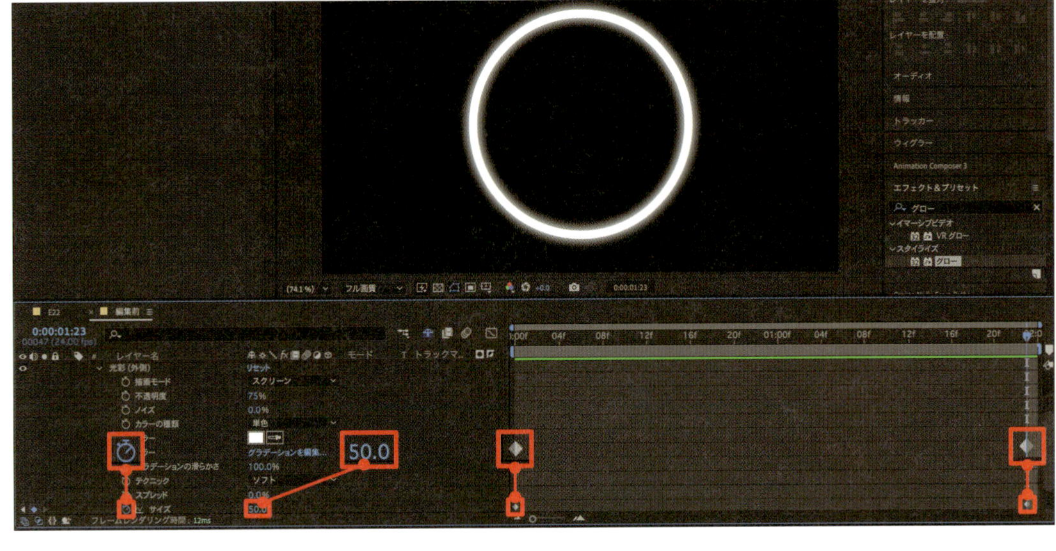

オブジェクトの周囲が柔らかな光で発光し、光の強さや広がりが変化するように動く

ディストーション

ディストーションは映像やオブジェクトに歪みを加えます。タービュレントディスプレイスは、自然な動きのある歪みを適用し、水や風、炎、煙などを表現します。

◆ 不規則に歪み、揺らめくように変形するアニメーション

1 調整レイヤーを配置する

前準備としてシェイプツールでオブジェクトを作成し❶、シェイプレイヤーの上に調整レイヤーを配置します❷。

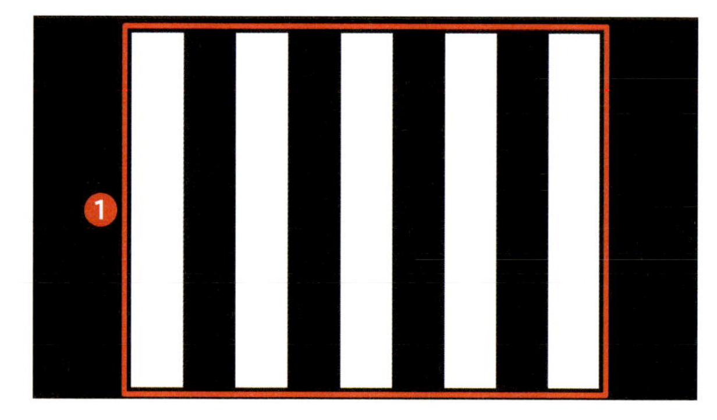

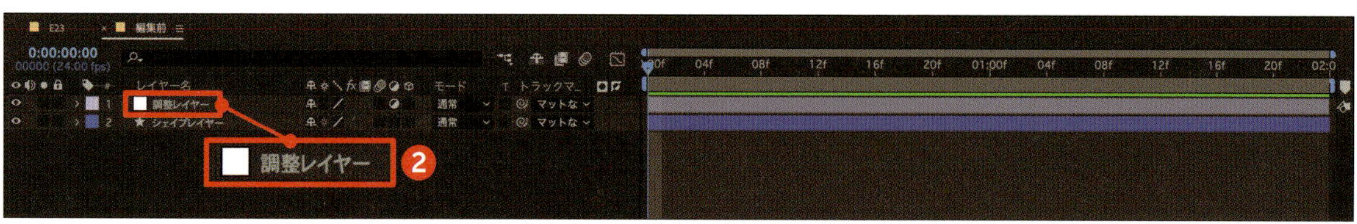

2 「タービュレントディスプレイス」を適用する

調整レイヤーにエフェクトの「ディストーション」から「タービュレントディスプレイス」を適用すると、調整レイヤーより下のレイヤーに不規則な波打つ歪みが加わります❸。

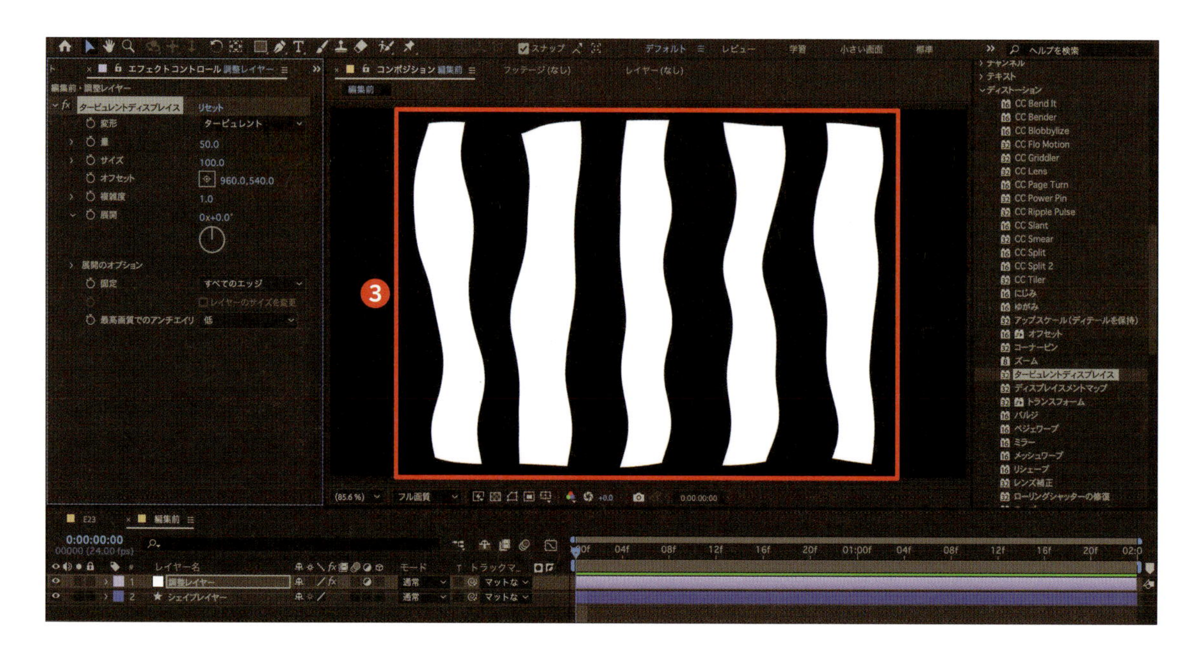

3 「量」にキーフレームを打つ

「タービュレントディスプレイス」の「量」のキーフレームをオンにし❹、「量」が「0.0」から「100.0」に変化するようにキーフレームを打つことで❺、徐々にシェイプの歪みが大きくなるアニメーションができます❻。

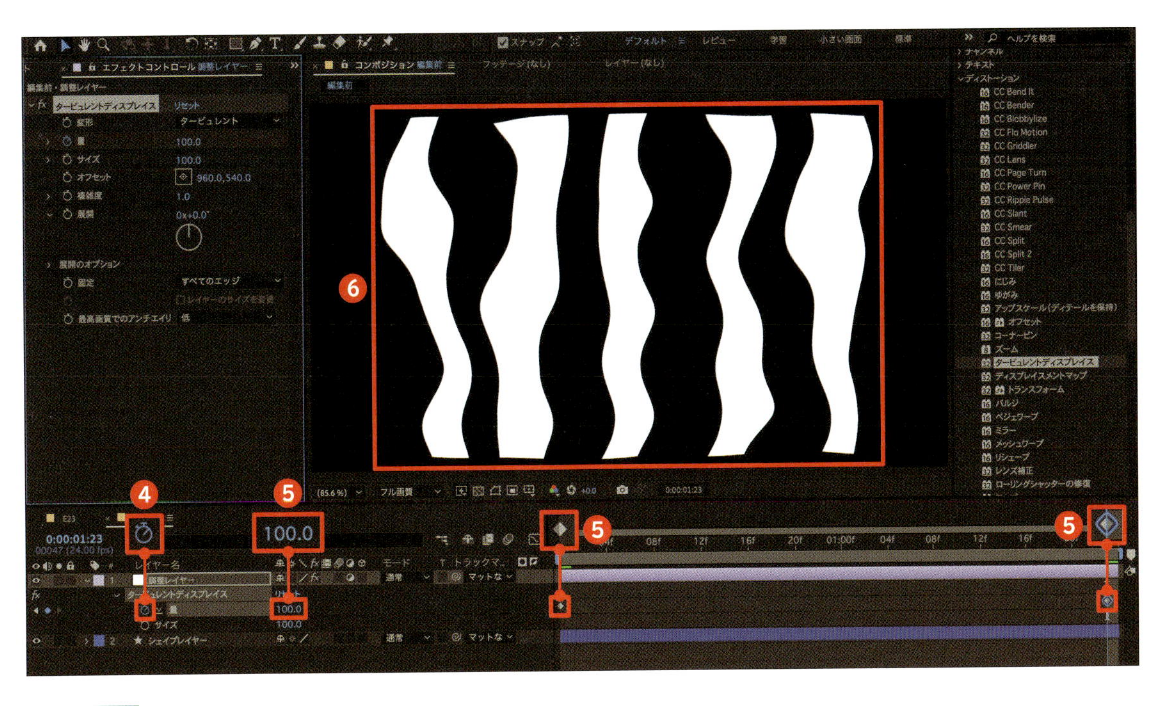

POINT

「サイズ」の数値を下げることで、より歪みが細かくなります。

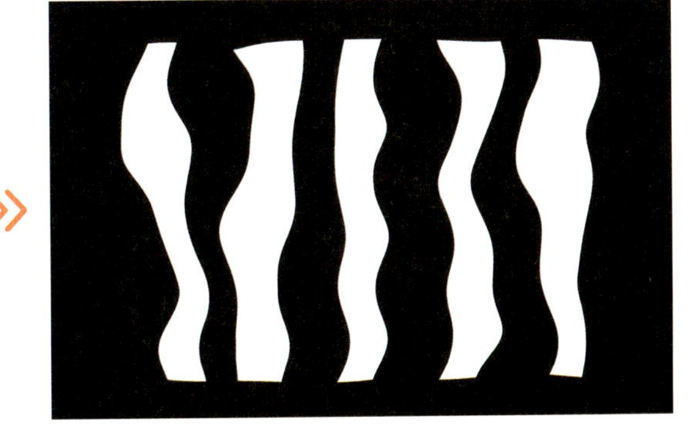

モザイク

モザイクは、低解像度の模様を作り出し、映像の一部を隠したり、全体にレトロな雰囲気を与えたり、トランジションに使ったりと、抽象的な視覚効果が作れます。

◆ モザイク模様を作り出すアニメーション

1 シェイプレイヤーを作成する

前準備として楕円形ツールで円形のシェイプを作成します❶。

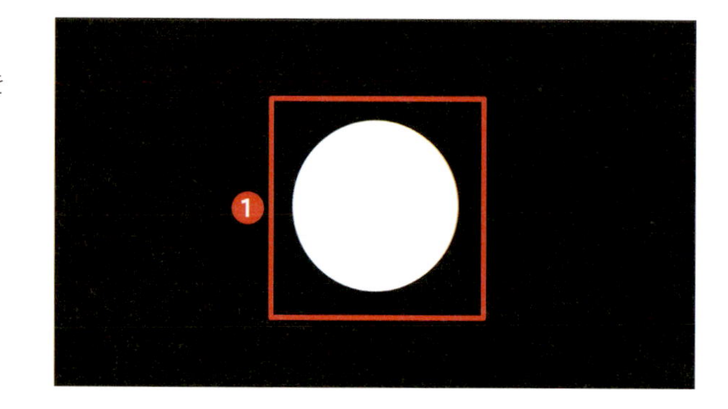

2 「モザイク」を適用する

エフェクトの「スタイライズ」から「モザイク」を適用します。シェイプのピクセルがボケて抽象的な表示になりました。

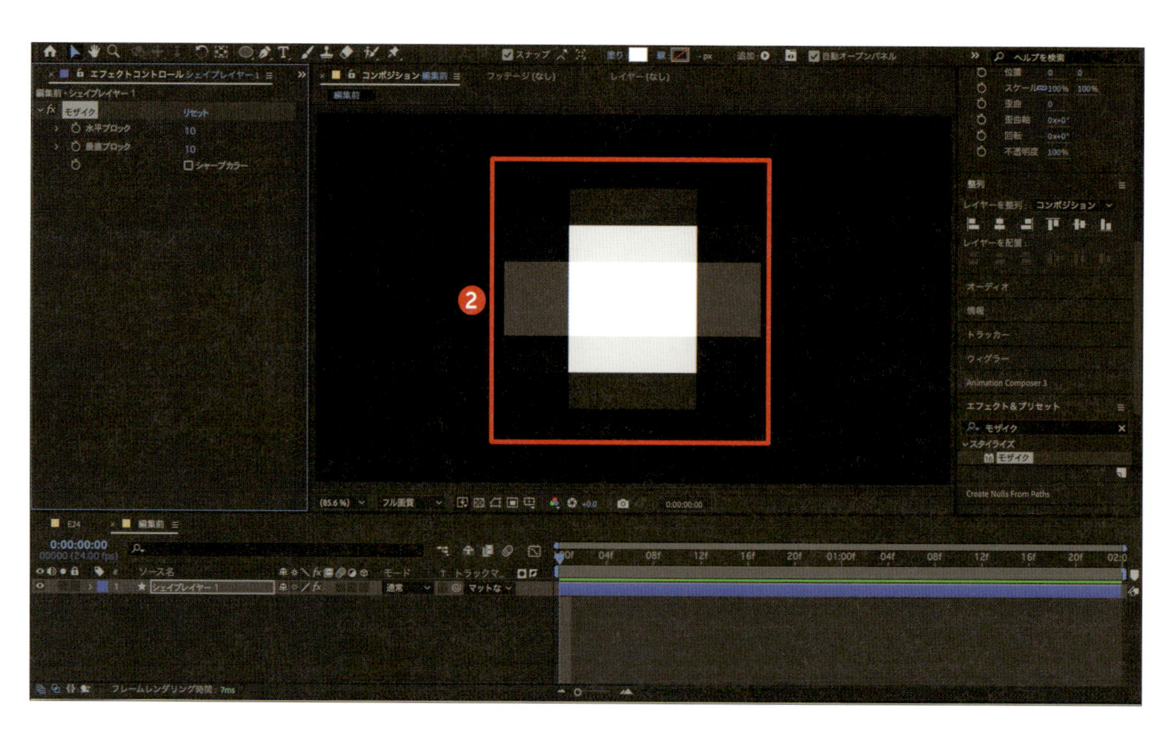

3 「水平ブロック」と「垂直ブロック」にキーフレームを打つ

「モザイク」の「水平ブロック」と「垂直ブロック」にキーフレームを打ちます❸。時間経過とともに「水平ブロック」と「垂直ブロック」の数値が「100」になるように設定すると❹、モザイクのピクセルの密度が徐々に高くなり、ぼかし具合（抽象度）が弱くなります。

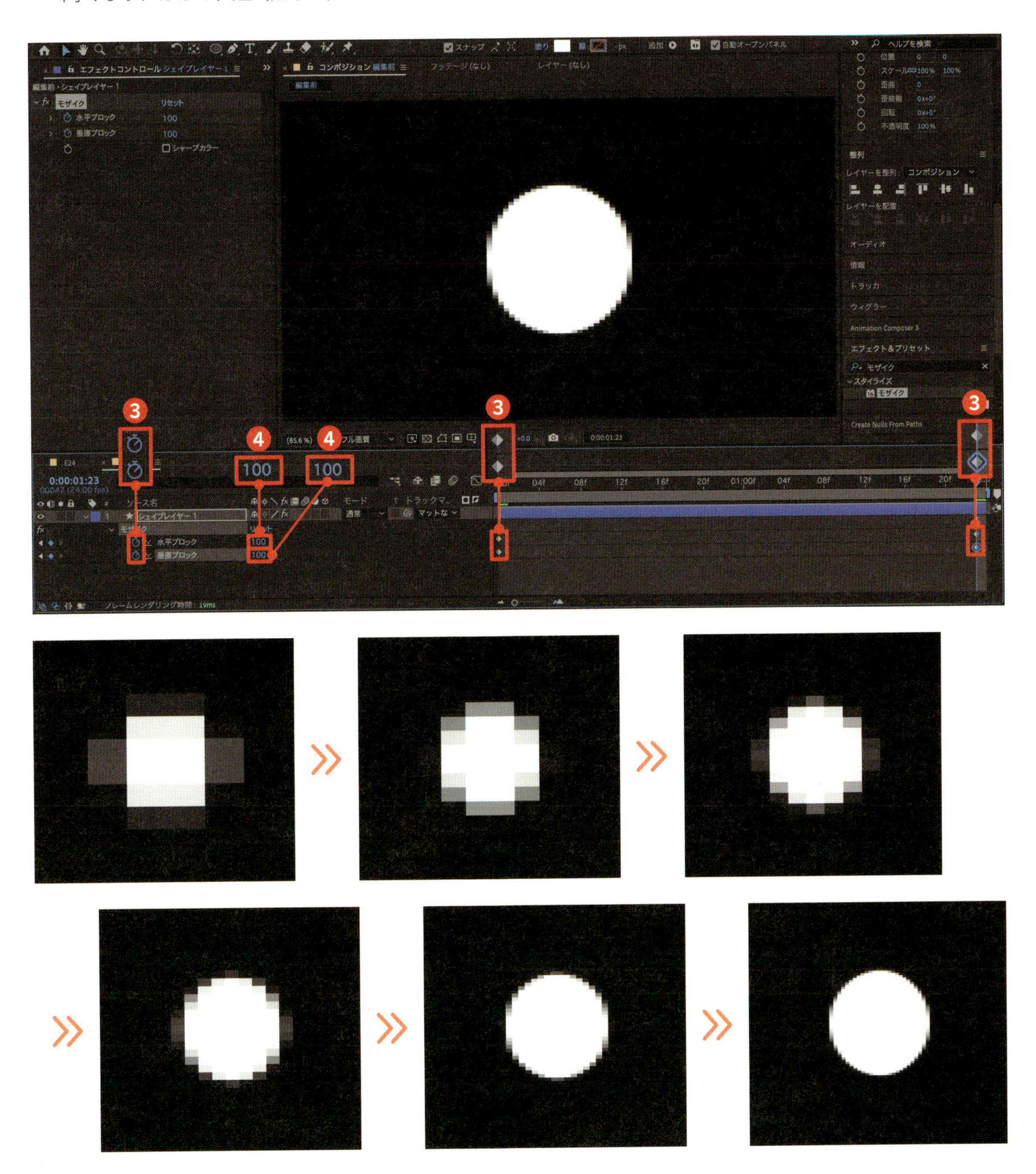

53 フレア

レンズフレアは光源がレンズ内部で反射し、輝きのリングや光のぼやけた跡を生じさせる効果です。映画やCMで劇的な雰囲気を演出する際に使われます。

◆ 光がにじんで輝く動くアニメーション

1 「レンズフレア」を適用する

レイヤーに対してエフェクトの「描画」から「レンズフレア」を適用すると、映像にフレアを加えることができます❶。

Check!

平面レイヤーに適用する場合

平面レイヤーにエフェクトを使用する際は、平面の色を「黒」にして適用することで、「スクリーン」など「合成モード」で映像の上に配置して合成することもできます。

2 「光源の位置」を変更する

「エフェクトコントロール」パネルから、「レンズフレア」の「光源の位置」に「960.0,540.0」と入力すると❷、「1920x1080」の画面の中央に光源を配置することができます。

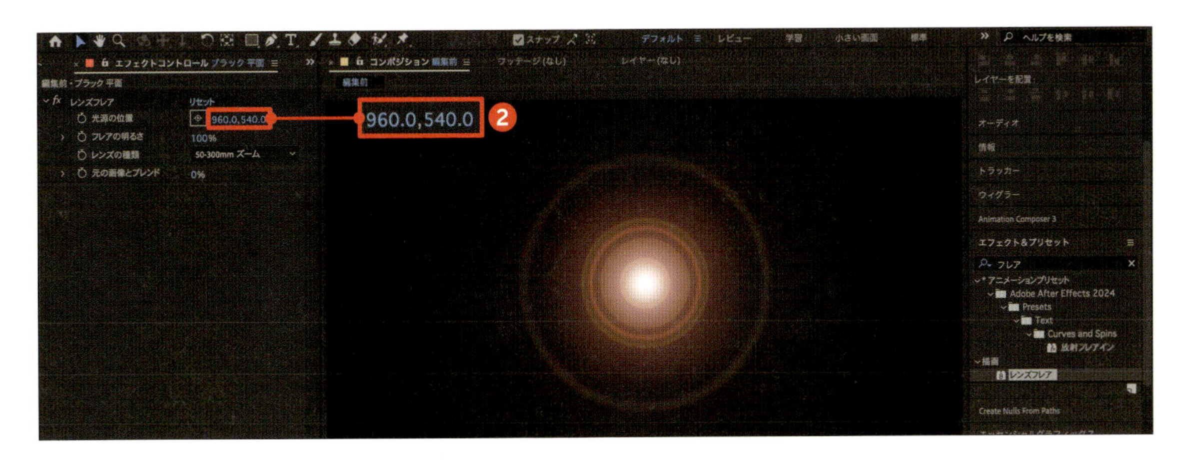

POINT

「レンズの種類」などからレンズフレアの種類を選ぶこともできます。

3 レンズフレアの光が増すアニメーションを作る

「フレアの明るさ」ではフレアの明るさを決めることができます。ここでは「フレアの明るさ」を「0」%から「100」%にするキーフレームを打つことで❸、徐々に光が強くなるアニメーションを作ることができます❹。

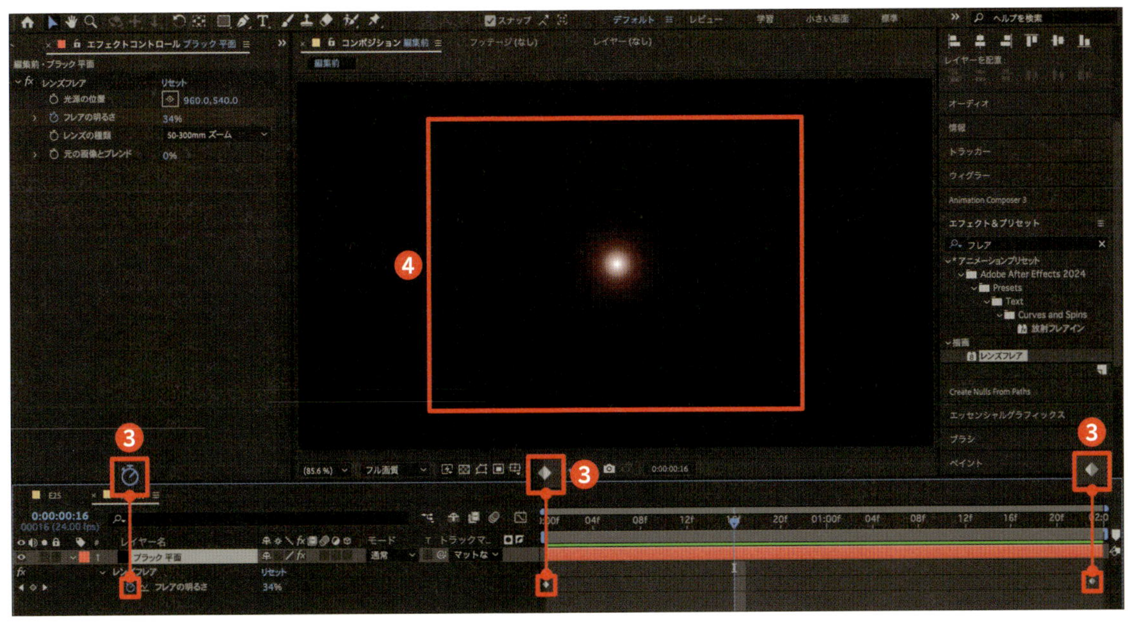

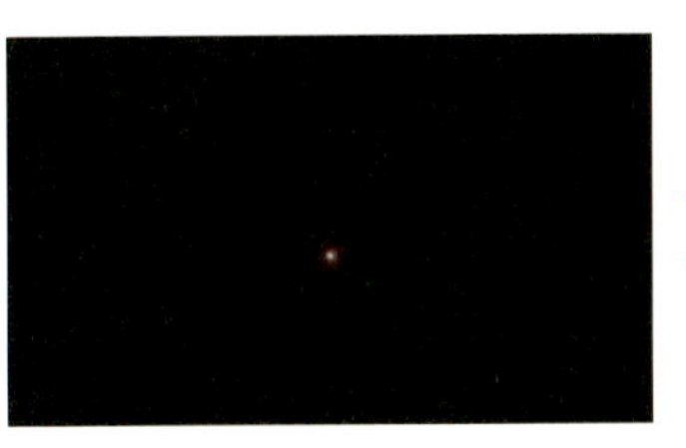

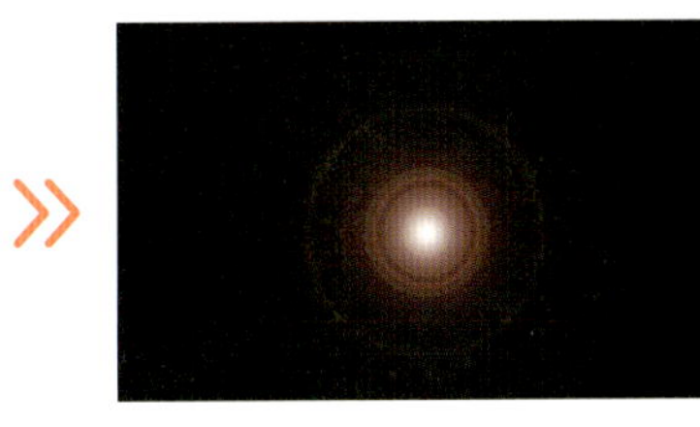

基本 レイヤー モーション基本 アニメーター エフェクト モーション応用 エクスプレッション

オーディオスペクトラム

オーディオスペクトラムは、音声の周波数を波形で視覚化する機能です。ミュージックビデオやアートプロジェクトなど、様々な映像制作に使われています。

◆ 音の周波数に応じて線が動くアニメーション

1 音声と平面を配置する

前準備として平面レイヤー❶と視覚的に表示したい音声ファイル❷を配置します。

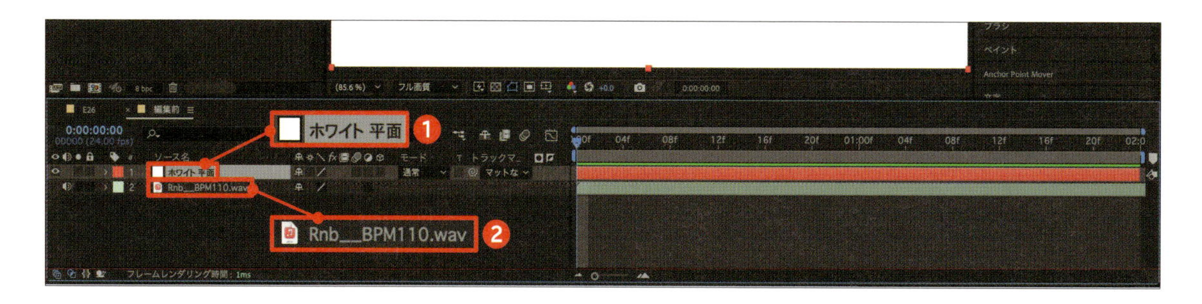

2 「オーディオスペクトラム」を適用する

エフェクトの「描画」から「オーディオスペクトラム」を平面レイヤーに適用します。
デフォルトではピンクの波形が画面に表示されます❸。「エフェクトコントロール」パネルの「オーディオスペクトラム」の「オーディオレイヤー」で音楽レイヤーを指定すると❹、波形が音に反応して動くようになります。

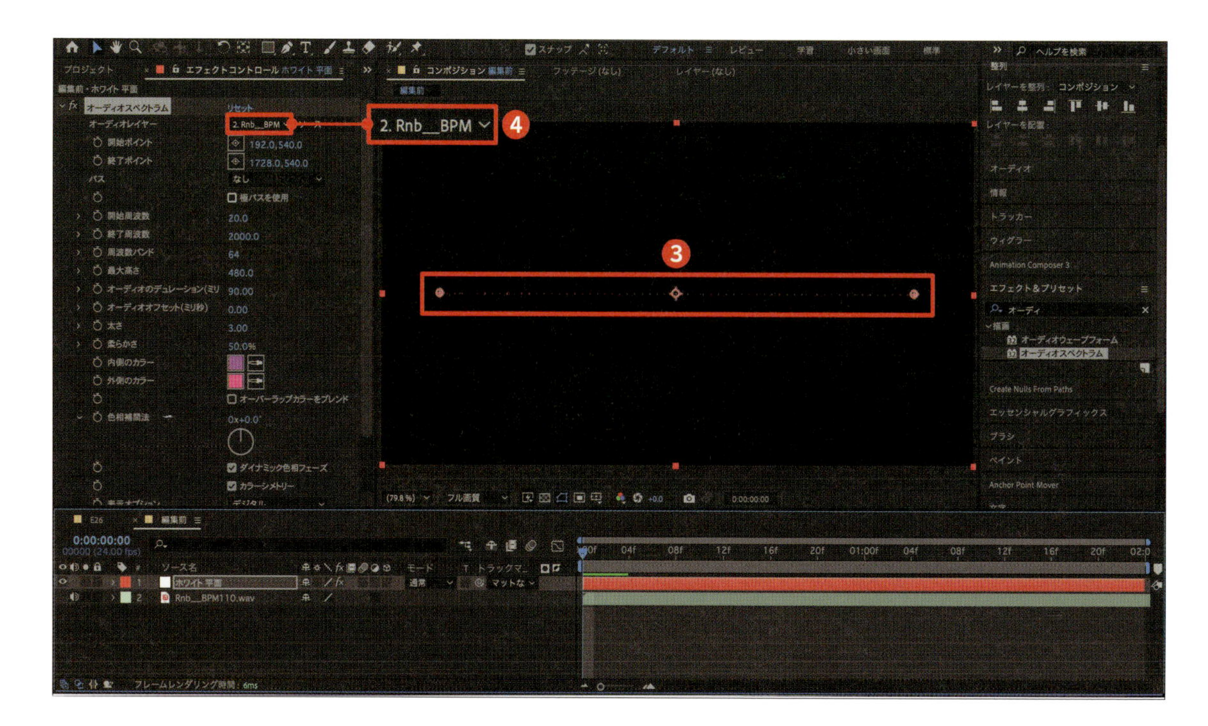

3 波形を調整する

「開始周波数」と「終了周波数」は波形にする音の周波数の範囲を示しているので、ここでは「開始周波数」を「20.0」にし❺、「終了周波数」を「100.0」にして❻、範囲を狭くします。「太さ」は見やすくなるよう「10.00」にし❼、ぼかしがかかる「柔らかさ」は「10.0」%❽に下げます。また、「内側のカラー」と「外側のカラー」で色は「白」に変更します❾。ほかにも「最大高さ」❿などで波形の高さを変えるなど、ここから見た目を変更していくことができます。

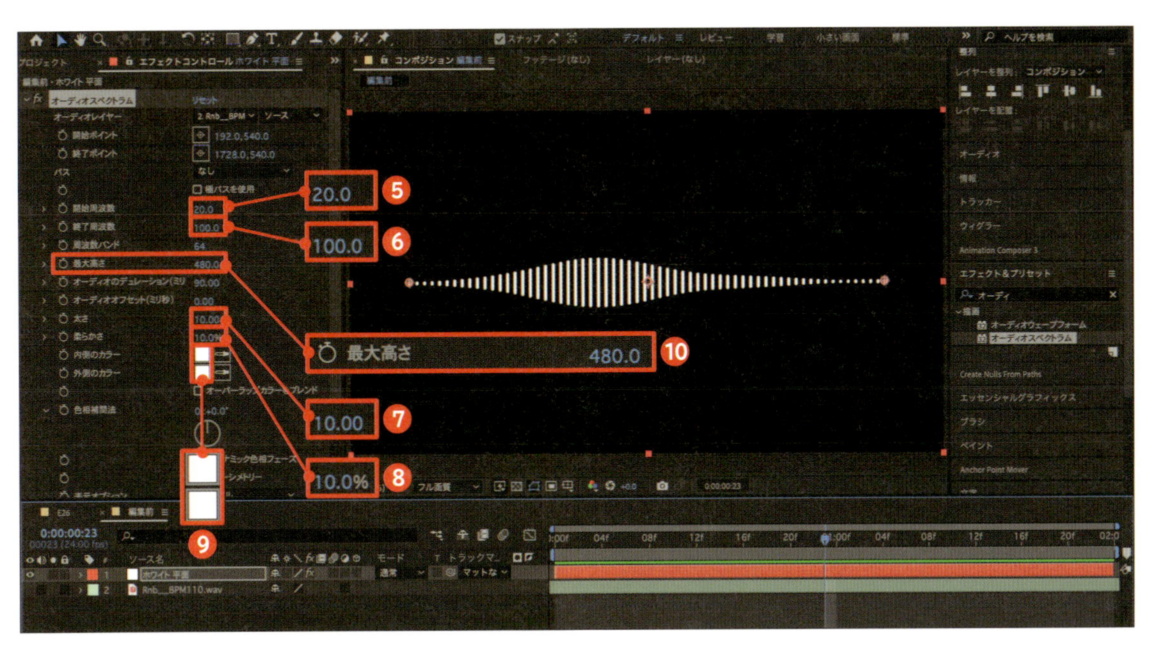

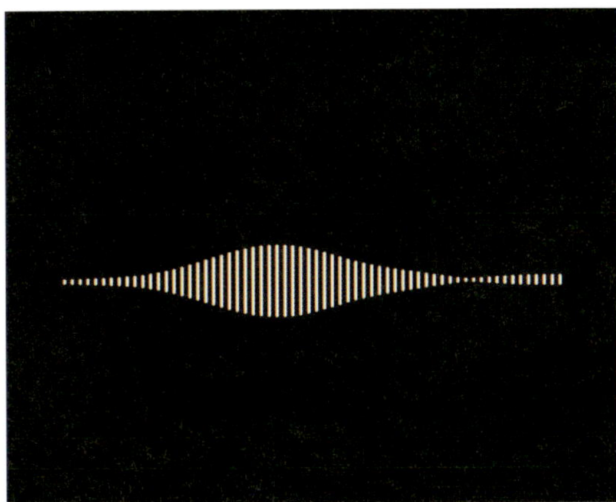

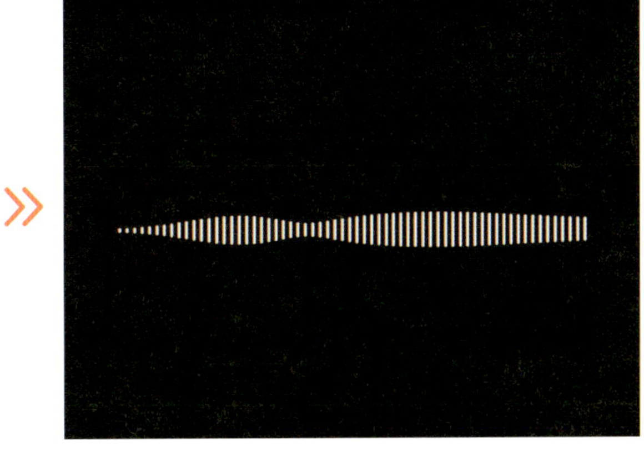

音声の周波数に応じて線が上下したり変化して動く

55 ストライプ

ブラインドを使うと、映像に縞模様を作り、部分的に見せたり隠したりできます。シーン切り替えや背景のアクセントにもよく使われます。

◆ストライプ状のシャッターが開閉するアニメーション

1 「ブラインド」を適用する

前準備としてシェイプレイヤーを作成します❶。シェイプレイヤーに対してエフェクトの「トランジション」から「ブラインド」を適用します。

POINT

「トランジション」のエフェクトは適用して数値を調整することで、レイヤーの表示などを変更することができます。

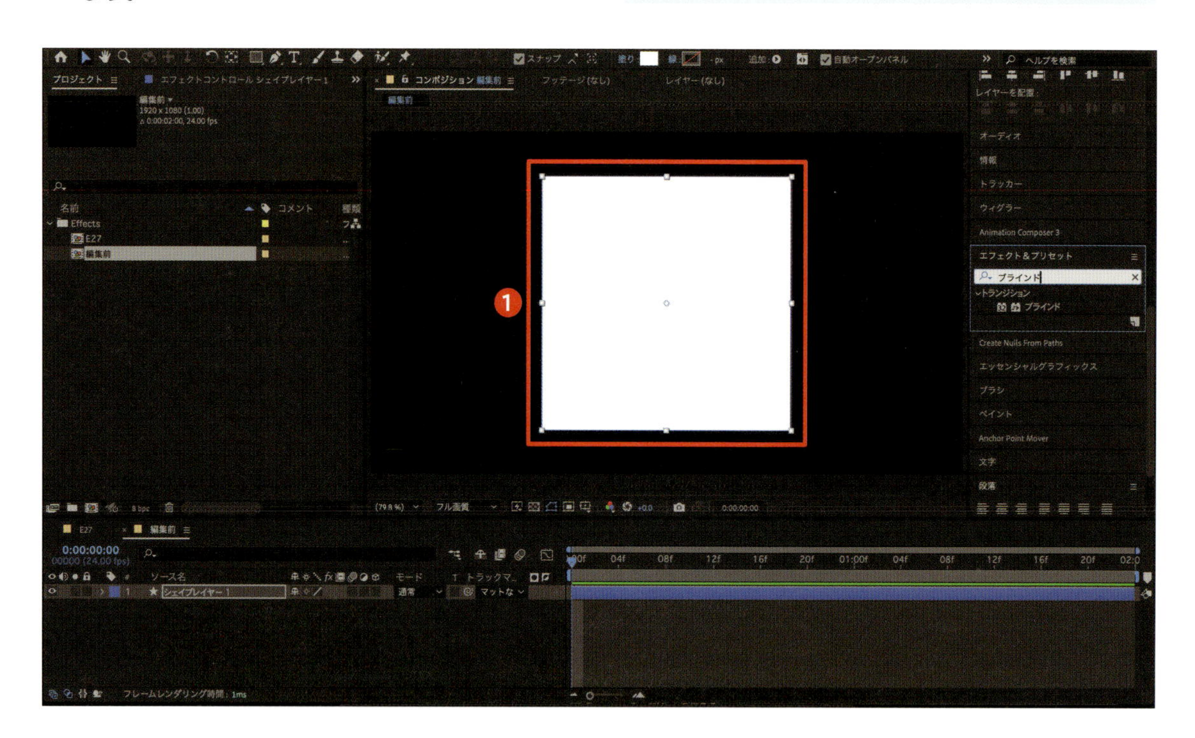

2 「変換終了」を変更する

「ブラインド」の「変換終了」にキーフレームを打ちます❷。「変換終了」を「50」%にすると❸、ストライプ模様が表示されるようになります❹。

POINT

「変換終了」を「100」%に設定すると、シェイプが非表示になります。

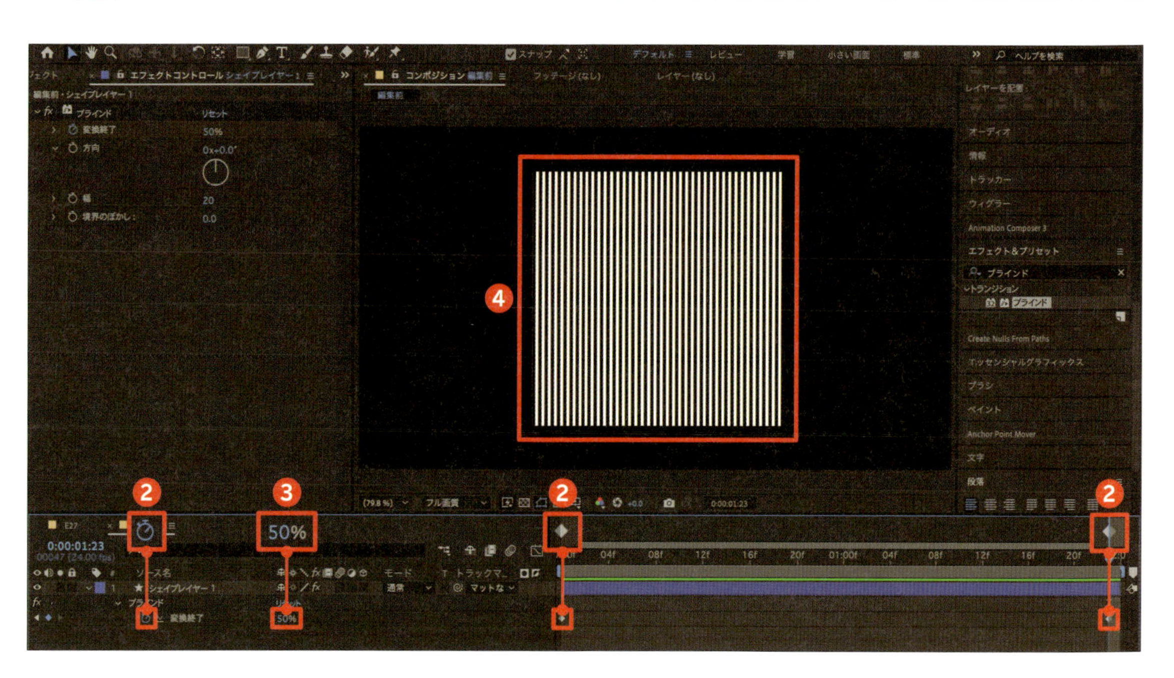

3 「方向」や「幅」を変更する

「方向」に「+45.0」°と入力すると❺、ブラインドの方向を斜めに変更することができます。また、「幅」の数値を「100」に上げ❻、ブラインドの幅を大きくするなど、映像によってデザインを変えてみるとよいでしょう。

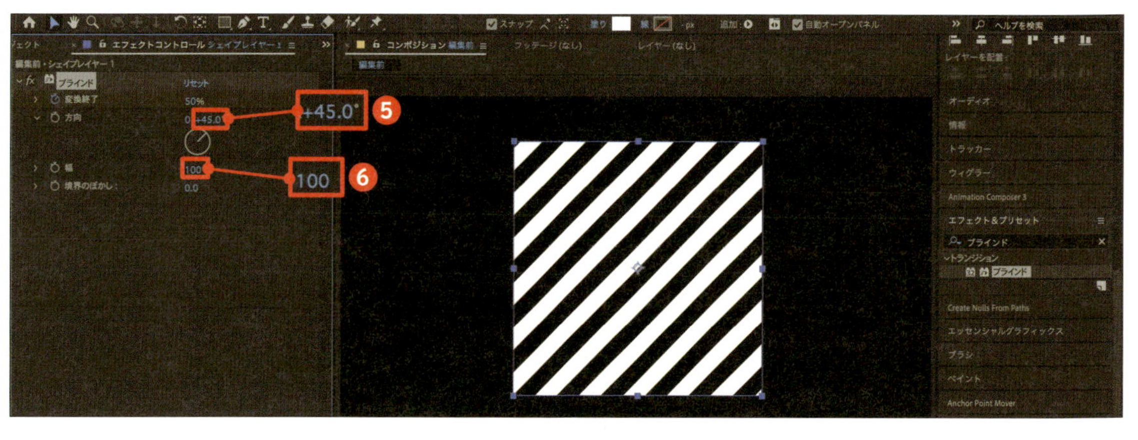

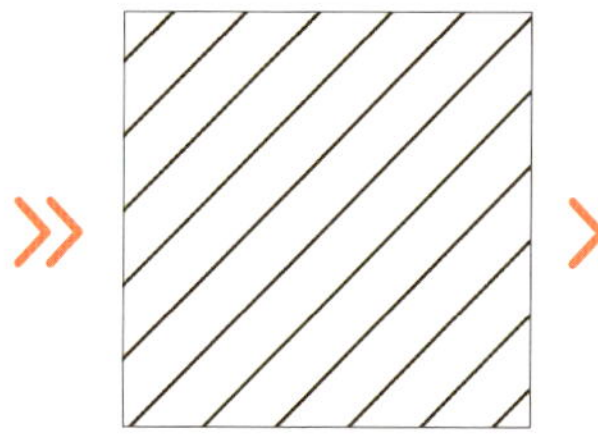

エフェクト適用で使える小技

After Effectsでエフェクトを適用する際に便利なテクニックを紹介します。以下の方法を活用することで、エフェクトの表現力をより高めることができます。

❶シェイプレイヤーを調整レイヤーとして使う

通常、シェイプレイヤーはそのまま図形として使用しますが、調整レイヤーのスイッチをオンにすることで、そのシェイプレイヤーを調整レイヤーとして活用することが可能です。たとえば、丸いシェイプを作成して調整レイヤー化し、そこにブラーを適用すると、その丸い範囲のみにブラー効果を反映できます。これは、選択範囲を限定してエフェクトを適用する際に非常に便利です。

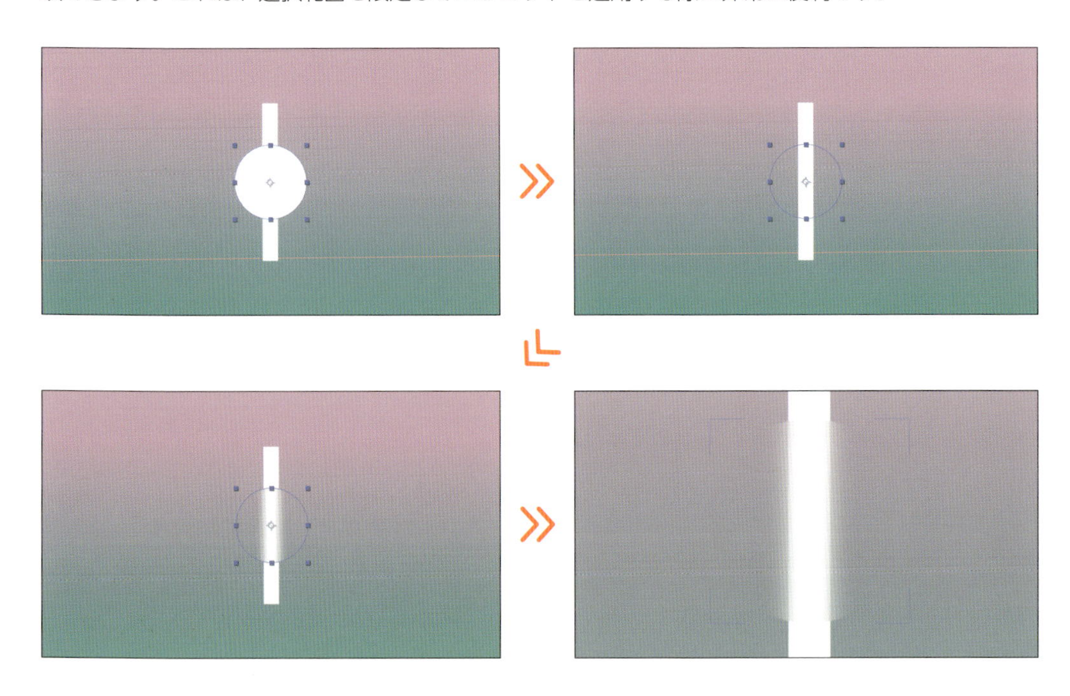

❷コンポジットオプションを使ってエフェクトの不透明度を調整する

各エフェクトを適用したあと、レイヤー内の「コンポジットオプション」を展開することで、エフェクトの「不透明度」を変更することができます。これにより、エフェクトを強調したり、微調整することが簡単に可能です。さらに、+キーを押してマスクを追加すれば、マスクを基準にエフェクトを制御することもできます。

小さな工夫の積み重ねが、大きなクオリティの向上につながります。これらのテクニックを日常的に取り入れ、After Effectsで自分の理想とする表現を形にしていきましょう。

Chapter 6

様々なモーションを作ろう

シンプルな動きに少し工夫を加えるだけで、映像表現は一段と豊かになります。Chapter 3で解説した基本的なモーション操作をもとに、ここではワンランク上のテクニックを紹介します。たとえば、3D回転で立体感のある演出を表現したり、ポスタリゼーション時間で映像をコマ撮り風にしたりすることが可能です。動きにアクセントを加え、あなたの表現力をさらに広げましょう。

56 ワイプ

ワイプは、オブジェクトが「拭い去られる」ように切り替わる効果です。トラックマットでシェイプが現れ、消えるアニメーションを紹介します。

◆円が拡大・縮小しながら切り替わるアニメーション

1 シェイプレイヤーを作成する

前準備として、楕円形ツールを使って円のシェイプ（「サイズ」は縦横「700」）を作成します❶。

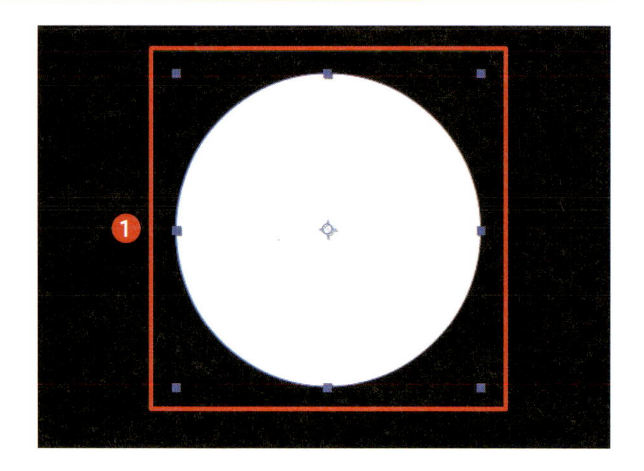

2 「スケール」にキーフレームを打つ

Sキーで「スケール」を表示し❷、「0」%→「100」%になるようにキーフレームアニメーションを作成して、円が拡大するシェイプモーションを作成します❸。このキーフレームに対してF9キーを押し、イージーイーズを適用して動きを滑らかにしておきましょう。

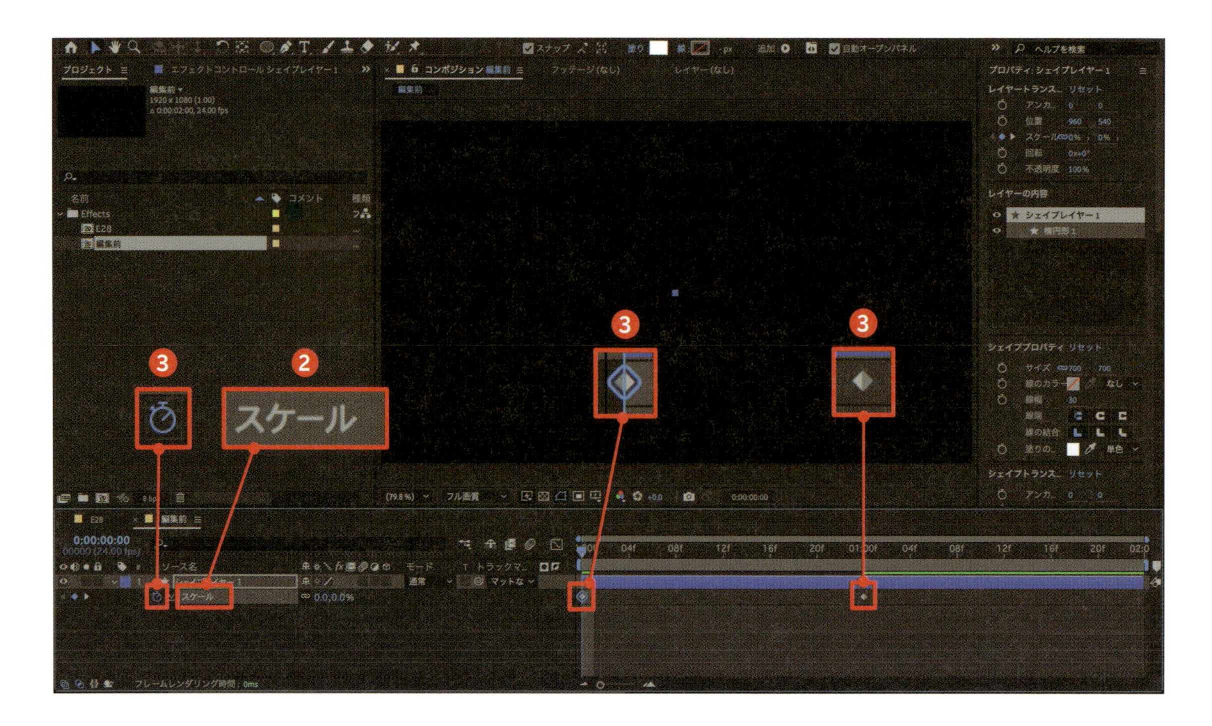

3 シェイプモーションのレイヤーを複製する

作成したシェイプのモーションレイヤーをクリックして選択し、Command（control）+Dキーを押して複製します。複製したレイヤーを選択し、タイムラインで右に0.5秒ほどずらしておきます❹。これで、2つのレイヤーがズレたタイミングで再生されるようになります。下に配置した元のレイヤーの「トラックマット」設定を行います。下のレイヤーの「トラックマット」のピックウィップ（）を、上に配置された複製レイヤーへドラッグして接続します❺。これにより、複製された上のレイヤーが表示されている間だけ、下のレイヤーも表示されるようになります。
この時点で、上のレイヤーが表示され始める0.5秒後に、下のレイヤーが表示されます。

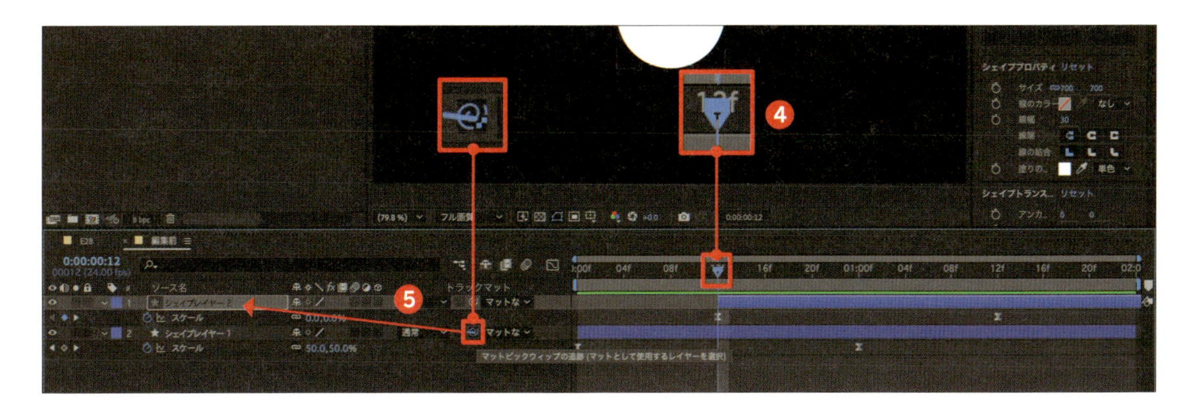

4 トラックマットの反転スイッチをオンにする

下のレイヤーの「トラックマット」オプションで「反転」のチェックボックスをクリックし、を表示します❻。これにより、上のレイヤーが表示されている間は、下のレイヤーが非表示になります。
これで、下のレイヤーのアニメーションが先に始まり、0.5秒後に上のレイヤーのアニメーションが続く形で広がるワイプアニメーションが完成します。

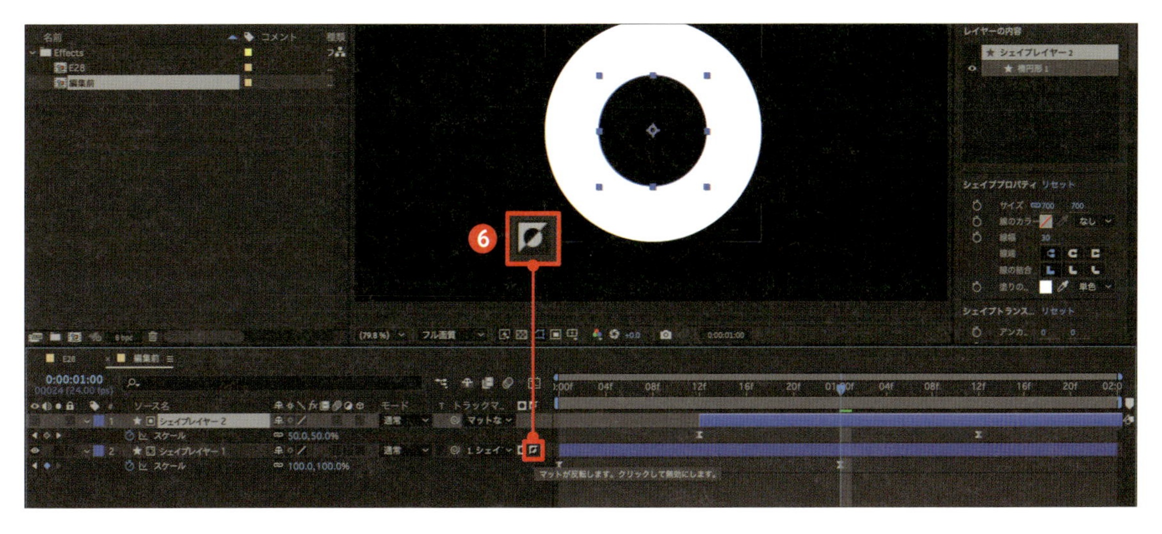

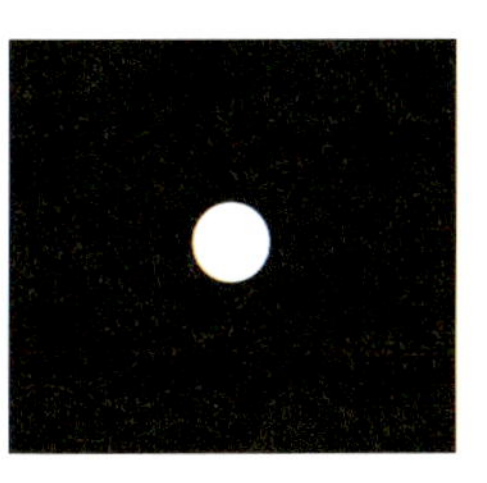
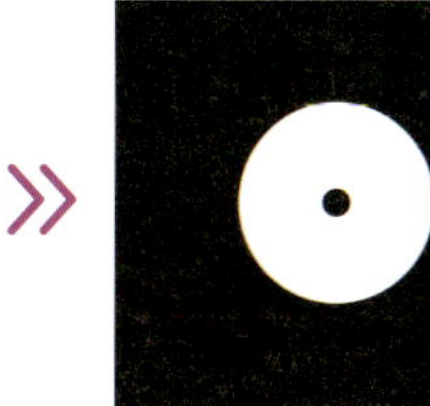

3D回転

2Dレイヤーは横（X軸）と縦（Y軸）の2次元で操作しますが、3Dレイヤーは奥行き（Z軸）の動きや回転が可能で、映像に立体感を与えます。

◆ 立方体が回転するアニメーション

1 3Dの立方体を作成する

前準備として、縦と横のサイズが200の新規平面レイヤーを作成し❶、3Dレイヤーのスイッチをオンにします❷。作成した平面をCommand（control）＋Dキーを押して複製し、「回転」を開き、「Y回転」を「+90.0」°回転させて❸、直角に配置します。X軸を平面の2分の1のサイズである「100」マイナス方向に移動し、立方体の側面の箇所を作成します❹。

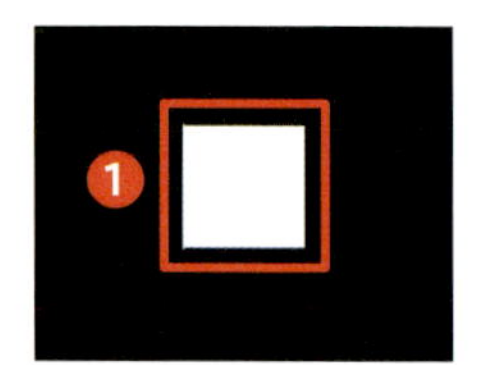

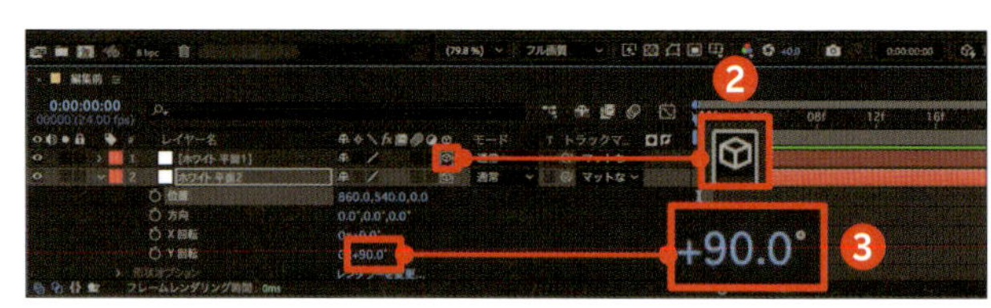

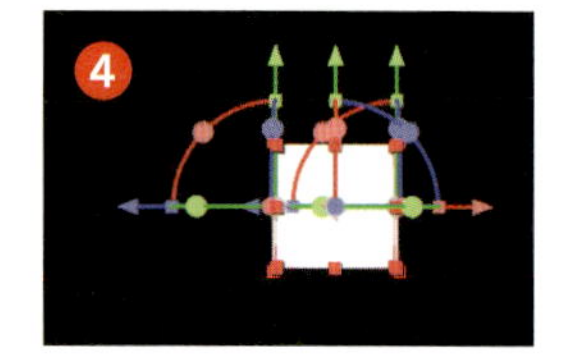

2 平面レイヤーを複製する

同様の手順で平面を合計6つ複製し❺、立方体のすべての面に配置されるよう、「位置」と「回転」の数値を調整しておきます。数値は、付録のプロジェクトファイル（6-57.aep）をご参照下さい。

3 平面レイヤーをプリコンポーズする

作成した平面をすべて選択し、Command（control）＋Shift＋Cキーを押し、「プリコンポーズ」ダイアログで[OK]をクリックして❻、プリコンポーズしておきます。プリコンポーズとは、複数のレイヤーを1つのコンポジションにまとめ、プロジェクトを整理しながら作業を効率化する機能です。

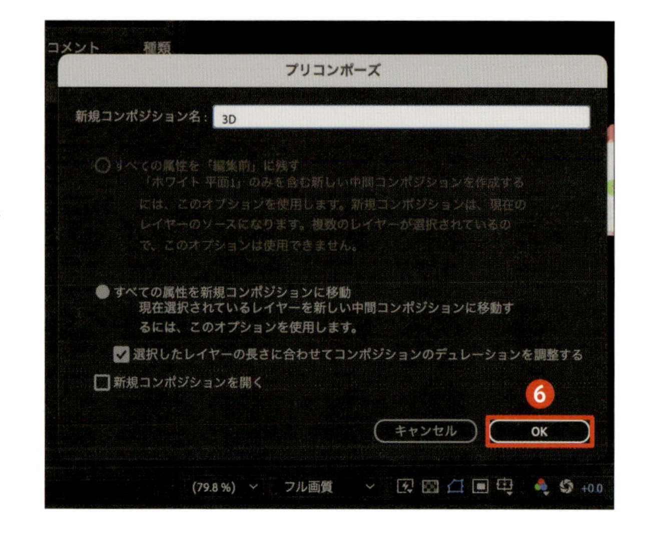

4 3D情報が反映されたレイヤーを作成する

できあがったコンポジションに対し、3Dレイヤーのスイッチをクリックしオンにしてを表示します❼。この状態だとコンポジション内の3Dレイヤー情報は反映されないため、コラップストランスフォームのスイッチもクリックしてオンにしてを表示することで❽、3Dの情報を反映したレイヤーが作成されます。

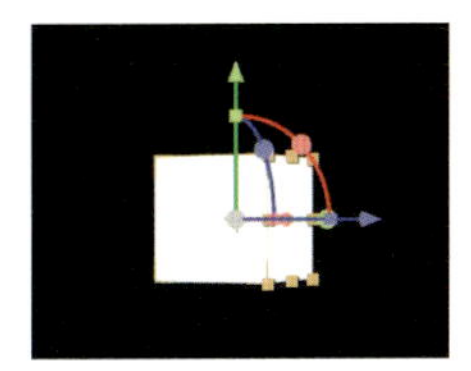

5 立方体を回転させる

立方体が立体的に見えるように「X回転」を「+15.0」°傾けます❾。「Y回転」にキーフレームを打ち❿、時間経過とともに「1」x(回転)と「+45.0」°(405°)回転するようにキーフレームを打ちます⓫。キーフレームに対しては F9 キーを押してイージーイーズを追加することで、立方体が回転するキーフレームアニメーションを作成することができます。

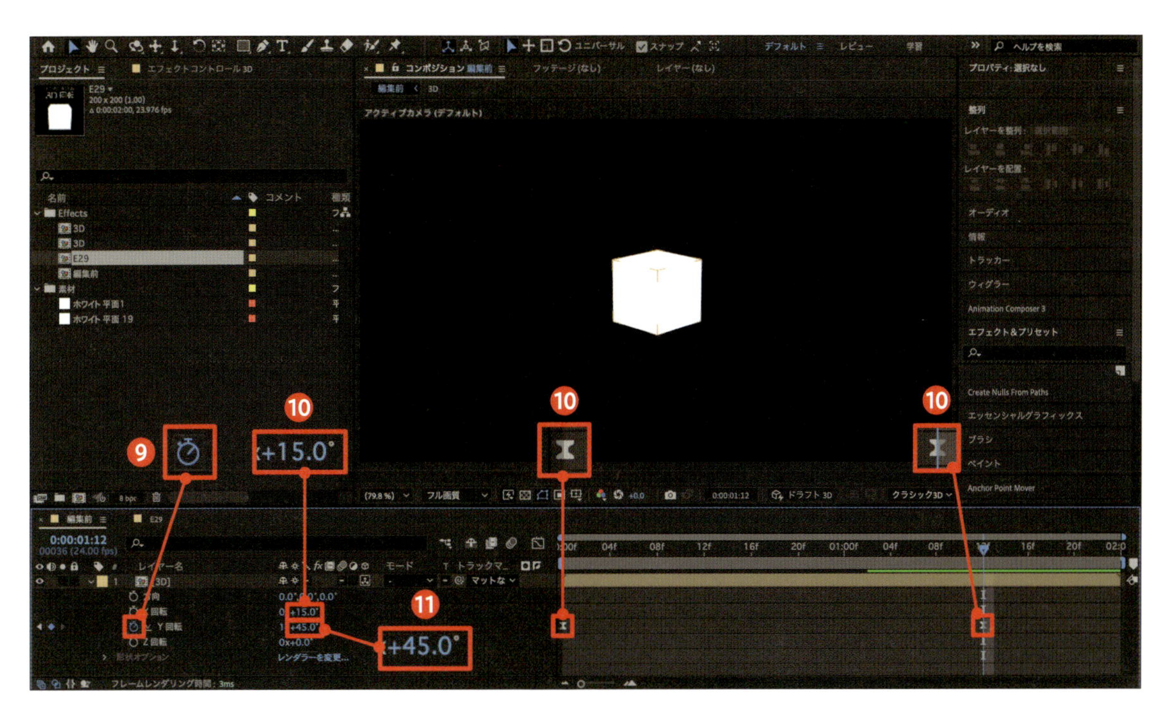

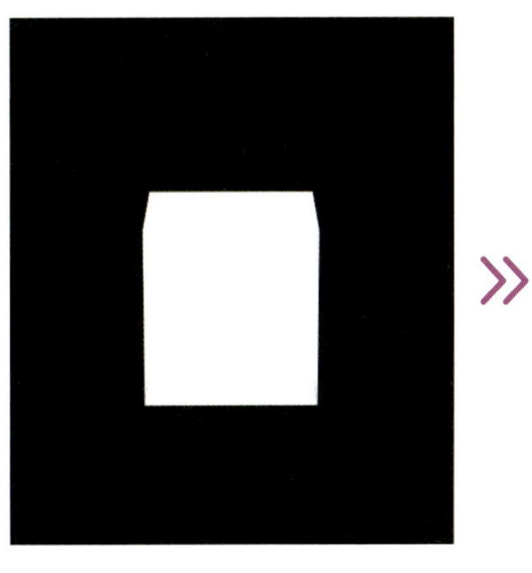

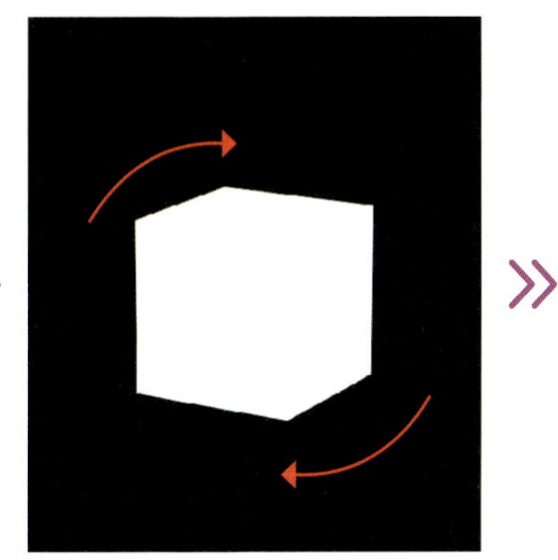

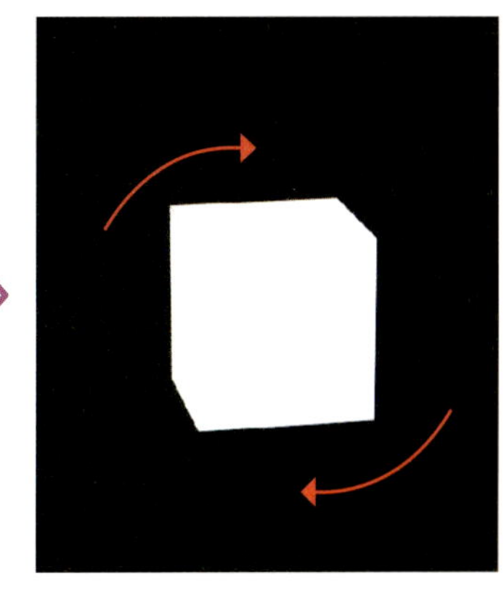

58 ポスタリゼーション時間

映像は、fps（フレームレート）で1秒間の画像数を示します。ポスタリゼーション時間を使うと、同じ映像内でフレームレートが変わったように見せられます。

◆コマ送りのようにカクカク動くアニメーション

1 前準備のレイヤーを作成する

前準備として、同じシェイプが左から右へと移動するキーフレームアニメーションを2つ作成します❶。このレイヤーの上に長方形ツールを使用して、下に配置したシェイプアニメーションに被さるように長方形を描いておきましょう❷。

2 長方形レイヤーを調整レイヤーにする

長方形レイヤーの調整レイヤースイッチをオンにして◙を表示させ❸、このシェイプレイヤーを調整レイヤーとして使用します。

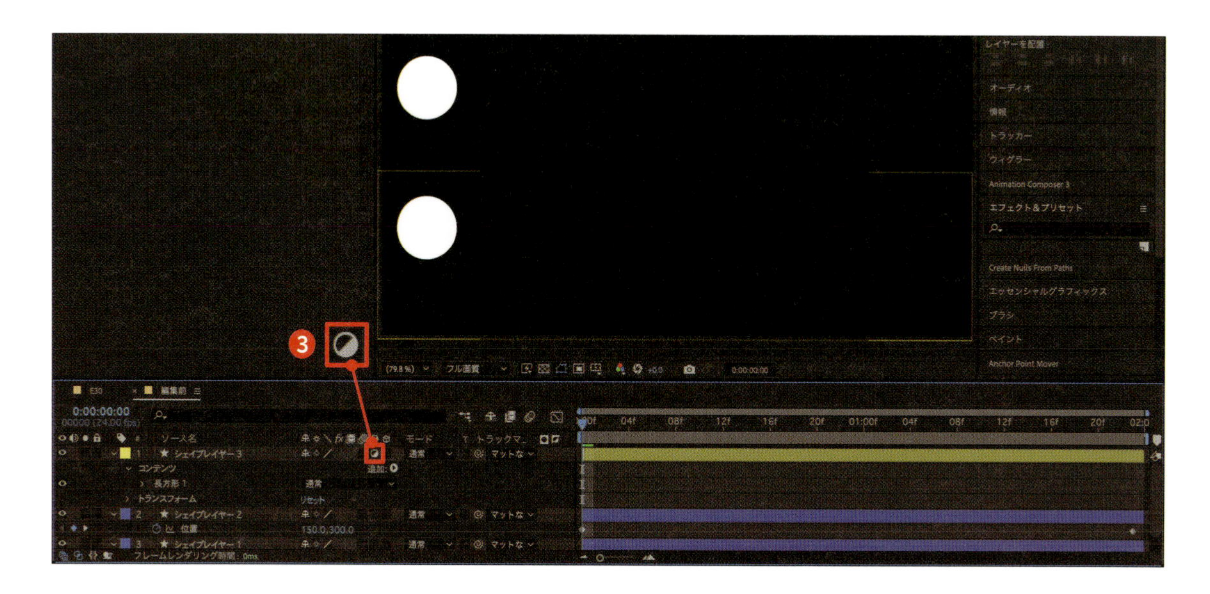

3 「ポスタリゼーション時間」を適用する

調整レイヤーとして使用するレイヤーに対し、エフェクトから「時間」の「ポスタリゼーション時間」を適用します。「エフェクトコントロール」パネルの「フレームレート」に「8.0」と入力すると❹、1秒間に8枚の画像だけで表示されるためコマ送りアニメーションのようにカクカク動くアニメーションを作ることができます。

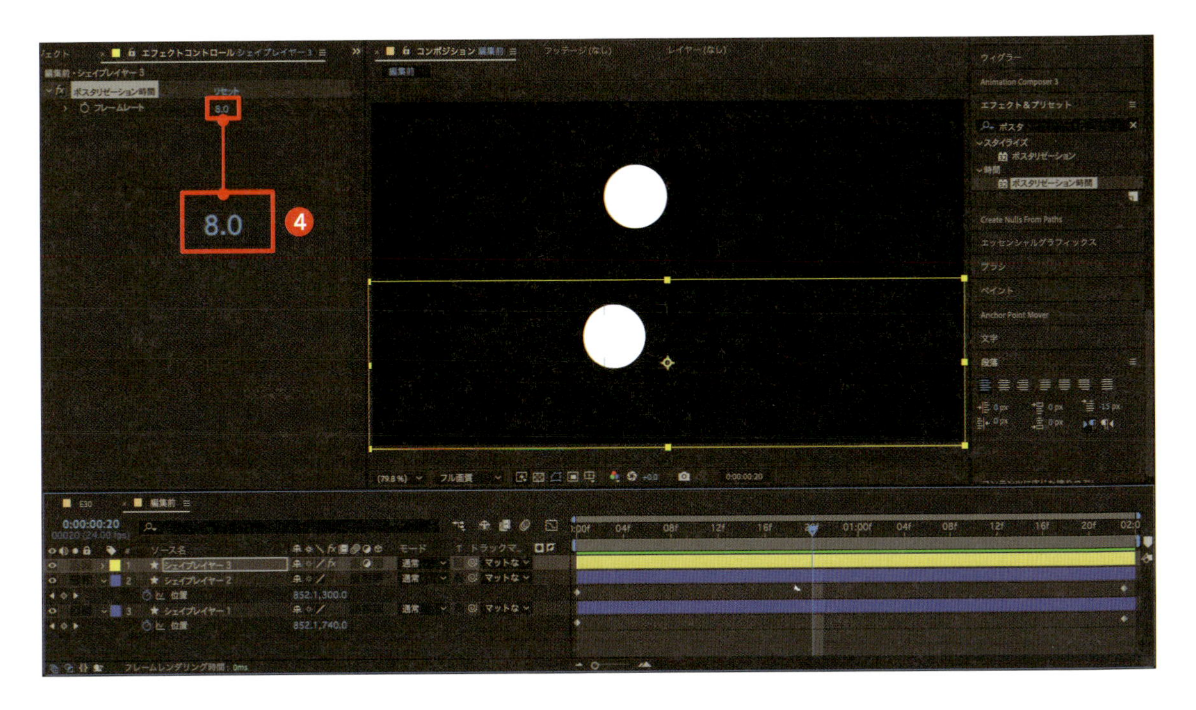

POINT

Command（control）+ K キーを押して、でコンポジション自体のフレームレートを確認することができます。

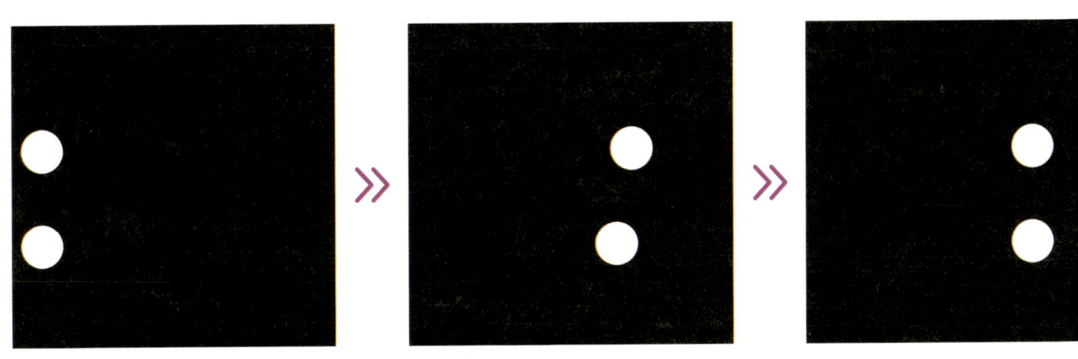

下の円はコマ送りアニメーションのようにカクカク移動する

59 モーションブラー

CC Force Motion Blurは通常のモーションブラーより強力なブレを生成できます。モーションブラーが機能しにくい場面、手動でブレを細かく調整ができ便利です。

動きにブレや残像を表現するアニメーション

1 シェイプアニメーションを作成する

前準備として簡単な「位置」を使ったシェイプアニメーションを作成します❶。

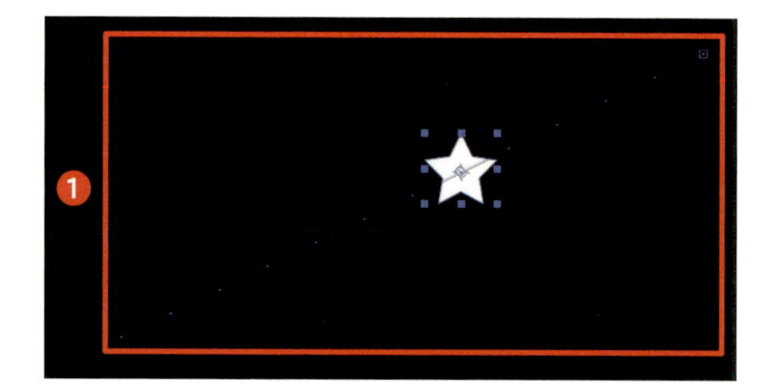

2 「CC Force Motion Blur」を適用する

エフェクトの「時間」から「CC Force Motion Blur」を適用すると、シェイプの動きに合わせてブレが加わります❷。

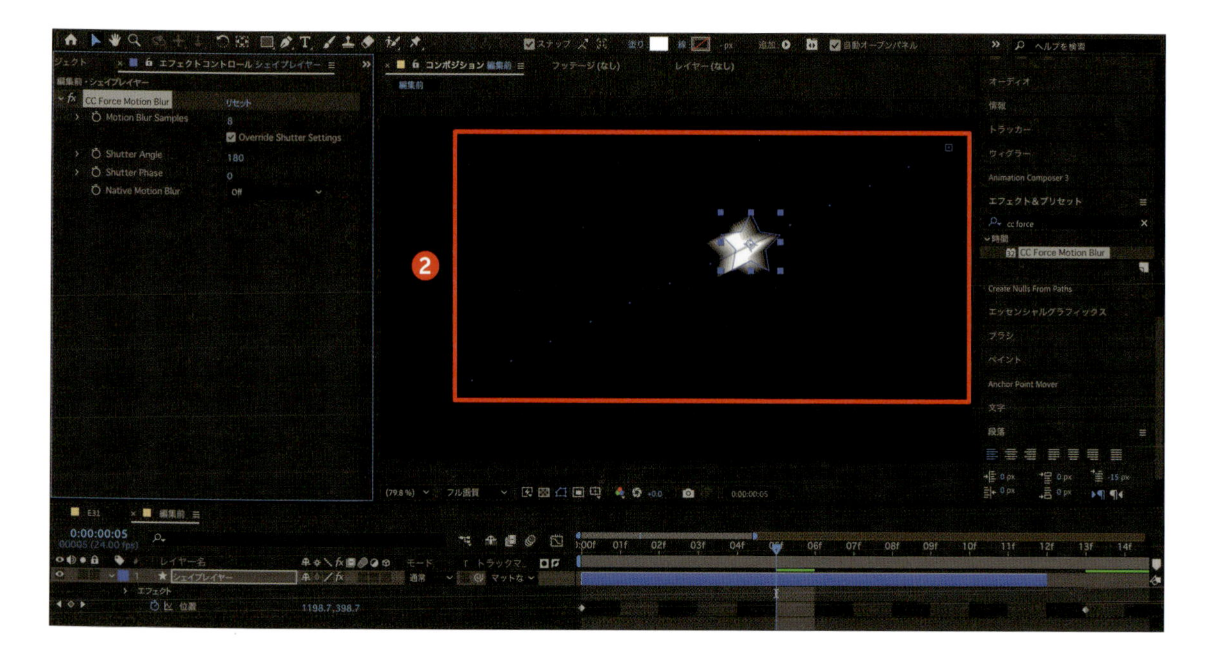

3 「エフェクトコントロール」パネルで調整する

「エフェクトコントロール」パネルの「Motion Blur Samples」の数値を上げると❸、ブレがより細かくなりますが、一方でレンダリングに時間がかかるようになります。
「Shutter Angle」ではシャッタースピードを調整でき❹、数値が大きいほど、モーションブラーが大きくなります。
「Native Motion Blur」を［On］にすると❺、モーションブラーのスイッチをオンにしているレイヤーのブラーを考慮して、より滑らかなブレになる場合があります（シェイプなどの動きには適してますが、映像内のブレにはあまり関係ないこともあります）。

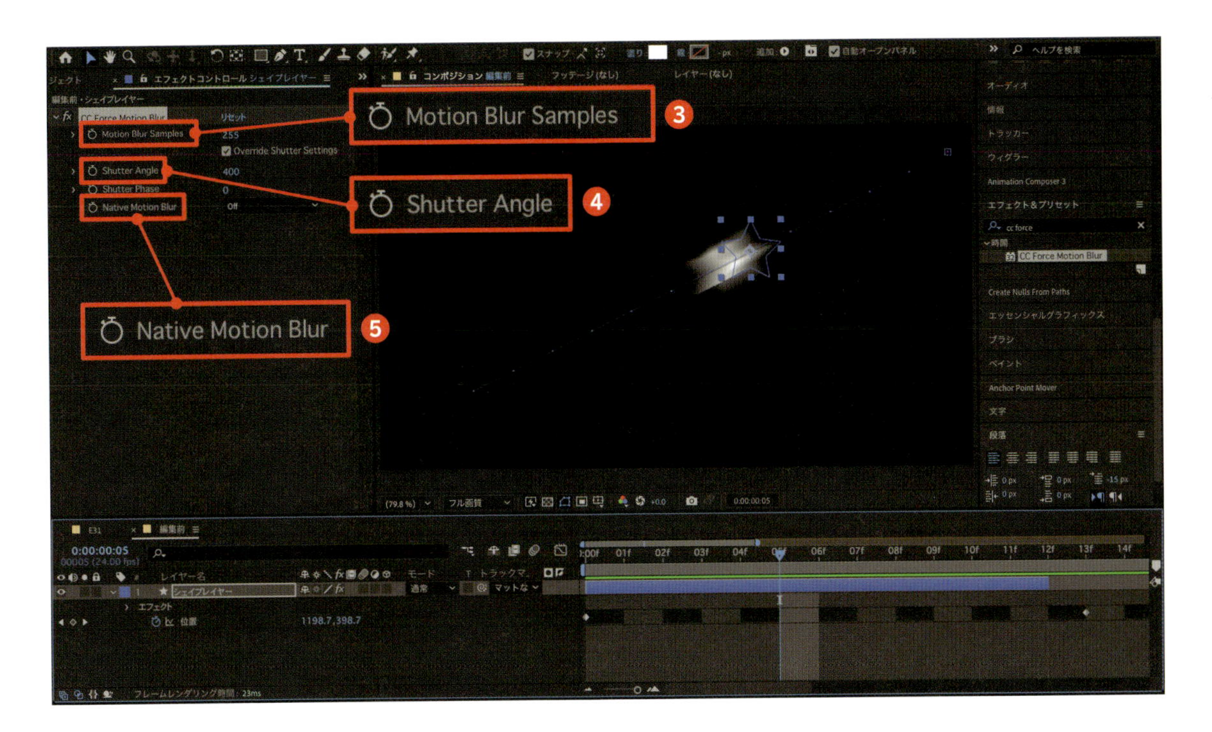

Check!
エコーでもブレを作る

モーションブラーを作る際にはエコーのエフェクトを使うという手段もあります。シェイプを複製することでモーションブラーのように見せることができます（P.172参照）。

エコー

エコーを使うと、映像やアニメーションに残像を作り出せます。オブジェクトが動くたびに過去のフレームが追従し、独特のディレイ感や軌跡を加えられます。

◆ 残像が重なりながら時間差で追従するアニメーション

1 シェイプアニメーションを作成する

前準備としてシェイプに「位置」(「300,540」→「1600,540」❶) と「回転」(「0」x「+0.0」°→「1」x「+0.0」°❷) を設定し、転がるようなアニメーションを作成します❸。

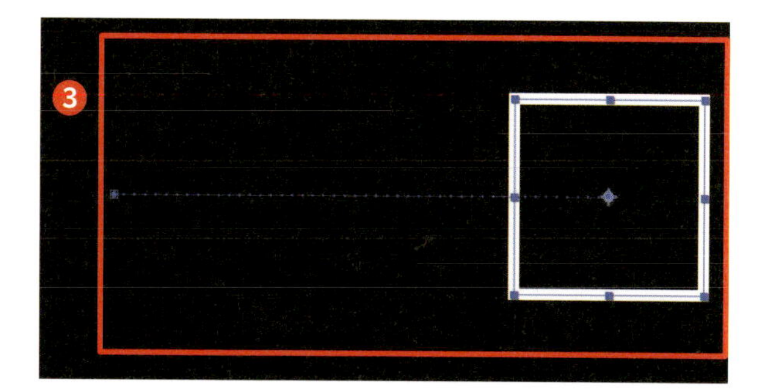

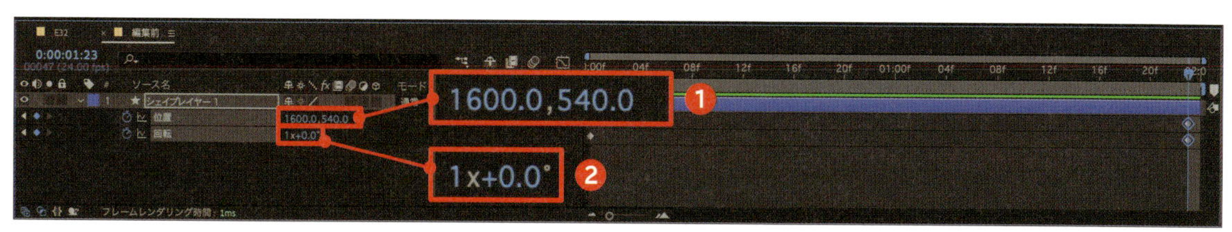

2 「エコー」を適用する

こ のシェイプに対し、エフェクトの「時間」から「エコー」を適用します。後からもう1つのシェイプが追いかけるように重なります❹。

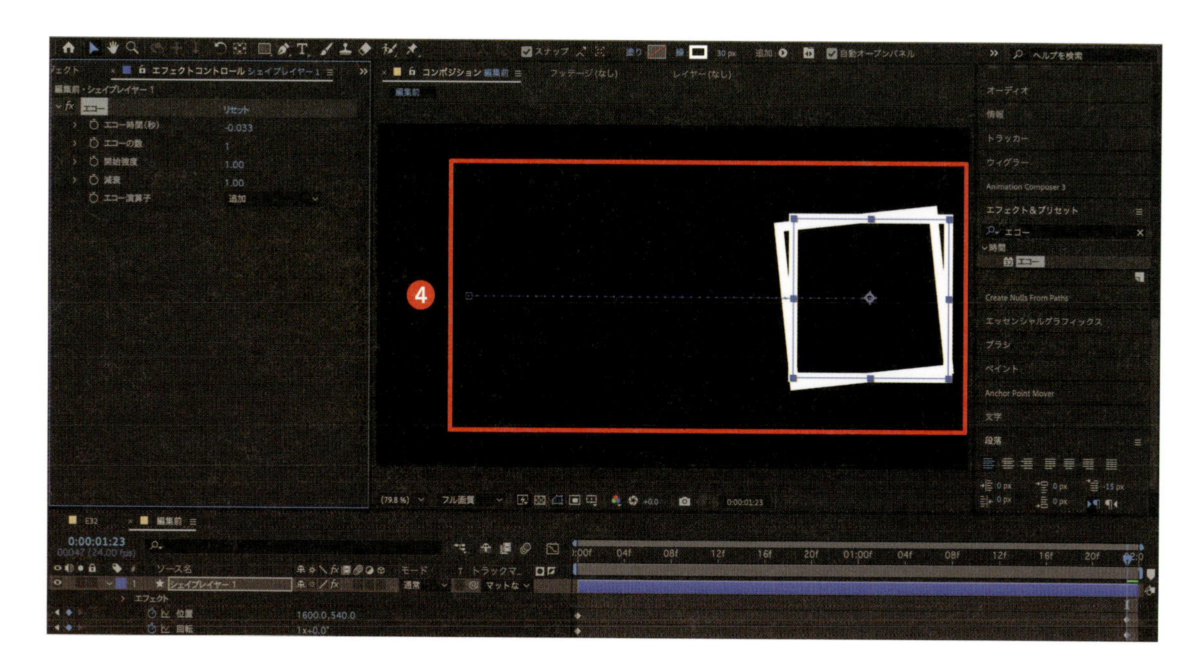

3 「エフェクトコントロール」パネルで調整する

「エフェクトコントロール」パネルの項目で、望みの演出に調整しましょう。

- **「エコー時間」**：エコー（残像）とオリジナルフレームとの間の時間差を指定します。負の値に設定すると、エコーが元のオブジェクトの後を追いかけ、正の値に設定すると未来に進むようなエコーが発生します。ここでは「-0.033」と入力します❺。
- **「エコーの数」**：生成されるエコー（残像）の数を指定します。値を大きくするほど、エコーの数が増え、より連続的な動きが強調されます。「10」と入力すると❻、残像が10生成されます。
- **「減衰」**：各エコーの透明度を徐々に減少させることで、時間が経つにつれエコーが薄くなり消えていく効果を調整します。ここでは「0.75」と入力し❼、複製した10番目のシェイプが薄く見えるように調整しています。

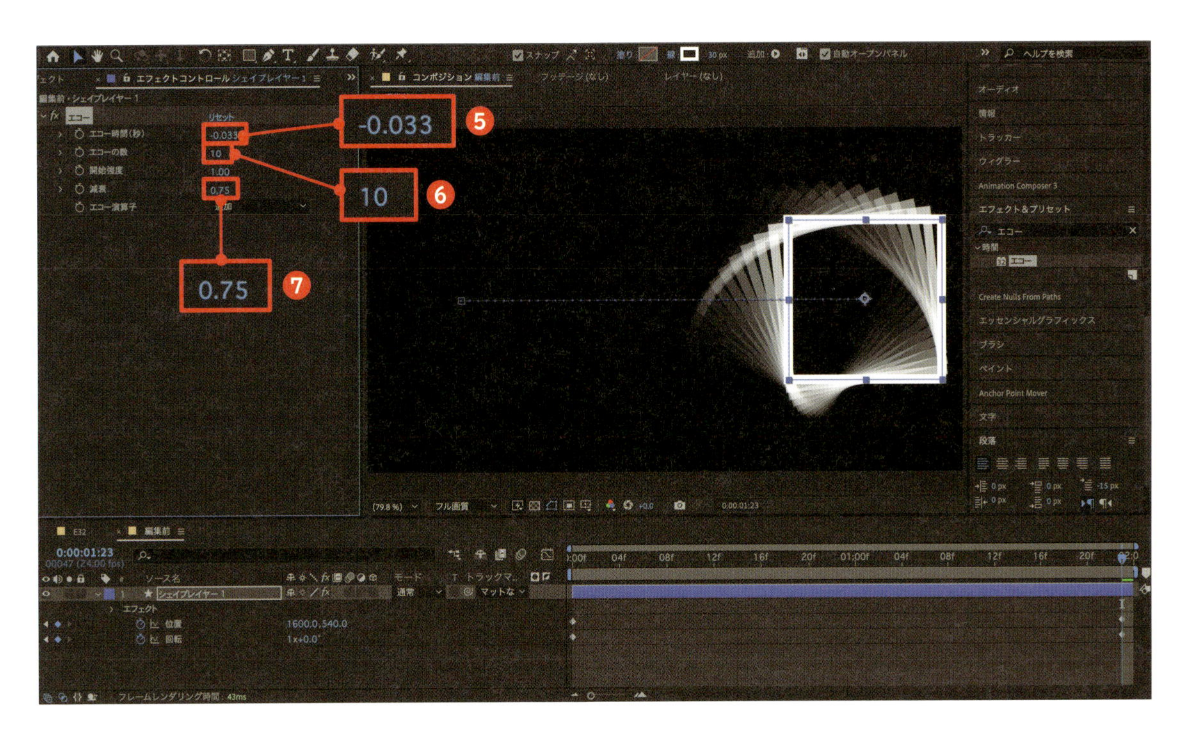

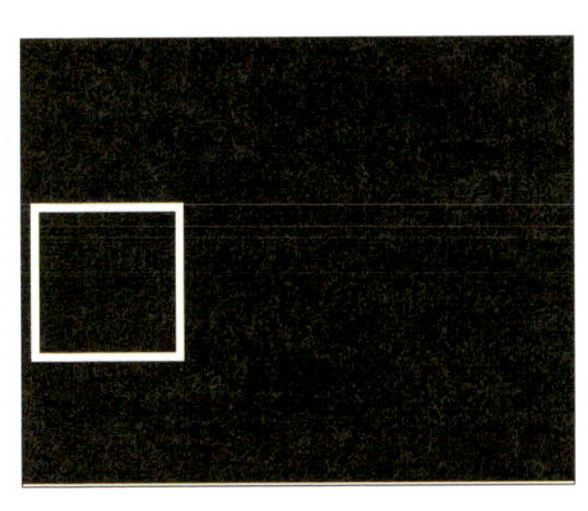

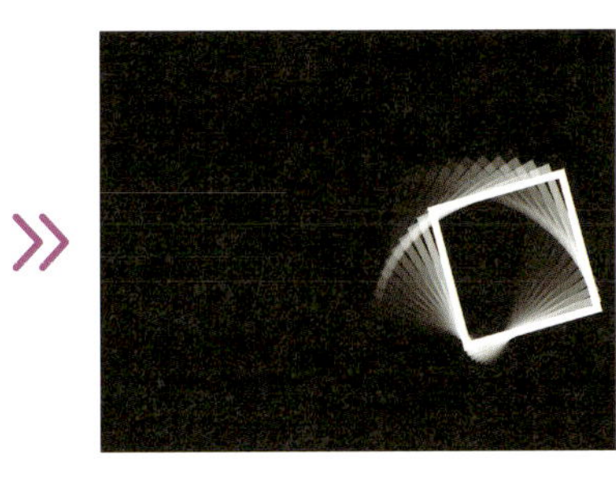

オーディオリアクター

オーディオリアクターは、音声データをアニメーションやエフェクトに連動させる技術です。音楽や効果音を映像の動きに反映し、視覚的な表現が可能になります。

◆音に合わせてオブジェクトが動くアニメーション

1 前準備のレイヤーを用意する

前準備として反応させるシェイプ❶とオーディオクリップ❷を準備します。オーディオクリップを選択し、Lキーを2回押して波形を表示します❸。

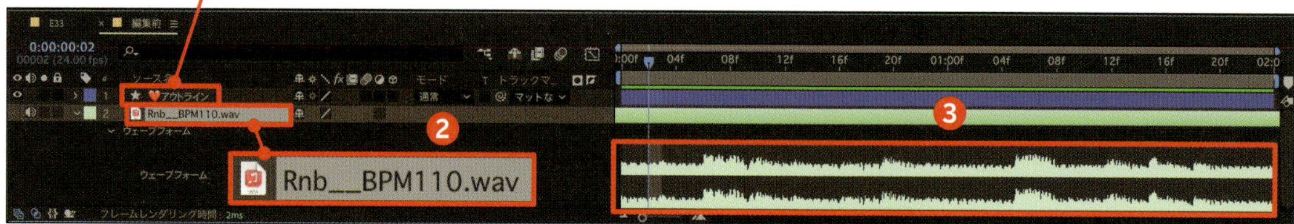

2 オーディオをキーフレームに変換する

オーディオクリップを右クリックし❹、[キーフレーム補助] ❺ → [オーディオをキーフレームに変換] をクリックすると❻、ヌルオブジェクト「オーディオ振幅」が作成されます❼。ヌルオブジェクトにはスライダー制御で音楽に沿ったキーフレームが作成されています。

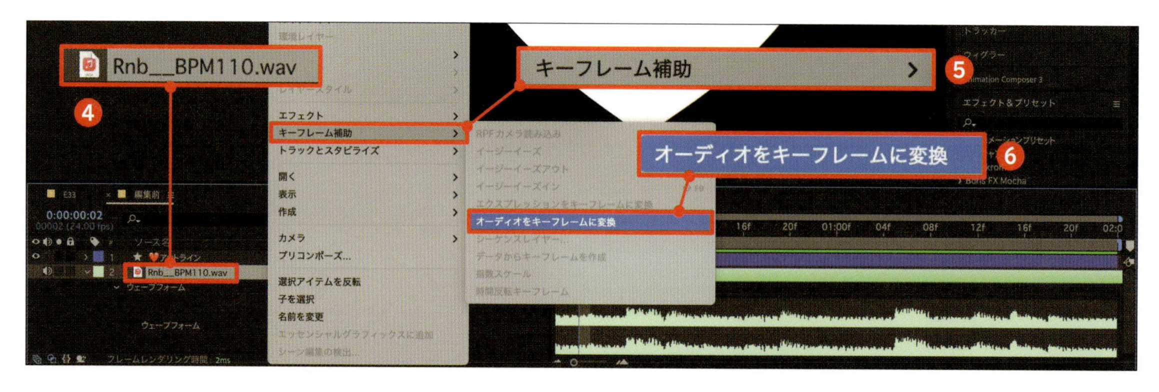

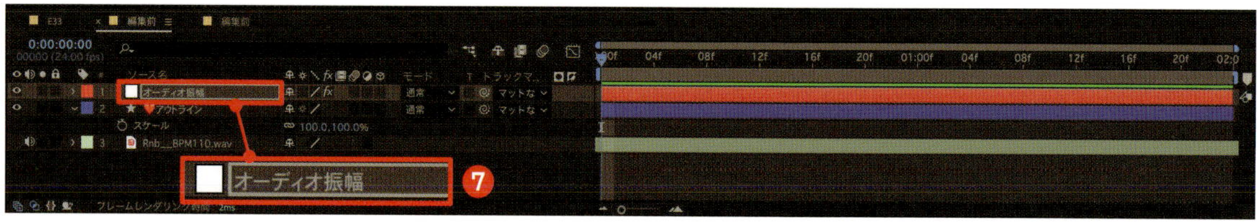

3 不要なチャンネルを削除する

ヌルオブジェクトの中で今回は「両方のチャンネル」❽のみを使用するので、それ以外の「左チャンネル」と「右チャンネル」は削除します❾。

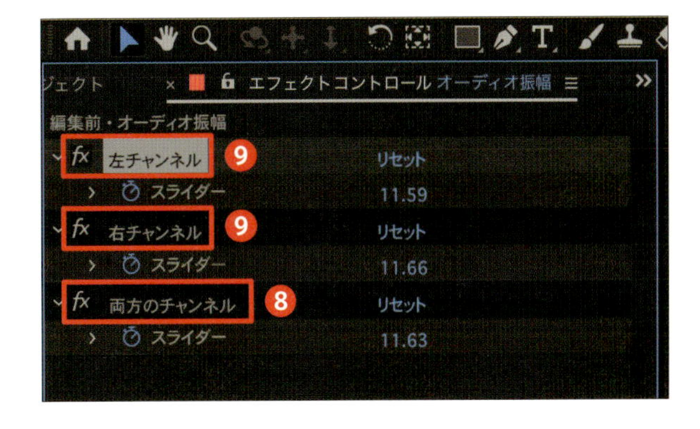

4 オーディオ振幅に接続する

ハートのシェイプのスケールを表示しておき❿、「スケール」のストップウォッチ（）を option キーを押しながらクリックして⓫、エクスプレッションを追加します。エクスプレッションピックウィップ（）が表示されるので⓬、これを「オーディオ振幅」のスライダーに接続することで⓭、「スケール」の数値がスライダーのキーフレームに合わせて反応するようになります。

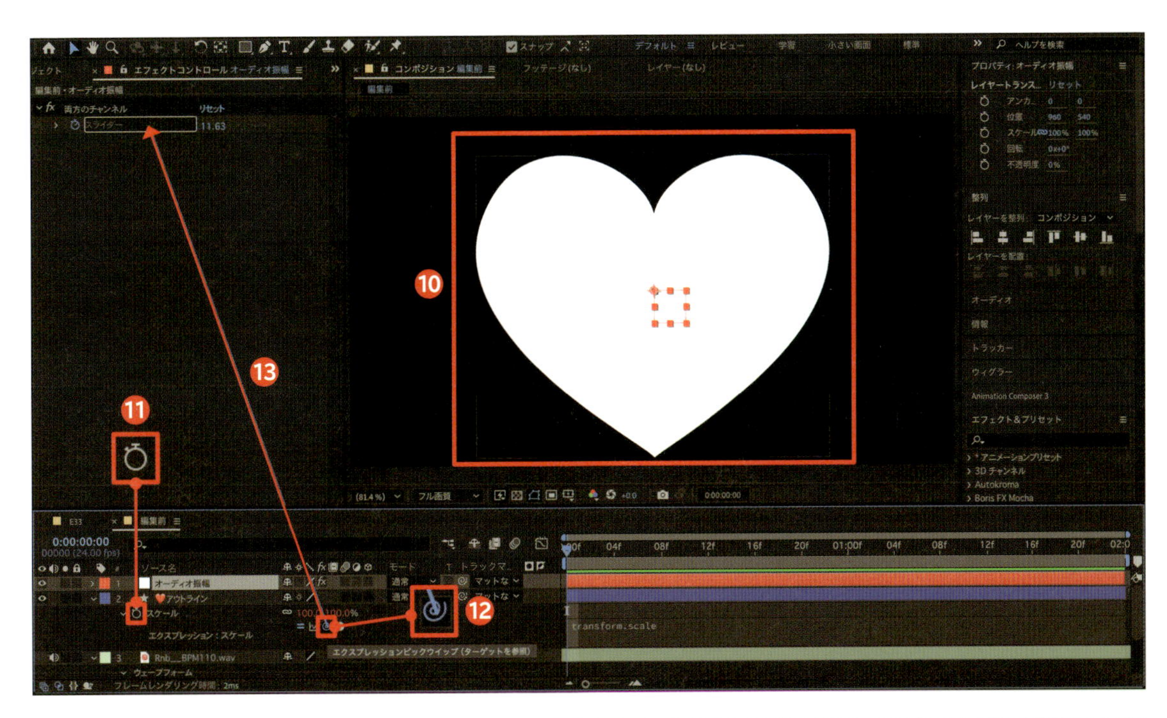

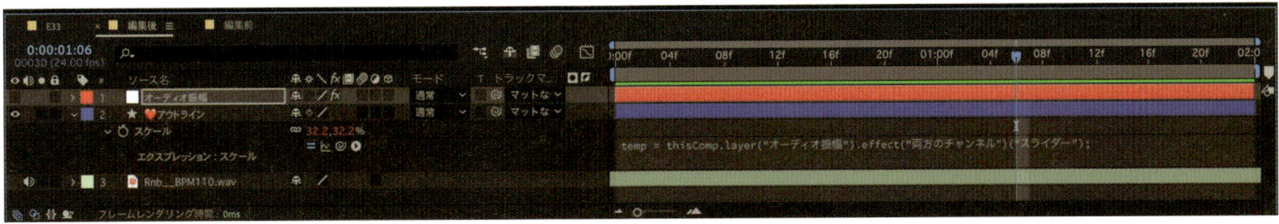

音に応じてオブジェクトが動いたり変形したりして動く

Column

モーションググラフィックスが活躍する場面

モーショングラフィックスは、視覚的に情報を効果的に伝えるための強力なツールです。実際にどのような場面で使われているか、具体例を見ていきましょう。

❶広告・プロモーション

短時間でメッセージを伝えるSNS広告やプロモーションビデオで、視覚的にインパクトのある表現を実現します。

❷タイトルシーケンス

映画やテレビのオープニングで、テーマや雰囲気を視覚的に表現し、視聴者を引き込みます。

❸デジタルサイネージ

ショッピングモールや駅で見かける電子看板に動きを加え、注目度を高め、情報を効果的に伝えます。

❹インフォグラフィックス

統計データや複雑な情報をアニメーションで視覚化し、視聴者に分かりやすく伝えることができます。

❺実写合成

実写映像にCG素材などを合成する際には、モーショングラフィックスで物理的な動きを再現することで、違和感のない合成を作ることができます。

これはほんの一部です。モーショングラフィックスを使いこなすことで、制作物はさらに魅力的で伝わりやすいものになるので、是非とも活用してみて下さい！ また、日頃から目にするこれらの映像にも、どうやって作られているのか想像してみるとよい勉強になることでしょう。

Chapter 7

エクスプレッションで効率化しよう

エクスプレッションは、After Effectsでアニメーションを制御する便利な機能です。数式やコードを使って特定のパラメータを操作し、動きをプログラム的に作成できます。反復やランダムな動き、複雑なアニメーションも簡単にコントロールが可能です。

62 エクスプレッション

エクスプレッションは、アニメーションを柔軟かつ効率的に作成できる強力な機能です。基本的な数式を理解するだけでもシンプルな作業で大きな効果を得られます。

◆エクスプレッションを追加する

1 エクスプレッションを追加したいプロパティを選択する

「位置」や「スケール」、「回転」、「不透明度」などアニメーションさせたいプロパティ（ここでは「位置」）の左側にあるストップウォッチ（⏱）を option（alt）キーを押しながらクリックします❶。

2 エクスプレッションが有効になる

エクスプレッションが有効になり❷、入力フィールドが表示されます❸。

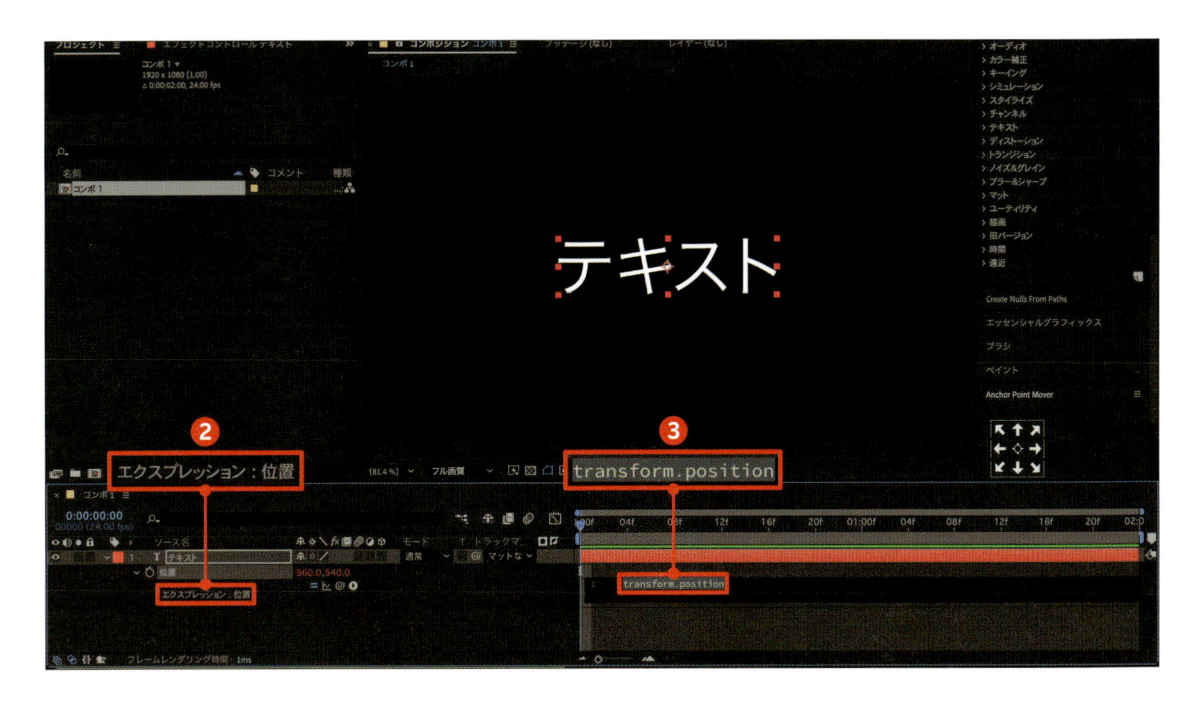

◆ エクスプレッションピックウィップを使う

1 エクスプレッションピックウィップで接続する

エクスプレッションはテキストや数式を入力する以外にも、エクスプレッションピックウィップ（）を対象レイヤーにドラッグして接続する方法もあります❶。すでにある動きに対して接続することにより、同様の動きを引き継ぐことができます。

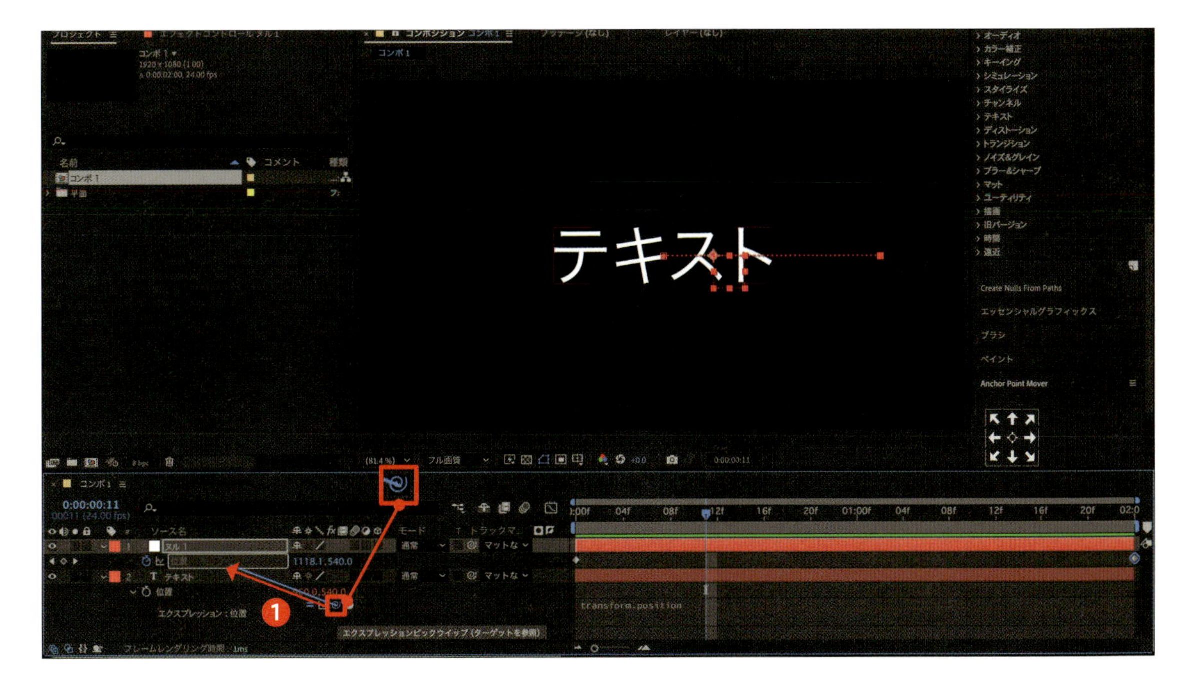

63 ランダム

ランダムな数値を入力することで、チカチカさせたり、不規則な動きを作ったり、数字でルーレットのような動画を作ったりすることができます。

◆ 不透明度の範囲をランダムに指定する

数値だけをランダムで変化させる場合は、「random()」のエクスプレッション内を「,」で区切ることで、範囲を指定することができます。ここでは忍者のレイヤーの「不透明度」に、エクスプレッションを追加します。

1 エクスプレッションを追加する

「不透明度」のキーフレームの［ストップウォッチ］を option （ alt ）キーを押しながらクリックし❶、エクスプレッションの入力画面を表示します。「random(0,100)」と入力します❷。

2 不透明度がランダムになる

「不透明度」の数値が「0」%から「100」%の間でランダムで出力し、チカチカするアニメーションができあがります❸。時間を進めると、不透明度の赤い数字で現在反映されている不透明度の数値を確認することができます❹。

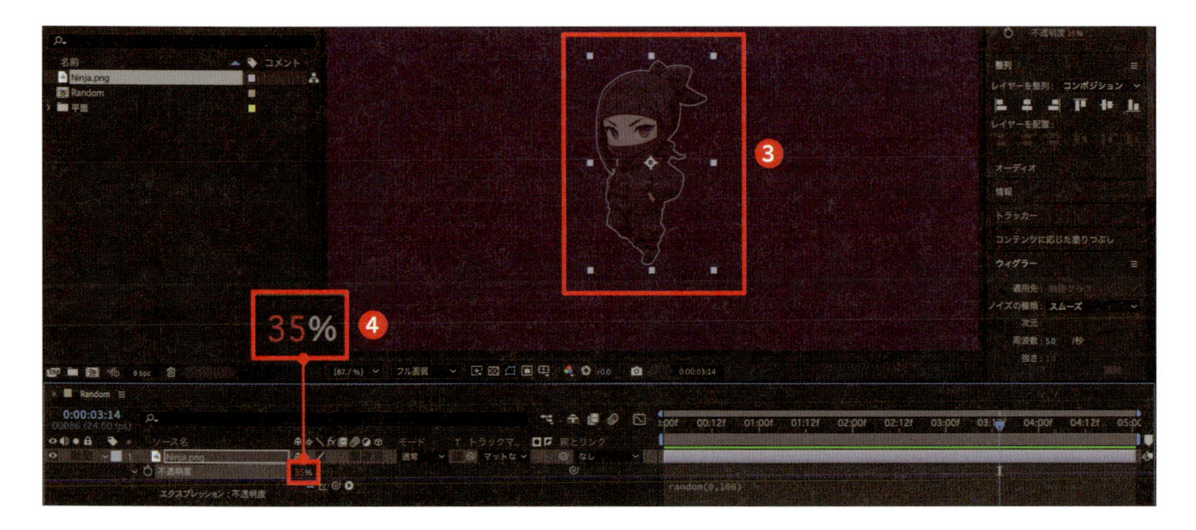

◆位置の範囲をランダムに指定する

「位置」のような二次元の数値を持つものをランダムに表示します。「random([x,y],[x,y])」というように、[] 内にxとyの数値を入力します。

1 位置をランダムにする

「位置」のキーフレームの［ストップウォッチ］を option （ alt ）キーを押しながらクリックし❶、エクスプレッションの入力画面を表示します。「random([100,540],[1860,540])」と入力します❷。Y軸の数値は「540」で変わりませんが、X軸の数値は「100」から「1860」の間のランダムな数値をとります。そのため、イラストは水平方向にランダムに表示されるようになります❸。

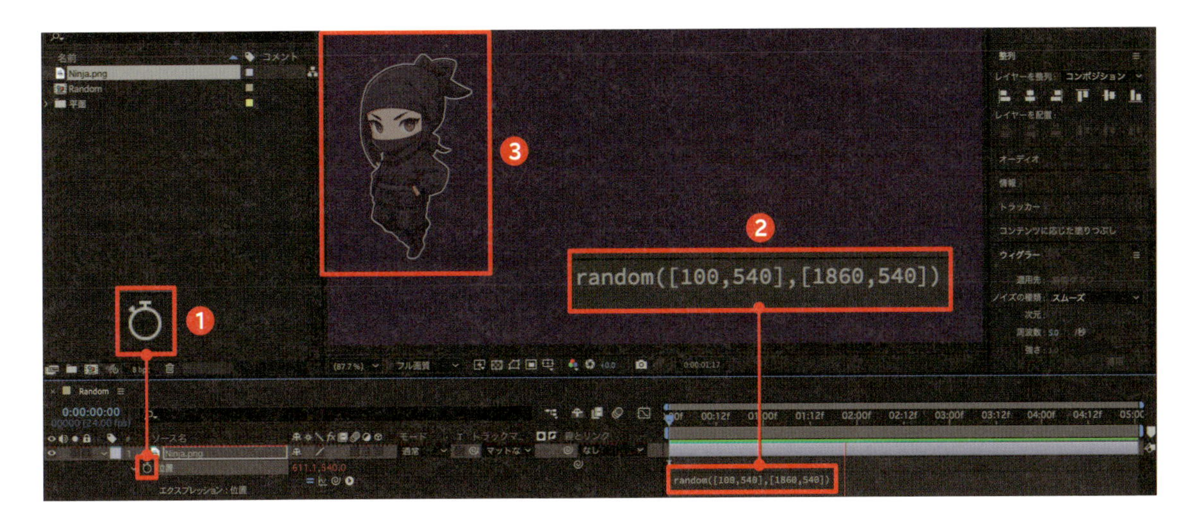

◆ランダムな数字を表示する

エクスプレッションを使うことで、数字自体をランダムに表示することもできます。

1 位置をランダムにする

テキストレイヤーを作成し❶、「ソーステキスト」のキーフレームの［ストップウォッチ］を option （ alt ）キーを押しながらクリックし❷、エクスプレッションの入力画面を表示します❸。

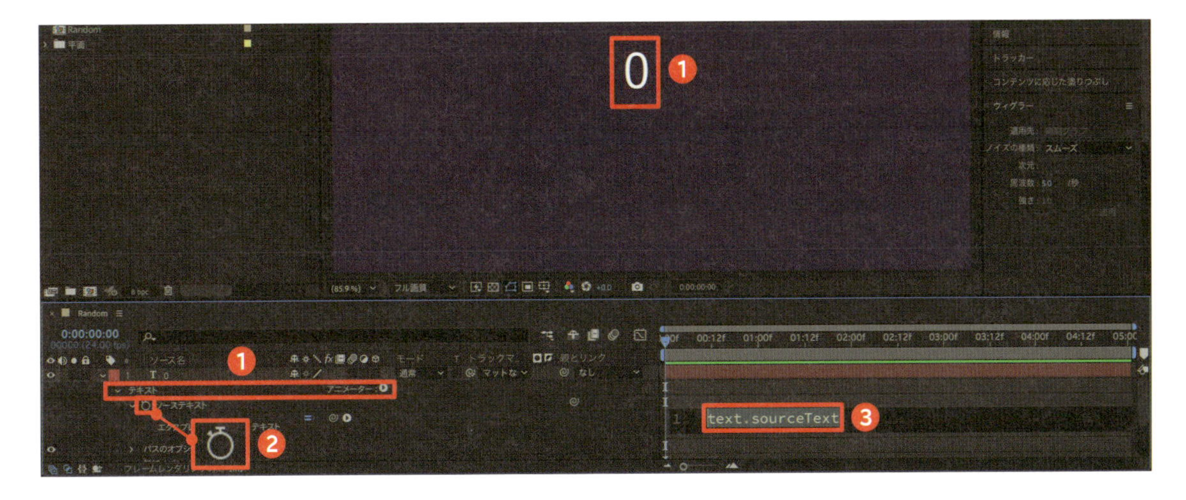

2 数字がランダムに表示される

「random(0,100)」と入力すると❹、0から100の間のランダムな数字が画面上に表示されます❺。

3 整数のみ表示させる

このままでは小数点以下の数字も表示されてしまうので❻、「Math.round(random(0,100))」のように、「random(0,100)」を「Math.round()」の()の中に入れるように入力します❼。小数点以下の数字が四捨五入され、整数のみが表示されるようになります。

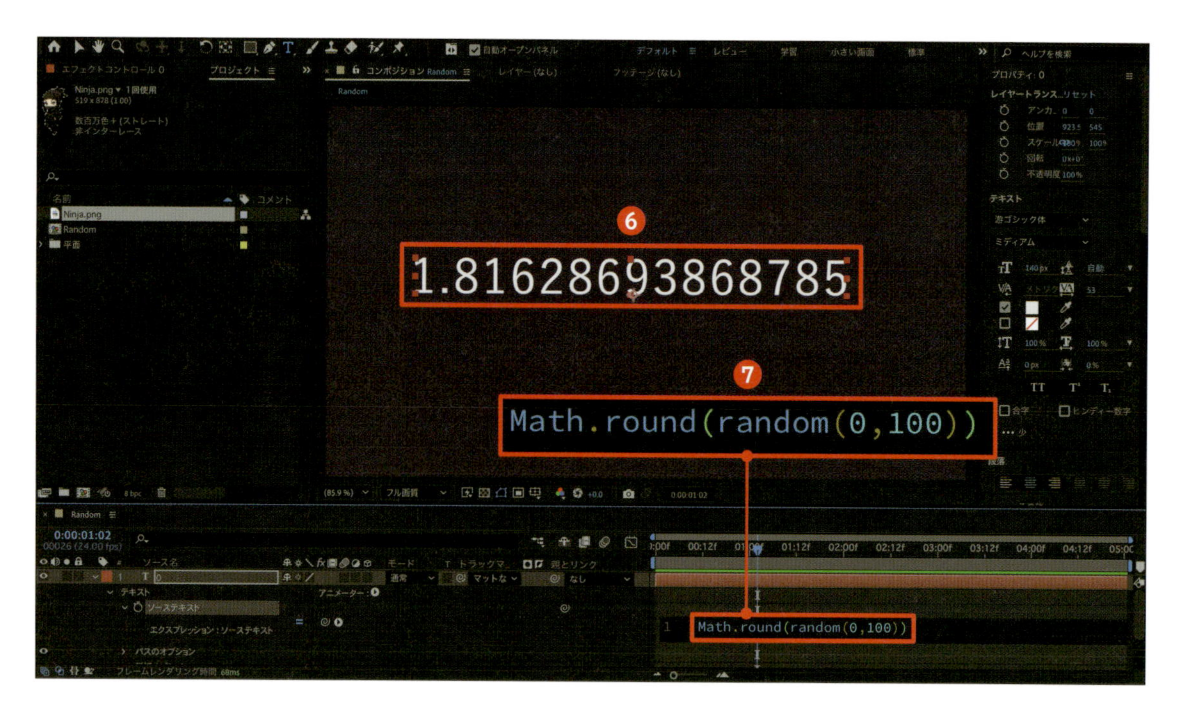

64 ループ

キーフレームを打った際に同じ動きを繰り返すには、何度もキーフレームをコピーするほかに、ループのエクスプレッションを追加するという方法があります。

◆ pingpongのループ

ここでは参考として振り子運動をするキーフレームを作るために、「回転」にキーフレームを打ち、-60°→60°へ傾く動きを作ります。

1 エクスプレッションを追加する

「回転」の［ストップウォッチ］を option （ alt ）キーを押しながらクリックし❶、エクスプレッションの入力画面を表示します。

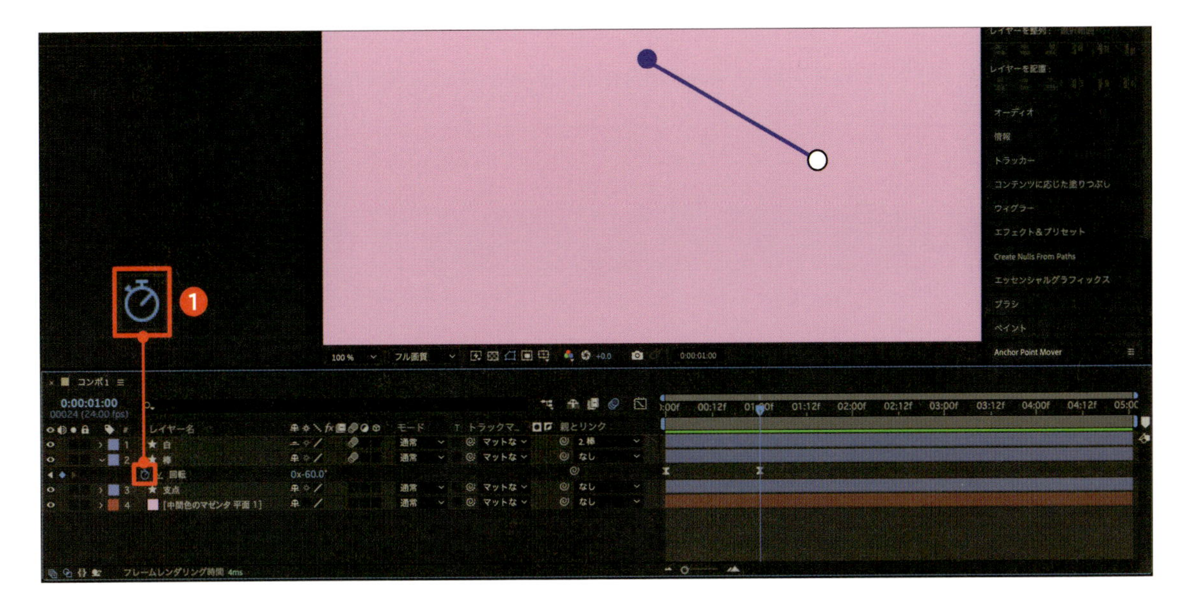

2 「loopOut()」と入力する

エクスプレッションの入力箇所に「loopOut()」と入力します❷。

POINT

「LoopOut」とは、キーフレームが終わったあと（Out）に動きを繰り返すエクスプレッションです。

3 ループに追加するメニューを選択する

「loopOut()」のカッコ内に「“”」と入力すると❸、下にループで追加できる以下の4種類のメニューが表示されます❹。

・continue：キーフレームの動きをずっと続けるように動きます。
・cycle：キーフレームの動きをまた始めに戻って繰り返します。
・offset：その動きが徐々にエスカレートしていきます。
・pingpong：キーフレームの動きが終わると逆方向に動きます。

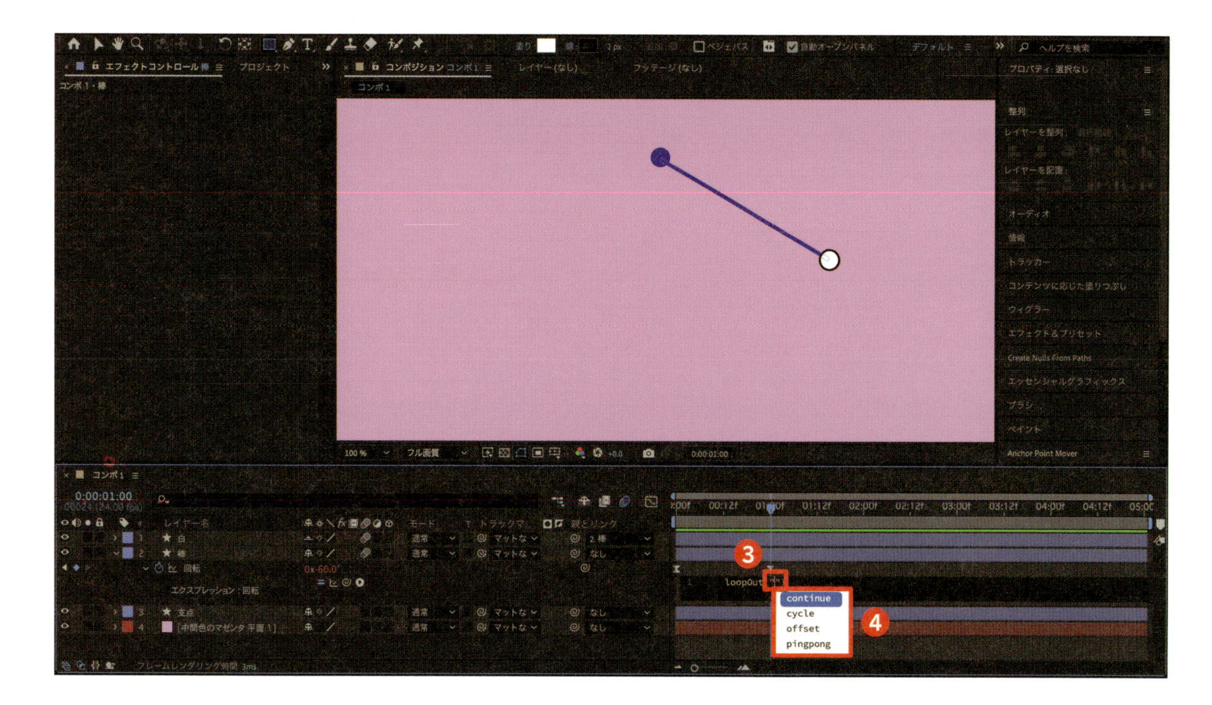

4 pingpongを選択する

メニューから「pingpong」を選択すると「loopOut(“pingpong”)」となり❺、同じ動きが跳ね返って振り子運動を作ることができます。

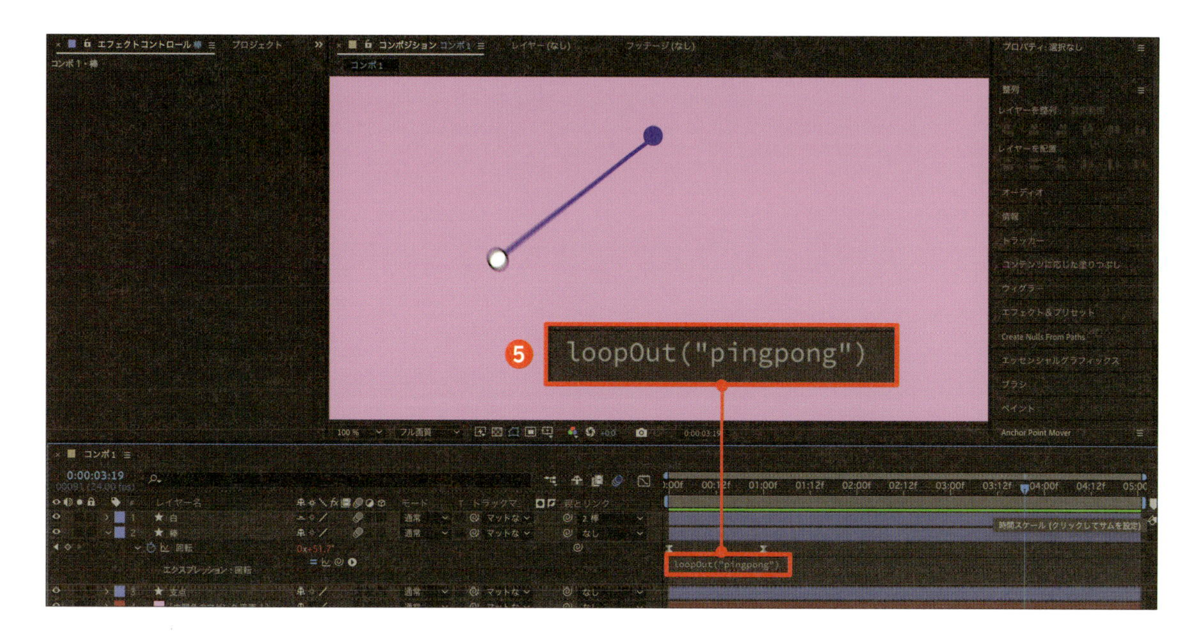

◆エクスプレッション言語メニューを利用する

エクスプレッションは毎回記入せずともメニューから選ぶことができます。ここでは、-60° → 60° → -60° と振り子が一度戻ってくるまでのキーフレームアニメーションを作ります。

1 エクスプレッション言語メニューを開く

エクスプレッションを追加し、[エクスプレッション言語メニュー]（▶）をクリックします❶。

2 メニューを選択する

エクスプレッションのメニューが表示されます。[Property] にマウスポインターを乗せ❷、[loopOut(type="cycle", numKeyframes=0)] をクリックします❸。

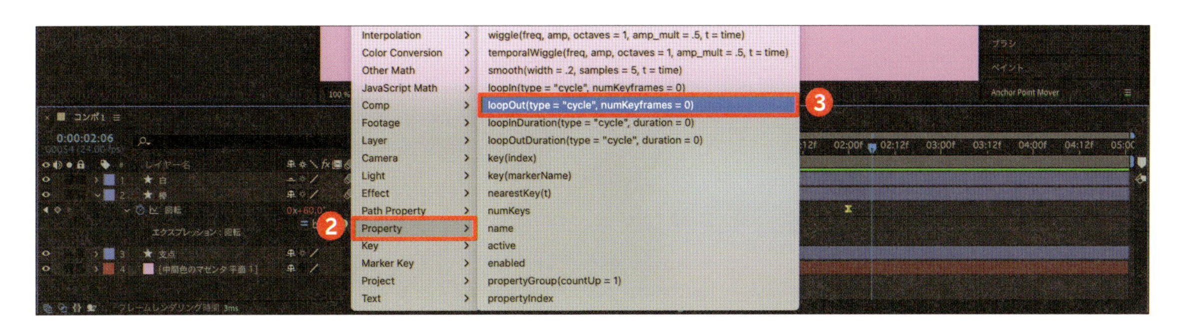

3 cycleの動きになる

ループの種類が「cycle」となり❹、キーフレーム全体の動きを繰り返す振り子運動になります。

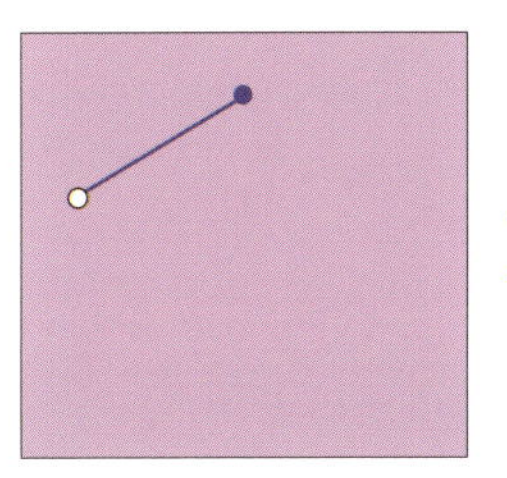

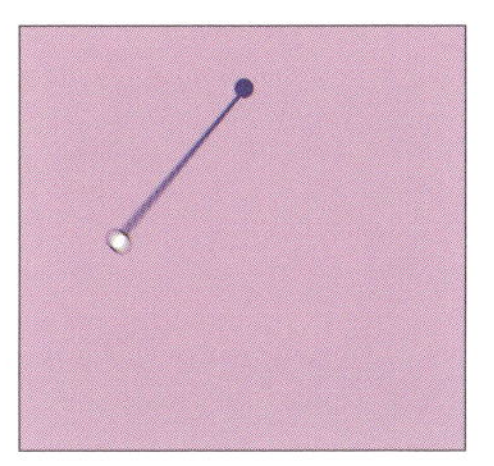

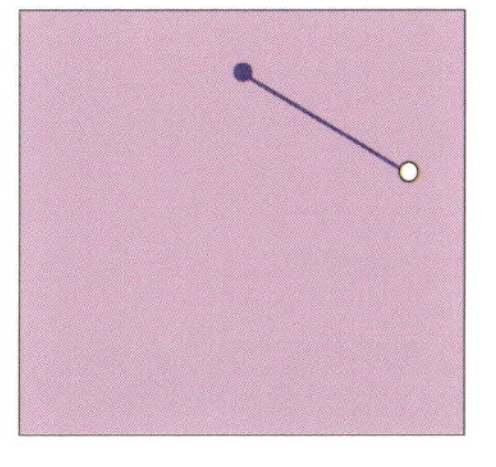

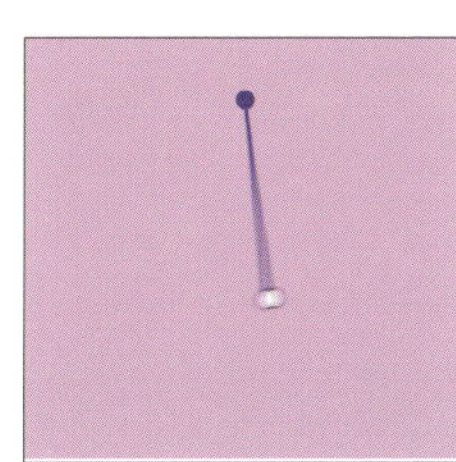

ウィグル

オブジェクトを揺らし続ける際、何度も位置にキーフレームを打つ必要がありますが、ウィグルのエクスプレッションを使えば自動的に揺れる動きが作れます。

◆位置にウィグルを利用する

ここでは、画面中央に配置したテキストを常に揺らす方法を説明します。まずはテキストレイヤーを用意しましょう。

1 エクスプレッションを追加する

「位置」のキーフレームの［ストップウォッチ］をoption（alt）キーを押しながらクリックし❶、エクスプレッションの入力画面を表示します。「wiggle()」と入力します❷。

2 中央のテキストを揺らす

wiggleのカッコ内に「(freq, amp, octaves)」の順番で数字を入力します。ここでは「wiggle(5,10)」と入力し❸、中央のテキストを揺れるようにします。

- **freq**：振動する頻度です。数値が大きいほど揺れが速くなります。
- **amp**：振動する振幅の度合いです。数値が大きいほど揺れが大きくなります。
- **octaves**：変動の細かさです。入力しない場合は1で設定されます。1以上にすると、揺れのノイズが細かくなります。

3 揺れの動き方を変える

「wiggle(2,20)」と入力すると❹、揺れの動きは先ほどより遅くなりますが、揺れる範囲は大きくなることがわかります。

基本
レイヤー
モーション基本
アニメーター
エフェクト
モーション応用
エクスプレッション

◆ウィグラーで揺れを作る

「ウィグラー」パネルを使うと、エクスプレッションではなくキーフレームで揺れを作ることができます。

1 「ウィグラー」パネルを表示する

メニューバーの［ウィンドウ］をクリックし❶、［ウィグラー］をクリックします❷。

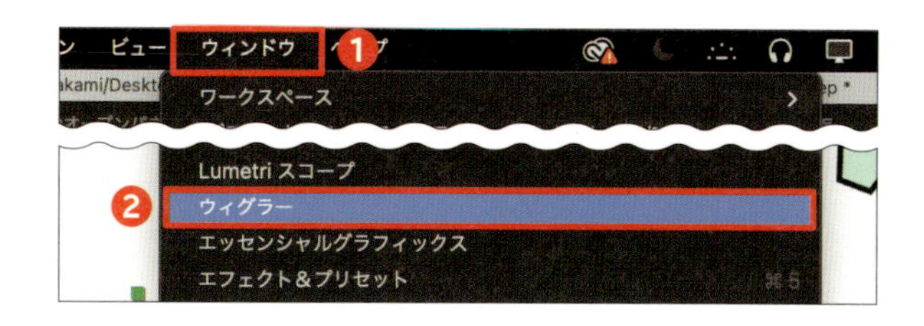

2 キーフレームを2つ打つ

キーフレームを2つ打ち、選択します❸。

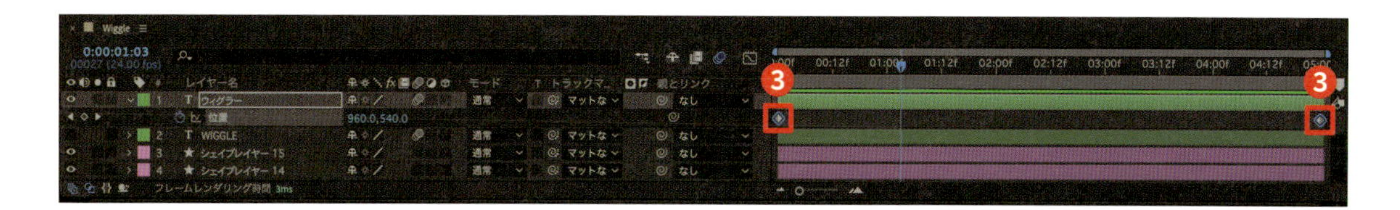

3 「ウィグラー」パネルを設定する

「ウィグラー」パネルで、freqである「周波数」と❹、ampである「強さ」の数値を入力し❺、［適用］をクリックすると❻、2つのキーフレームの間に自動でキーフレームが打たれ❼、テキストが揺れるようになります。

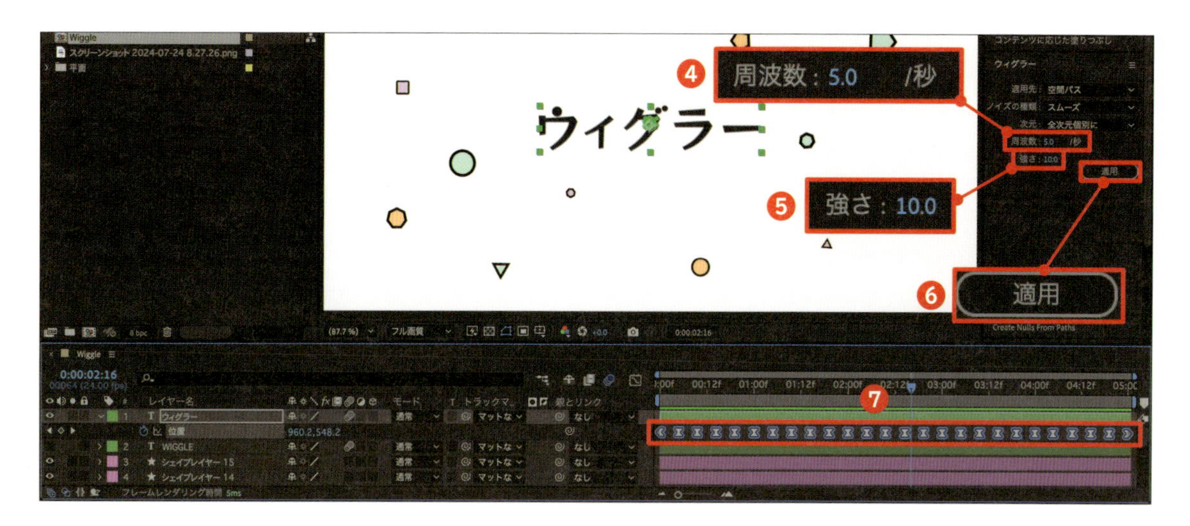

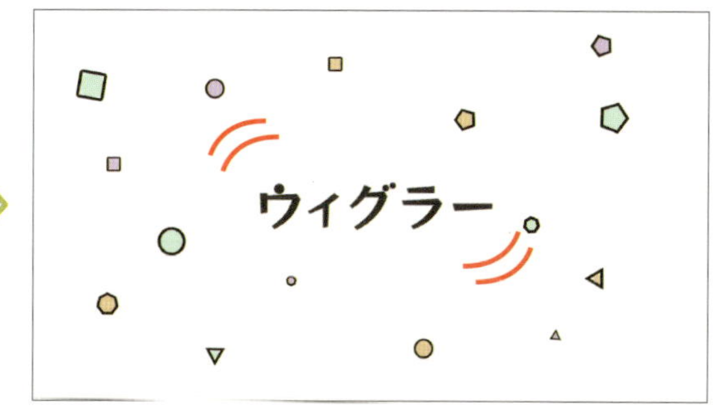

中央のテキストがランダムに揺れ動く

索引 index

数字・アルファベット

あ行

か行

さ行

た行

な・は行

ま行

ら・わ行

著者プロフィール

ムラカミヨシユキ

YouTubeにて「あくしょんプラネット」チャンネルを運営（2024年11月現在登録者数10.9万人）。主にAdobe After Effectsの編集方法や、そのほかの動画編集ソフトの編集方法も解説している。主な著書に「After Effects 演出テクニック100 すぐに役立つ！ 動画表現のひきだしが増えるアイデア集」（BNN刊）、「入門×実践 After Effects 作って学ぶ映像効果（CC対応）」（SBクリエイティブ刊）などがある。

YouTubeチャンネル「あくしょんプラネット」
https://www.youtube.com/@ActionPlanet

After Effects
初心者のためのモーショングラフィックス入門

2024年11月15日　初版第1刷発行

著　者：ムラカミヨシユキ

装　丁：小口翔平・畑中 茜（tobufune）
編集・本文デザイン：リンクアップ
編　集：三富 仁

発行人：上原哲郎
発行所：株式会社ビー・エヌ・エヌ
〒150-0022　東京都渋谷区恵比寿南一丁目20番6号
fax: 03-5725-1511　E-mail: info@bnn.co.jp
URL: www.bnn.co.jp

印刷・製本：シナノ印刷株式会社

Printed in Japan

ISBN 978-4-8025-1307-4